CAD

0% 따라잡기

CAD
베스트

대한민국
소비자 만족 대상
1위

Auto CAD 2023

오토캐드

김수영 · 정기범 지음

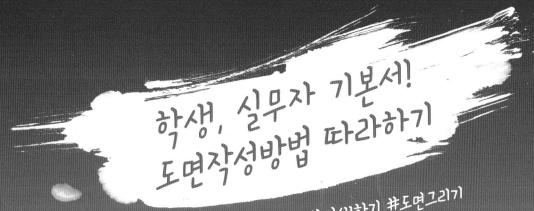

학생, 실무자 기본서!
도면작성방법 따라하기

#평면도그리기 #단면그리기 #인쇄하기 #도면그리기

한솔아카데미

Auto CAD 2023

오토캐드

초판발행 2023년 7월 12일

지은이 김수영, 정기범
발행인 이종권

주소 06775 서울시 서초구 마방로10길 25 트윈타워 A동 2002호
문의전화 02-575-6144   **팩스** 02-529-1130
홈페이지 www.inup.co.kr / www.bestbook.co.kr

발행처 (주)한솔아카데미
출판신고 1998년 2월 19일 제16-1608호

정가 25,000원
ISBN 979-11-6654-359-3 13540

최근 정보통신분야의 눈부신 성장에 힘입어 각 산업분야에서 컴퓨터를 활용한 디자인과 제도 등 많은 발전이 있어왔으며, 컴퓨터를 활용한 제도(CAD)는 이제 실무에서 필수적인 것이 되었습니다. 이에 각 대학의 공학관련 학과에서도 CAD를 필수적인 과목으로 교육하고 있는 현실입니다.

이 책은 건축분야, 건축설비 및 소방설비 등을 배우는 학생이나 실무자들이 업무의 기본이 되는 건축 도면을 AutoCAD를 활용하여 작도할 수 있도록 하기 위한 것입니다.

기존의 CAD 책들은 명령어 해설에 많은 비중을 두고 있으나, 실습 부분은 적어 실질적인 학습에는 효율적이지 못한 경우가 많이 있었습니다. 이 책에서는 실질적인 학습 효과를 위해 실제 제도하는 순서에 따라 도면 작성 방법을 익힐 수 있도록 하였습니다.

책에서 제시하는 대로 따라 하다보면 어느새 도면이 완성되어 있을 것입니다.

AutoCAD는 매년 상위버전이 출시됨에 따라 기존의 환경에 익숙해진 사용자의 경우 새로운 버전의 환경에 맞춰진 인터페이스가 불편한 경우가 많이 있습니다. 이 책에서는 AutoCAD 2023 버전으로 쓰여졌으나, 이전 버전에 익숙한 사용자를 위한 Classic 작업공간 설정방법도 제시하였습니다(제1장 3-6해설 참조).

이 책의 원고를 정리하며 다음과 같은 아쉬움이 있습니다.

1. 작도의 편의성을 위해 현행 기준이나 실무적인 현장상황과는 다소 다르게 표현되는 경우도 있음을 양해바랍니다.
2. 다양한 작도 방법이 있음에도 여건상 많은 내용을 소개하지 못한 아쉬움이 있습니다. 경우에 따라서는 제도의 흐름을 유지하다 필요한 경우 다른 작도 방법에 대한 설명이 추가되는 경우가 있습니다. 이로 인해 제도에 걸리는 시간 증가와 약간의 혼란이 있을 수 있습니다.

지루하지 않도록 학습자의 입장에서 집필을 하였으나 부족한 면이 많을 것으로 생각합니다.
독자 여러분의 많은 조언과 격려 부탁드립니다.

저자 일동

CONTENTS

PART 01 **AutoCAD 2023 소개 및 기본사항** ·········· 6

01 AutoCAD 소개 08
02 AutoCAD 2023의 시작과 종료 14
03 AutoCAD 2023의 화면구성 18
04 기존파일 열기 42

PART 02 **양식만들기** ·········· 48

01 좌표 50
02 양식 60
03 양식그리기 62
04 환경설정하기 83
05 양식(Template) 파일 만들기 103

PART 03 **평면도 그리기** ·········· 108

01 새도면 시작하기 110
02 중심선 그리기 113
03 벽체 그리기 125
04 창, 문 그리기 141
05 마감선 그리기 164
06 위생기구 배치하기 168
07 주방기구 배치하기 174
08 재료 표현하기 185
09 입면선 및 기호 작성하기 201
10 치수 기입하기 205
11 문자 쓰기 217

PART 04 단면도 그리기 ┄┄┄┄┄┄┄┄┄┄┄┄┄┄┄┄┄┄┄┄┄┄┄ **224**

01 도면 시작하기 226
02 중심선 및 기준선 그리기 229
03 기초 그리기 230
04 바닥 그리기 233
05 벽체 그리기 237
06 재료 표현하기 241
07 치수 기재하기 256
08 문자 기재하기 264

PART 05 인쇄하기 ┄┄┄┄┄┄┄┄┄┄┄┄┄┄┄┄┄┄┄┄┄┄┄┄┄┄┄ **272**

01 도면공간에서 인쇄하기 274
02 모델공간에서 인쇄하기 294

CONTENTS

PART 06 부록(도면) ·· 300

01 제도순서에 따른 평면도 그리기 302
    1 양식 그리기 302
    2 중심선 그리기 303
    3 벽체 그리기 304
    4 문 그리기 305
    5 창 그리기 306
    6 창호 배치하기 307
    7 마감선 그리기 308
    8 위생기구 그리기1 (세면기, 욕조) 309
    9 위생기구 그리기2 (좌변기) 310
    10 주방기구 그리기1 (싱크, 가스레인지) 311
    11 주방기구 그리기2 (냉장고, 식탁) 312
    12 위생 및 주방기구의 배치 313
    13 입면선 및 기호 작성하기 314
    14 재료 표현1 (철근콘크리트, 벽돌 벽 및 바닥 타일/Hatch) 315
    15 재료 표현2 (외벽 단열재 / LineType) 316
    16 문자 및 치수 표현 317
    17 출력용도면 (양식 + 평면도) 318
    18 단면상세도 319

02 블록 자료 모음(문·창·주방기구·위생기구 등) 320
    1 문 320
    2 창 322
    3 주방기구 (레인지, 싱크대, 냉장고) 324
    4 위생기구 326
    5 소파 329
    6 소파, 침대 331
    7 식탁 332

03 주택 평면도 단계별 그리기의 예 A 333

04 주택 평면도 단계별 그리기의 예 B 339

05 주택 참고 도면(평면도, 단면도, 입면도) 343

    ① 단독주택 A **343**

    ② 단독주택 B **346**

    ③ 단독주택 C **349**

    ④ 단독주택 D **352**

    ⑤ 단독주택 E **355**

06 건축설비 도면 356

    ① 위생배관 평면도 **356**

    ② 난방배관 평면도 **357**

    ③ 공중화장실 급수, 급탕, 오·배수 배관 평면도 **358**

07 근린생활시설 도면 359

    ① 근린생활시설 평면도(지하3층, 1층, 5층) **359**

    ② 근린생활시설 단면도 **362**

08 기능버튼 및 단축키 363

01 Auto CAD 2023 소개 및 기본사항

AutoCAD 소개 01

AutoCAD 2023의 시작과 종료 02

화면구성 03

기존파일 열기 04

AutoCAD 소개

1-1 CAD와 AutoCAD

(1) CAD (회전된 직사각형)

CAD는 컴퓨터를 이용한 설계 프로그램을 말하며 다음과 같은 관련용어가 있다.

① CAD : 컴퓨터 보조 설계(Computer Aided Design)

② CADD : 컴퓨터 보조설계 및 제도(Computer Aided Design and Drafting)

③ CAM : 컴퓨터 보조생산(Computer Aided Manufacturing)

(2) AutoCAD

미국의 Autodesk 사가 만든 프로그램으로 1982년 12월에 열린 컴텍스 무역전시회에서 Release 1.0으로 시작하였다. 그동안 지속적인 개발을 통하여 현재에 이른다. 2D기반으로 시작한 프로그램은 이제 3D를 기반의 프로그램으로 진일보하였으며, AutoCAD 2015 버전부터는 작업화면이 3D 기반으로 되어있어 기존의 Classic 작업공간에 익숙한 사용자의 경우 별도의 간단한 조치를 취해야만 기존의 작업공간에서 작업을 할 수 있다.(☞ Classic 화면 설정 방법 3-6 참조)

또한, Autodesk사가 BIM(Building Information Modeling)을 할 수 있는 Revit 시리즈를 개발하여 기존의 AutoCAD 등과 호환성이 좋게 개발되었다.

1-2 AutoCAD 2023 새로운 기능[1]

(1) MLEADER 개선 사항

성능 분석기를 사용하여 AutoCAD에서 느리거나 응답하지 않는 것처럼 보이는 작업을 진단한다.

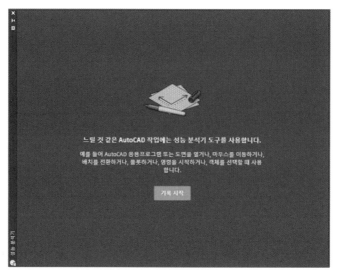

---

1) https://help.autodesk.com/view/ACD/2023/KOR/?guid=GUID-C6EC4B39-2588-43A2-99EB-A97EFDCEE8C6

⑵ **표식 가져오기 및 표식 도우미**

　① 표식 가져오기 및 표식 도우미는 기계 학습(machine learning)을 사용하여 표식을 식별하고, 더 적은 수동 작업으로 도면 리비전을 보고 삽입할 수 있는 방법을 제공한다.

　② 표식은 PDF, PNG 또는 JPG 파일로 가져올 수 있으며 추적 작업공간에서 도면 위에 중첩된다. 가져온 파일의 표식은 여러 줄 문자, 다중 지시선 및 구름형 리비전으로 자동 식별된다. 표식 도우미를 사용하면 식별된 표식을 도면에 형상으로 삽입할 수 있다.

⑶ **내 정보 : 매크로 어드바이저**

　① 매크로 정보는 생산성 향상에 도움을 주기 위해 권장되는 명령 매크로이다.

　② 명령 매크로에는 AutoCAD에서 작업할 때 자주 수행하는 작업을 자동화하는 데 도움이 되는 일련의 명령 및 시스템 변수가 포함되어 있다. AutoCAD는 사용자의 고유한 명령 사용 현황에 따라 매크로 정보를 생성한다. 명령 매크로 팔레트를 사용하여 제안된 명령 매크로를 보고, 시도하고, 저장한다. 명령 매크로를 사용할 수 있도록 명령 매크로 팔레트의 저장 탭에 추가한 다음, 리본에 추가할 수도 있다.

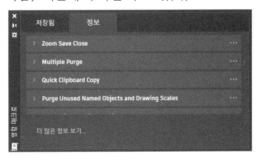

⑷ **추적**

　추적 피쳐의 초기 릴리즈를 기반으로 하여 이제 데스크탑에서 추적을 작성하고 다른 사용자가 작성한 추적에 효과를 줄 수 있다.

추적 효과 강조표시의 예

(5) 개수(Count 명령 등)

지정된 영역 내의 객체 또는 블록의 인스턴스를 계산할 수 있다.

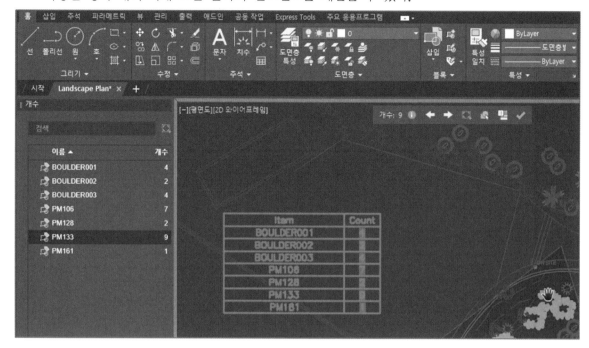

(6) 부동 도면 윈도우

부동 도면 윈도우에 대한 지속적인 개선 사항이 있다.

- 앵커된 명령 윈도우가 활성 도면 윈도우와 함께 유지
- 부동 명령 윈도우는 해당 위치를 유지
- 도면 윈도우가 겹치는 경우 활성 도면 윈도우가 위에 표시
- 도면 윈도우를 임의 위치에 고정할 수 있고, 고정된 도면 윈도우는 주 AutoCAD 응용프로그램 윈도우 위에 유지
- 추가 옵션을 보려면 부동 도면 윈도우의 제목 표시줄을 마우스 오른쪽 버튼으로 클릭

(7) 3D 그래픽

최신 GPU와 다중 코어 CPU의 모든 성능을 활용하여 훨씬 큰 도면을 위한 원활한 탐색 환경을 제공하는 새로운 교차 플랫폼 3D 그래픽 시스템이 포함되어 있다.

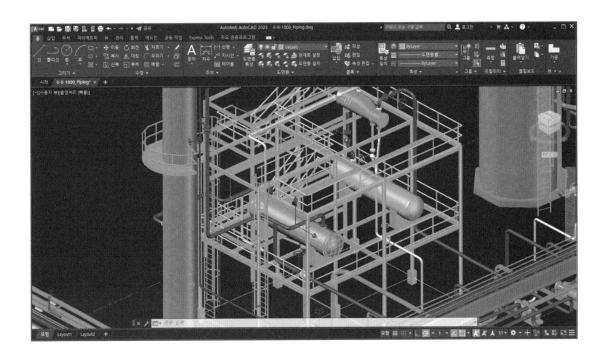

(8) 2D 그래픽 표시

AutoCAD 2023에는 DirectX 12를 지원하는 일부 고급 GPU에서 더 나은 표시 효과를 제공하는 새로운 그래픽 엔진이 포함되어 있다.

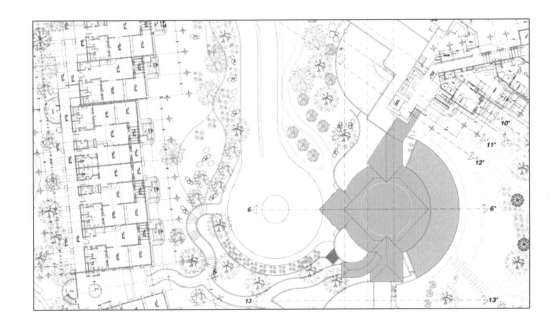

⑼ Autodesk Docs용 시트 세트 관리자

새로운 웹용 시트 세트 관리자를 사용하여 Autodesk Docs에서 시트 세트를 관리한다.

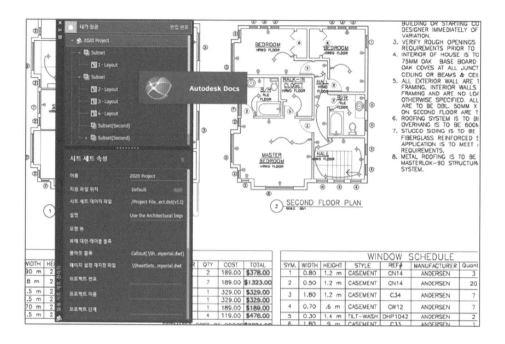

⑽ 도면 및 배치 탭

도면 및 배치 탭을 변경하면 어느 도면과 배치가 활성 상태인지 보다 쉽게 알 수 있다. 또한 변경을 통해 도면 탭 오버플로우 메뉴에서 활성 상태인 도면을 쉽게 확인할 수 있다.

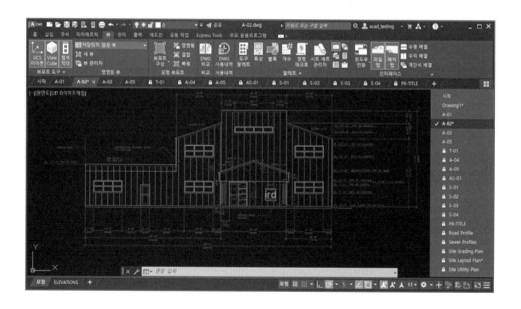

⑪ CUTBASE

새로운 CUTBASE 명령은 선택한 객체를 지정된 기준점과 함께 클립보드에 복사하고 도면에서 해당 객체를 제거한다.

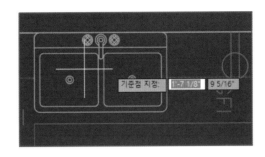

⑫ 폴리선 연장

새 그립 옵션인 정점 연장은 선택한 끝 그립에서 연장되는 폴리선에 새 정점을 추가한다. 더 이상 폴리선 방향을 반전할 필요가 없다.

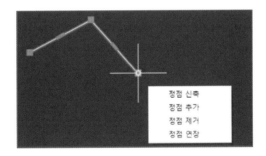

⑬ MLEADER 개선 사항

MLEADER 명령에 새 지시선에 사용할 기존 여러 줄 문자 객체를 선택하는 옵션이 있다.

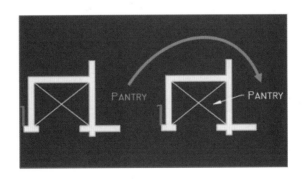

AutoCAD 2023의 시작과 종료

2-1 AutoCAD 2023 시작하기

(1) Windows 바탕화면에서 AutoCAD 2023 아이콘을 더블클릭한다.

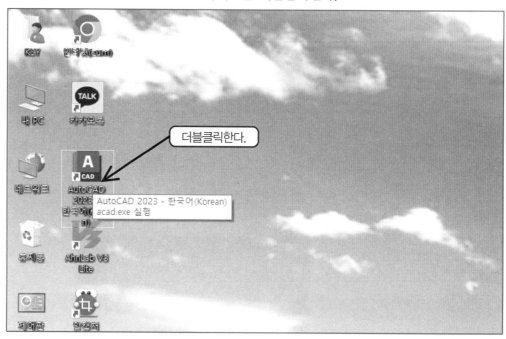

(2) AutoCAD가 실행되면 아래처럼 화면이 나타난다. 다음과 같이 ①~③에서 희망하는 것을 선택한다.

　① [열기...] : 기존 도면을 찾아 불러올 때

　② [새로 만들기] : 신규도면을 작성할 때

　③ [최근] : 최근 작업파일을 썸네일의 형태로 보거나 목록(list) 형태로 확인하여 불러올 때

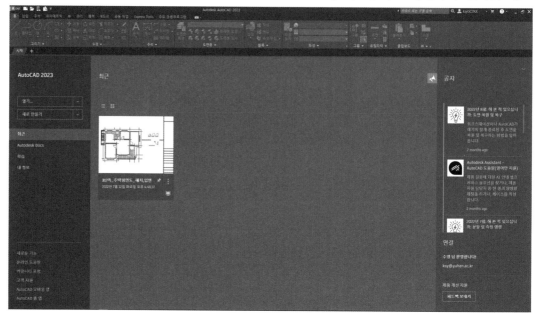

(3) 새로만들기 옆을 클릭하면 템플릿 찾아보기...와 acadiso.dwt 파일 등을 선택할 수 있는데, 여기서는 acadiso.dwt 파일을 선택한다.

① acadiso.dwt 파일이 기본값(default)이며 [새로만들기] 글자부위를 클릭하면 자동적으로 이 파일이 선택된다.

② [새로 만들기 옆 을 클릭하면 드롭다운 메뉴가 나타난다.☞ 템플릿 파일 : 제2장 참고

(4) 작업공간의 인터페이스는 아래와 같다. 원하는 작업공간을 선택한다.

① 오른쪽 아래 [상태표시줄]의 [작업공간 전환] 버튼을 클릭하여 원하는 인터페이스 형식(제도 및 주석 : 2D 기반에서 주로 사용)을 선택한다.

② AutoCAD 2015 부터는 클래식을 지원하지 않으므로 별도의 설정을 통해 클래식을 만들어 등록한다.

☞ AutoCAD 2014 이전 버전 사용자와 2015 이후 버전사용자가 클래식 형식을 사용하고자 하는 경우 클래식 사용자화 설정 방법은 제1장 3-6 에서 설명한다. 아래의 클래식은 미리 작성한 것임)

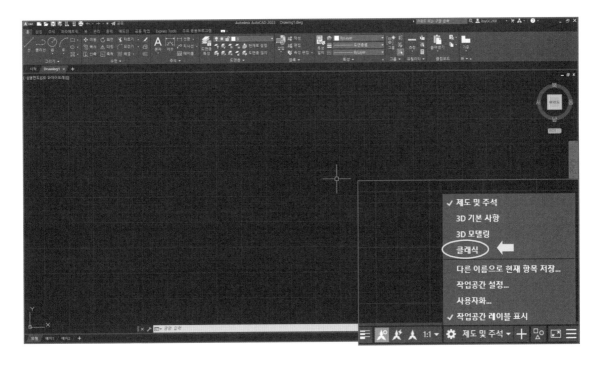

(1) 종료하는 방법

■ 방법 1　명령어 입력

명령행에서 Quit 나 Exit 입력 후 [엔터] 키를 친다.

■ 방법 2　[응용프로그램] 버튼 누르기

왼쪽 위  클릭 ▶ 닫기 ▶ 닫을 파일 선택 또는 오른쪽 아래의 [Autodesk AutoCAD 2023 종료] 클릭한다.

■ 방법 3　[응용 프로그램창 제어 버튼] 누르기

[응용 프로그램창 제어 버튼] ☒ 클릭한다.

(2) 변경한 작업내용의 저장 여부 확인

저장하려면 [예(Y)] 버튼을 누른다.

(3) 저장파일의 위치 지정와 파일이름 입력

저장하려는 파일(폴더)의 위치와 파일이름을 입력하고, [저장(S)] 버튼을 누른다.

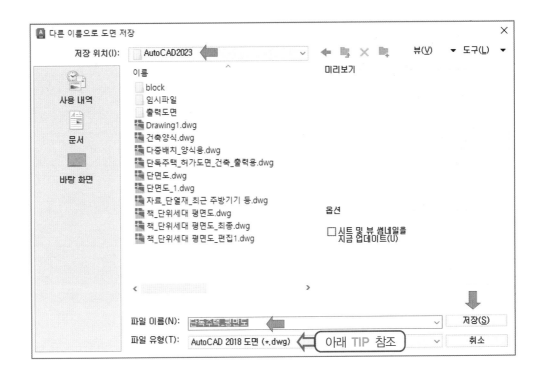

TIP AutoCAD 작업내용 저장시의 파일유형

1. AutoCAD 2023 파일 저장시 [파일 유형(T)]는 기본 값이 [AutoCAD 2018 도면(*.dwg)]이다.
2. 2018 이후 버전은 2018 파일 유형을 사용한다.
3. 상위 버전에서 작업한 파일은 하위 버전에서는 열리지 않는다. 이럴 경우 파일 저장할 때 이전 버전파일 유형을 선택하면 된다.
4. 다음은 위 대화상자에서 [파일 유형(T)] 클릭시의 버전별 유형이다.

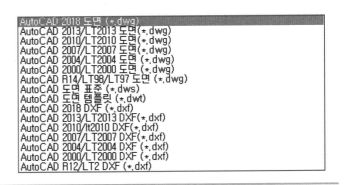

3-1 Main Screen

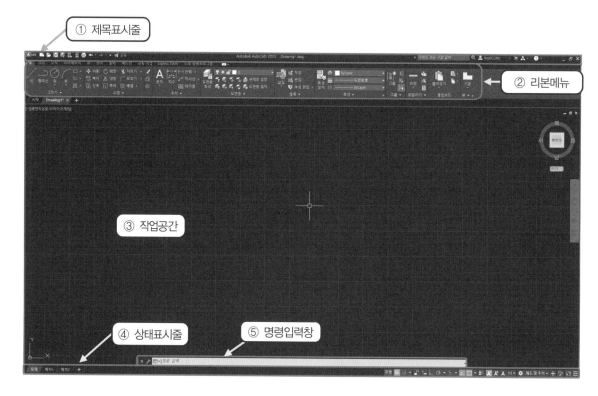

(1) 제목표시줄

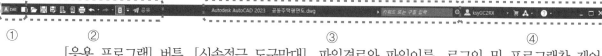

① ② ③ ④

[응용 프로그램] 버튼, [신속접근 도구막대], 파일경로와 파일이름, 로그인 및 프로그램창 제어
버튼 등이 있다.

① [응용 프로그램] 버튼 **A CAD** 을 누르면 다음과 같이 나타난다.

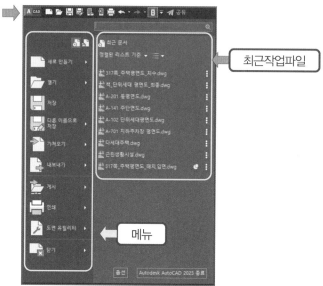

② 새로 만들기(New), 열기(Open), 저장(QSave), 다른 이름으로 저장(SaveAs), 웹 및 모바일에서 열기, 웹 및 모바일에 저장, 플롯(Plot), 명령취소(Undo), 명령복구(Redo), 탐색막대 등의 명령이 있는데, [신속접근 도구막대 사용자화] ▼를 클릭하여 추가와 삭제를 할 수 있다.

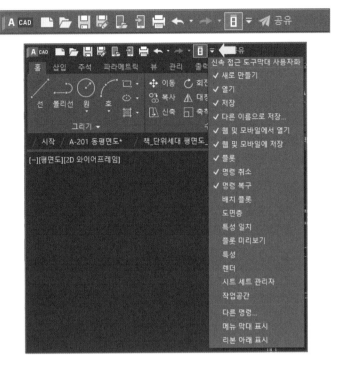

③ [제목표시줄]

   ㉠ 해당 파일의 프로그램명, 경로, 파일명 및 검색 창을 나타낸다. 현재 공동주택평면도.dwg 파일이 열려있다.

   ㉡ 오른쪽에 검색 창이 있다. 여기에 검색어를 입력하면 도움말(F1)이 열리고 관련 검색 내용이 나타난다.

     다음은 검색창에 line를 입력했을 때 나오는 도움말이다.

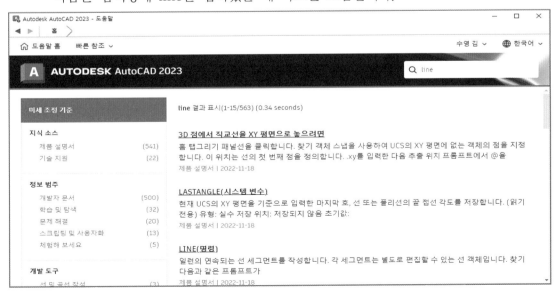

④ [제목표시줄] 오른쪽에는 로그인 정보, Autodesk App Store, Autodesk 연결 상태, 도움말(F1) 그리고, 화면크기 조절 및 종료 버튼이 있다.

(2) 리본메뉴(Ribbon menu)

종류별 명령 아이콘을 묶은 패널을 다시 탭으로 정리한 것을 리본 메뉴라 한다.

① 탭의 종류 : 홈, 삽입, 주석, 뷰, 관리, 출력, 애드인, 공동 작업, 주요 응용프로그램, Express Tools 등이 있다.

② [홈] 탭의 패널 종류 : 그리기, 수정, 주석, 도면층, 블록, 특성, 그룹, 유틸리티, 클립보드, 뷰 패널이 있다.

③ 전체 리본 메뉴

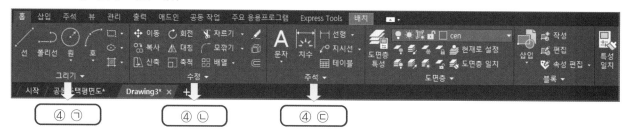

④ 패널의 상세(그리기, 수정, 주석 패널의 경우)

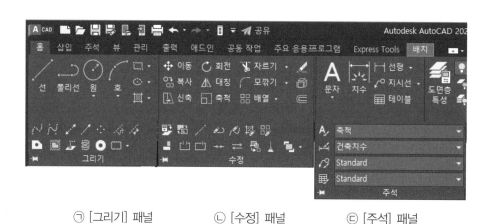

ⓐ [그리기] 패널   ⓑ [수정] 패널   ⓒ [주석] 패널

(3) 작업공간

AutoCAD 2023에는 기본적으로 3개의 작업공간이 존재한다. 작업공간은 개인 필요에 따라 만들어서 사용자화할 수 있고, 이 경우 개수가 늘어날 수 있다.

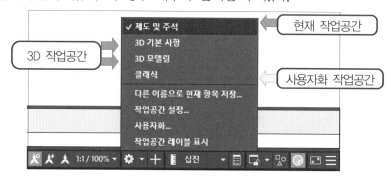

① 제도 및 주석 : 2D 기반의 작업공간으로 작업공간 위에 리본메뉴가 구성되어 있다.

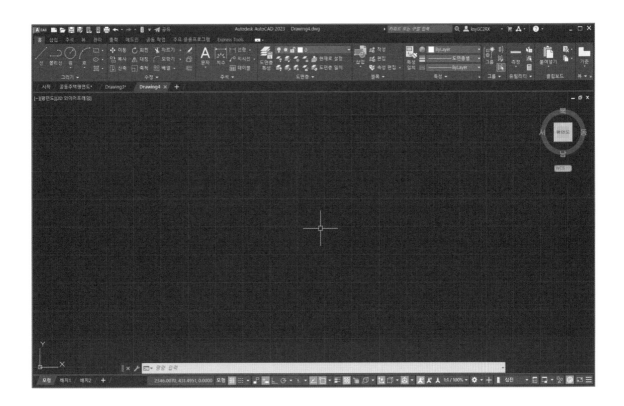

② 3D 기본사항 : 3D 기반의 작업공간으로 작업공간 위에 리본메뉴가 구성되어 있다.

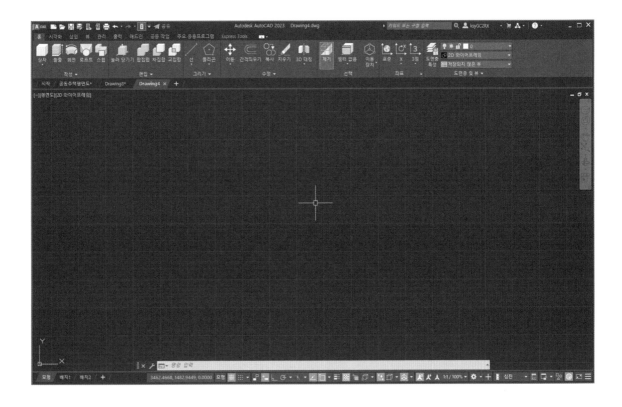

③ 3D 모델링 : 3D 작업에 필요한 명령을 모두 리본 메뉴로 구성되어 있다.

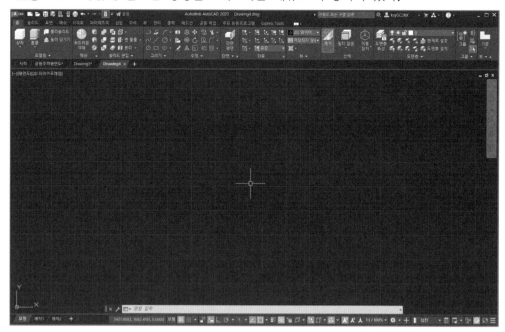

④ 클래식 : 2015년 이전 버전의 AutoCAD 작업자들이 많이 사용했던 방식의 인터페이스로서 메뉴막대, Toolbar 등을 배치해서 사용자화한 작업공간이다. ☞ 3-6 작성방법 참조

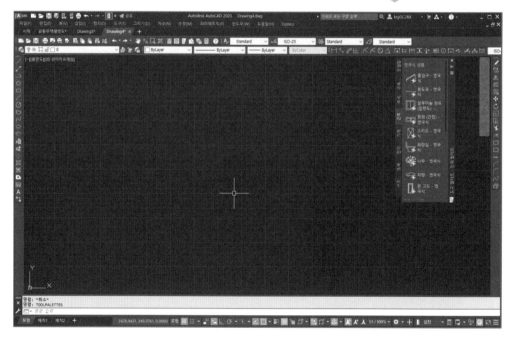

(4) **상태표시줄(상태막대)**

명령행의 아래에 위치하며, 각종 도구들을 현재 사용 여부를 쉽게 알 수 있도록 나타낸 버튼의 모임이다.

상태표시줄의 맨 우측 [사용자화] ≡ 버튼을 눌러 상태표시줄에 모드의 등록과 삭제가 가능하다.

①   ②   사용자화

① 모형, 배치 탭 : 모형공간과 도면 공간을 선택한다. 배치 탭은 추가와 삭제가 가능하지만 모형 탭은 추가, 삭제가 되지 않는다.

모형 / 건축 A4 / 배치1 / +

② 그 외의 다른 모드 등은 상태표시줄 부분 확대 그림과 [사용자화] 버튼을 눌러 표시되는 해당 부분 리스트 의 등록된 모습(✓)을 아래 그림과 같이 배치하였다. 아래 첫 번째 그림에서 번호 순서대로 정리가 되어 있고, 같은 번호끼리 연동된다. 보는 방법은 첫 번째 것과 모두 동일하다.

③ 이 모드들은 클릭하여 ON, OFF가 되며, ON 상태에서는 파란색으로 표시된다.
이와 관련된 기능키가 있는 경우는 기능키를 눌러도 ON, OFF가 된다.
- [F3] : 객체 스냅(Osnap) ON/OFF
- [F4] : 3D 객체스냅(3D Osnap) ON/OFF
- [F 6] : 동적 UCS(DUCS) ON/OFF
- [F7] : 그리드 모드(Grid) ON/OFF
- [F8] : 직교 모드(Ortho) ON/OFF
- [F9] : 스냅 모드(Snap) ON/OFF
- [F10] : 극좌표 추적(Polar) ON/OFF
- [F11] : 객체 스냅 추적(Otrack) ON/OFF

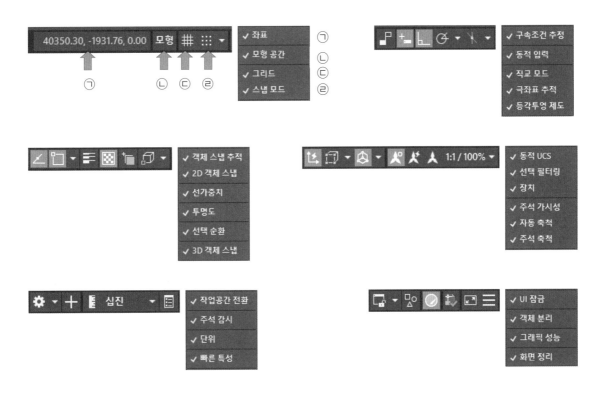

(5) 명령입력창(명령행 창, Comman Line Window)

AutoCAD를 실행하면 명령어나 정보가 명령입력창에 나타난다. 명령입력창은 명령입력행과 명령기록줄로 구성된다. 명령입력창은 [Ctrl + 9]을 눌러 화면에서 사라지게 하거나 나타나게 할 수 있다. 처음 화면에서는 명령입력창 한 줄만 보이는데, 커서를 작업공간과의 경계에 가져가서 커서의 모양(↕)이 변경되었을 때, 위쪽으로 드래그하면 명령기록행을 보이게 할 수 있다.

① 명령입력행(Command line, 이후 '명령행' 이라 함) : 명령어를 입력하면 해당 명령이 실행된다. 리본메뉴 등 다양한 명령어 입력방식으로 실행해도 이곳에 명령어가 표기된다. (이 경우 명령어 앞에 '_'가 붙는다)

② 명령기록행(Command history) : 명령입력행에서 입력한 명령어와 작업 실행기록을 볼 수 있다.

⑥ 기타 사항

1) 팔레트(pallette)

AutoCAD의 많은 팔레트는 작업의 편의성을 제공한다. 리본메뉴 [뷰] 탭에 [팔레트] 패널이 있다.

팔레트는 작업영역에서 위치를 이동하거나, 작게 배치하던지 사라지게 하는 것이 가능하다. 많이 사용하는 팔레트를 소개한다.

① 특성 팔레트 [Ctrl + 1]   Properties / PR, CH /

선택된 객체의 특성(예를 들어 선을 선택하면, 색상, 도면층, 선종류, 선종류 축척, 선가중치, 투명도 등)을 표시하며, 선택된 객체를 각각의 항목별로 값을 변경할 수 있다. 객체 선택 후 [Ctrl + 1] 키를 누르면 [특성 팔레트]가 열리고, 객체 선택후 마우스 우측 버튼 클릭 후 메뉴의 아래쪽에 있는 [특성(S)]을 선택하면 [특성 팔레트]가 나타난다. 또는 위 그림에서 팔레트 패널의 [특성] 팔레트를 선택해도 된다.

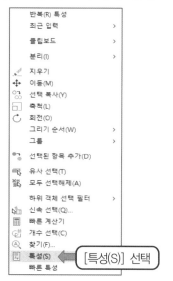

우측 버튼 클릭 ➜ [특성(S)] 선택

특성 팔레트

② 도구 팔레트 [Ctrl + 3]

도구 팔레트는 자주 사용하는 블록, 해치 패턴 등 컨텐츠나 명령 등을 사용하기 편하게 분류해 놓았다.

사용자가 등록하여 사용할 수 있으며, 팔레트 타이틀을 클릭하여 도구 팔레트의 종류를 확인할 수 있다.

블록 등 컨텐츠는 마우스로 클릭해서 작업공간에 쉽게 삽입할 수 있다.

건축 팔레트

기계 팔레트

해치 팔레트

구속 팔레트

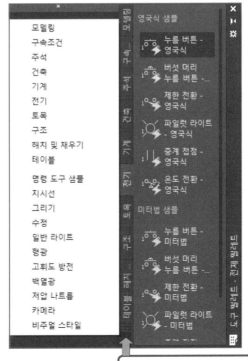

이곳을 클릭하면 왼쪽에 팔레트종류가 표시된다.

③ 디자인센터 [Ctrl + 2]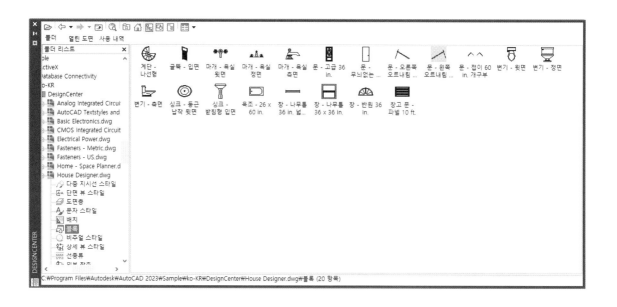

다른 도면파일에 있는 다양한 컨텐츠를 불러들여와 작업할 수 있는 팔레트이다.
디자인센터에 올려진 파일을 클릭하여 블록 등을 작업영역에 드래그 함으로써 삽입이
가능하다.

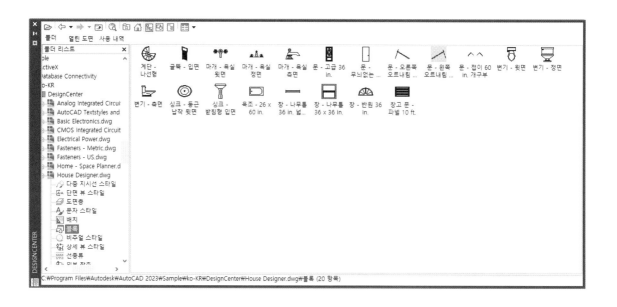

④ 블록 팔레트(Ctrl + 8)   BlocksPaette /

블록을 모아 놓은 팔레트로 현재도면, 최근, 즐겨찾기, 라이브러리 탭이 있다. 해당
탭을 선택하고 원하는 블록의 썸네일을 드래그해서 도면에 삽입한다. 자세한 것은 평
면도 위생기구 등 삽입 설명 부분을 참고한다.

⑤ 빠른 계산기(Ctrl + 8)

AutoCAD 2023은 작업 중 빠른 계산을 할 수 있도록 계산기를 제공하고 있다.

2) AutoCAD 2023 작업공간의 이해

앞의 (3) 작업공간에서 못 다룬 내용을 설명한다.

① 뷰포트 컨트롤(Viewport control) [-][평면도][2D 와이어프레임]

여러 뷰포트 구성, 다양한 뷰포트 도구 및 배치에서 현재 뷰포트의 표시 옵션에
Access할 수 있다.

■뷰포트 컨트롤

■뷰조정

■비주얼 스타일 컨트롤

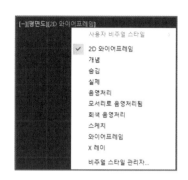

② 커서(cursor)

• 커서가 작업영역 안에 있을 때

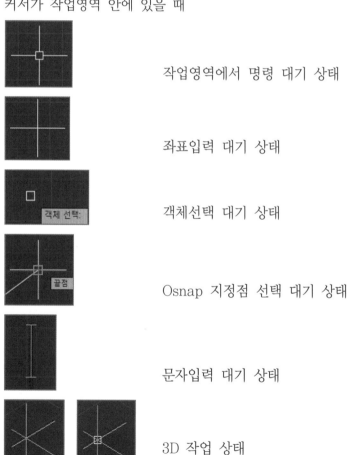

작업영역에서 명령 대기 상태

좌표입력 대기 상태

객체선택 대기 상태

Osnap 지정점 선택 대기 상태

문자입력 대기 상태

3D 작업 상태

Pan 명령 대기 및 명령 수행 상태

• 커서가 작업영역을 벗어났을 때

        ▷   툴바 명령 입력 대기 상태, 툴바의 이동

    ↔ ↕   툴바, 명령행의 크기 조절

    | 명령행에 놓였을 때

    ╪   명령행과 작업영역의 경계에 놓였을 때(명령입력창의 크기 조절)

③ 뷰큐브(View Cube)

3D 뷰의 방향을 자유롭게 조절할 수 있다. 큐브의 모서리나 면 등을 움직여 방향을 조절한다.

                평면 뷰   남동 뷰

④ 탐색막대

전체 탐색 휠, 초점 이동, 줌 범위, 궤도 등의 기능이 있는 도구 막대이다.

⑤ UCS(User Coordinate System) 아이콘

사용자 좌표계로 2D, 3D 작업시 필요에 따라 다양한 형태로의 변경이 가능하다.

      2D모형   배치   3D모형   3D재질표현

⑥ 모형공간(model space)과 배치공간(paper space)의 선택 탭

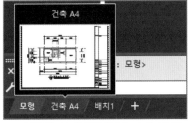 

모형공간 상태에서 [건축 A4] 탭에   [건축 A4] 도면 공간이 열려있는 상태
커서가 위치한 상태의 미리보기

작업 중 작업에 대한 기록은 명령입력창에 남아있게 된다. 그러나, 명령입력창의 크기는 작업영역의 크기에 영향을 미치므로 최소화하여 작업하게 된다. 이전 작업 기록 전체를 확인하려면 텍스트 윈도우를 펼쳐보면 된다.

[F2] 키를 누르면 된다.

(1) [F2] 키를 누르면 화면에 텍스트 창이 나타난다.

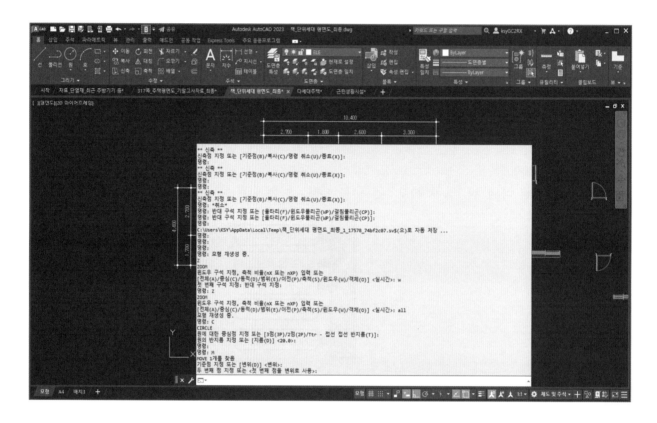

(2) 텍스트 창에 안보이는 이전 작업의 확인은 마우스 휠을 위로 돌리면 된다.
    [F2] 키를 한 번 더 누르거나 텍스트 창 외부를 마우스로 클릭하면 텍스트 창이 사라진다.

3-2 마우스의 조작

많이 사용하는 마우스는 3버튼 마우스이다. (1) 왼쪽 버튼, (2) 휠, (3) 오른쪽 버튼이 있다.

(1) 왼쪽 버튼

리본메뉴 각각의 아이콘에 커서를 위치하여 마우스 왼쪽버튼을 1회 클릭하면 명령이 실행된다.

① 리본 메뉴에서 명령 실행

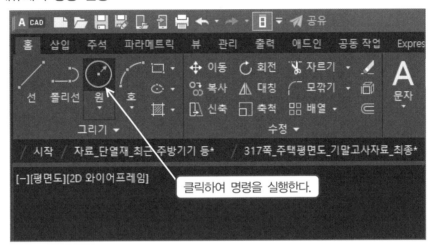

② 리본 메뉴에서 명령어 정보 미리 알아보기

리본 메뉴에서 명령 아이콘에 마우스 포인터를 위치하면 해당 명령어에 대한 설명을 볼 수 있다.

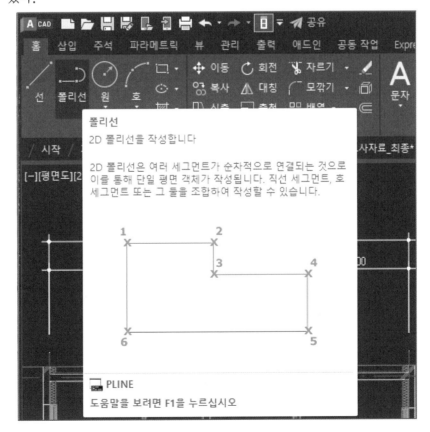

③ 객체의 선택

객체를 선택하여 클릭하면 선택된 객체는 점선으로 변경되면서 정사각형의 Grip점이
나타난다.

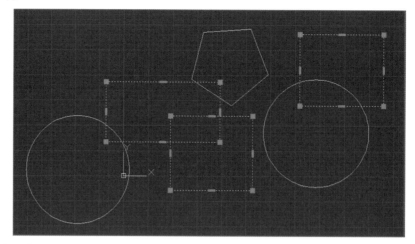

④ 작업영역에서의 위치지정

객체를 그릴 때 화면상에서 좌측버튼을 클릭하여 위치를 입력할 수 있다.

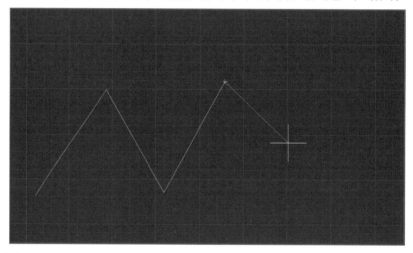

(2) **중앙의 휠 버튼**

① 휠을 움직여 화면의 축소(위로 내림)와 확대(위로 올림)가 용이하다.

② 휠을 꾹 누른 상태로 움직이면 실시간 화면의 이동이 가능하다.(실시간 pan 명령 기능과
유사하나 사용이 더 편리하다) ➡ 휠을 꾹 누르면 아래 그림처럼 마우스 포인터가 손바닥
(pan)으로 바뀐다.

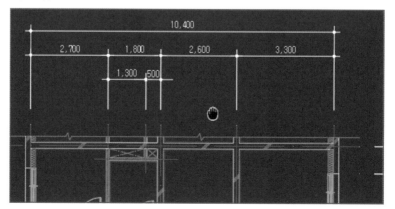

(3) 오른쪽 버튼

마우스 오른쪽 버튼을 클릭하면 Short-cut 메뉴를
사용할 수 있다. 커서의 위치에 따라 메뉴는 다양하게
나타난다.

① 작업공간에서 객체 선택 없이 오른쪽 버튼을 클릭
한 경우 직전명령 실행의 반복, zoom명령 등을
신속하게 실행할 수 있다.

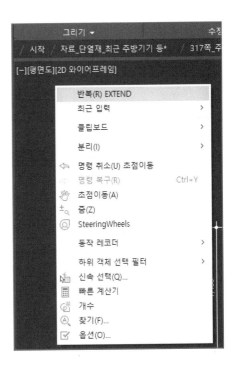

② 객체 선택후 오른쪽 버튼 클릭한 경우 앞의
①외에 관련되는 명령을 신속하게 선택할 수
있다.

③ 객체 선택후 그립점을 클릭하고 오른쪽 버튼
을 누른 경우 객체의 특성에 따라 맞춤형 메뉴
가 나타나며, 그립점을 움직여 이동 등 편집과
관련 편집명령을 신속하게 선택할 수 있다.
(우측은 블록 선택의 경우 나타나는 메뉴임)

④ 메뉴 탭에 마우스 포인터를 위히하고 객체 선
택없이 오른쪽 버튼을 클릭한 경우에도 선택
사항이 나타난다.

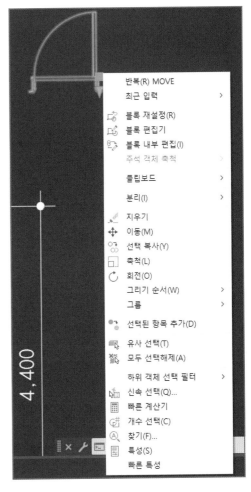

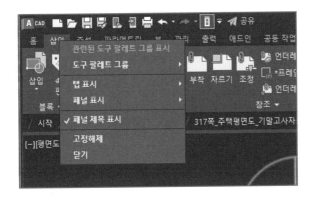

⑤ 작업영역에서 [Shift] 키나 [Ctrl] 키를 누른상태에서 오른쪽 버튼을 누르면 객체스냅 (Osnap)과 추적점(Tracking)을 제어할 수 있는 Short-cut메뉴가 나타난다. 기존에 설정된 Osnap의 추가, 삭제 등의 변경은 메뉴의 맨 아래 [객체 스냅 설정(O)...]에서 지정할 수 있다.

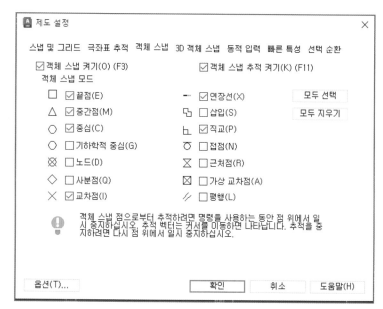

3-4 명령 실행 방법

명령을 실행하는 방법은 여러 가지가 있다.

(1) 명령행에서 직접 명령어를 입력하는 방법

(2) 리본메뉴에서 명령 아이콘을 선택하는 방법

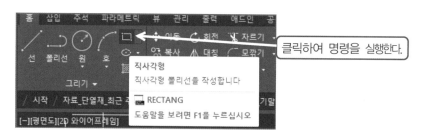

3-5 단축명령어(이하 "단축키")의 지정 및 변경 방법

리본메뉴에서 아이콘을 선택하여 작업하면 편리하지만 속도의 향상을 위해서는 명령어를 단축(주로 알파벳 1~3자)하여 사용하면 정확한 명령어 입력과 신속한 작업이 가능하다. 단축키는 프로그램에서 기본적으로 주어지며, 작업자 편의를 위해 변경 등록하여 사용 가능하다.

☞ AutoCAD에서 제공하는 단축키 중 사용빈도가 높은 것은 이 책 부록의 맨 끝에 첨부하였다.

(1) [관리] 탭 ▶ [사용자화] 패널 ▶ [별칭편집]을 선택한다.

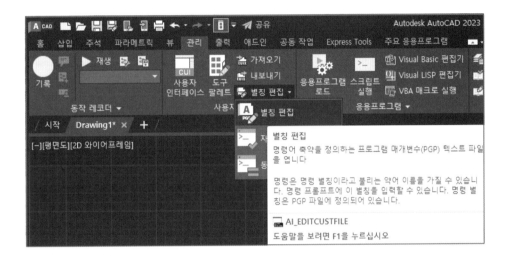

(2) acad-pgp 메모장이 실행된다. acad.pgp 파일이 열린 것이다.

우측 Scroll Bar나 마우스 휠을 아래로 움직여 파일의 맨 아랫부분(맨 아랫부분에 기록하면 같은 단축키가 있을 경우 먼저 실행되며, 추후 관리가 편리함)에서 단축키를 재지정한다.

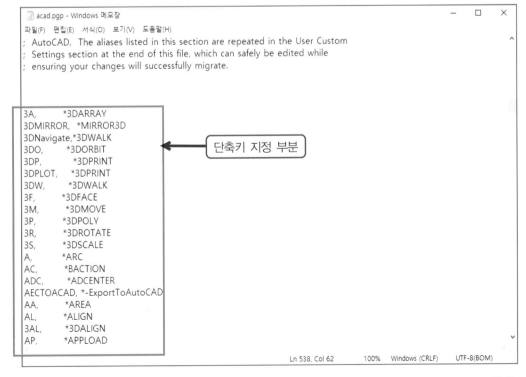

(3) 단축키 지정형식

L , * Line　　　　L : 단축키,　　* Line : 명령어

단축키를 변경하고 싶으면 단축키(L의 자리)의 문자를 변경하면 된다.

위 형식으로 추가나 삭제도 가능하다.

(4) 많이 사용하는 단축명령어 변경의 예

여기서는 보기 편하게 첫문자를 대문자, 다음은 소문자로 정리하였으나 형식에 구애되지 않는다.

명령어	기존 단축명령어	변경 단축명령어	비고
Copy	Co	C	
Circle	C	Cc	
Dim	없음	D	
Dimstyle	D	Ds	
Trim	Tr	T	
Mtext	T, Mt	Mt	T 삭제
Textedit	Ed	Te	
Rectang	Rec	R	
Redraw	R	Rd	
Explode	X	Ep	

(5) 단축키의 변경이나 추가지정이 완료되면 파일을 저장한다.

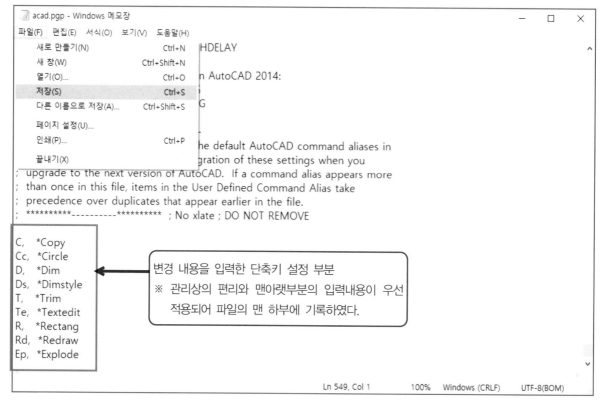

(6) AutoCAD 작업중 단축키를 변경 저장하였으면 명령행에서 Reinit 명령을 실행한다. 나타나는 대화상자에서 [PGP 파일(F)]을 ✓(체크)하고 [확인] 버튼을 누른다.

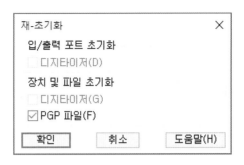

TIP 단축키 변경의 다른 방법

① [Express Tools] 탭 ▶ [Tools] 패널 ▶ [Command Aliases]를 클릭한다.

② acad.pgp – AutoCAD Alias Editor 상자가 열리면 [Add] 버튼을 눌러 추가하거나 [Remove] 버튼을 눌러 삭제 할 수 있다. [Edit] 버튼은 편집도 가능하게 한다.

③ [OK] 버튼을 누른다.

※ 여기서 추가, 변경 및 삭제한 것은 acad.pgp에 반영되며, 작업화면에서 Reint(위 (6))를 실행하지 않아도 적용된다.

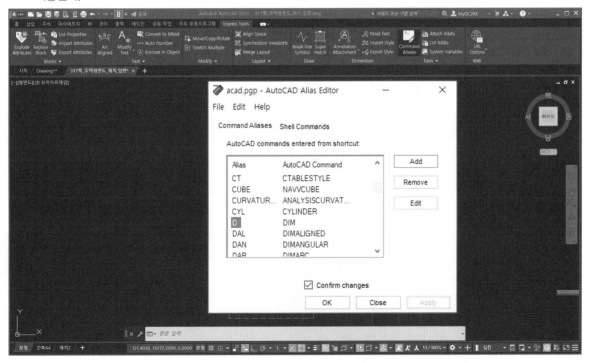

AutoCAD 2015 이상 버전에서 AutoCAD Classic 작업공간 사용 방법

클래식 작업공간은 AutoCAD 2015 버전부터 제거되었지만, 지금도 인터페이스에 수동으로 설정하거나 추가할 수 있다. (※아래 설명은 AutoCAD 2019의 예) 여기서는 「신속 접근 도구막대를 사용하여 도구막대 추가」 하는 방법을 설명한다.

(1) 신속 접근 도구막대 사용자화를 클릭하고 드롭다운 메뉴 > 메뉴 막대 표시를 클릭한다.
　　(또는 명령창에서 MENUBAR = 1을 입력한다.)

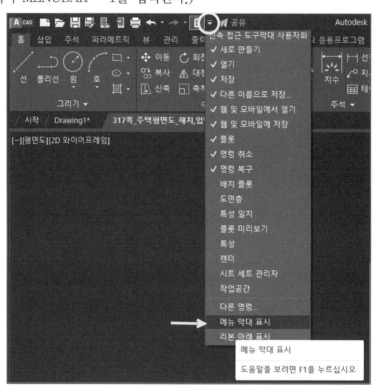

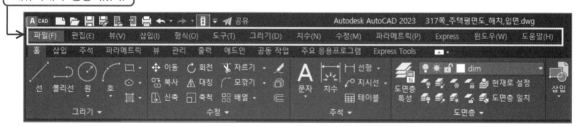

(2) 도구 메뉴 > 팔레트 > 리본을 클릭한다(RIBBONCLOSE). 리본메뉴가 보이지 않게 된다.

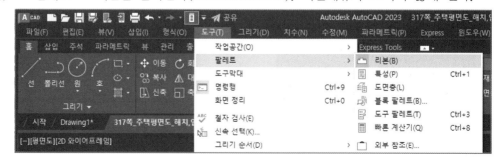

(3) 도구메뉴에서 도구막대 > AutoCAD를 클릭한 후 표시할 도구막대를 클릭하면 도구막대가
화면에 표시된다. 각 도구막대마다 이 단계를 반복한다.(아래 화면에 ✓표시된 것)

(4) 그리기, 도면층, 수정, 스타일, 치수, 특성, 표준 등의 도구막대를 화면 위, 좌, 우측에 배치
한다.

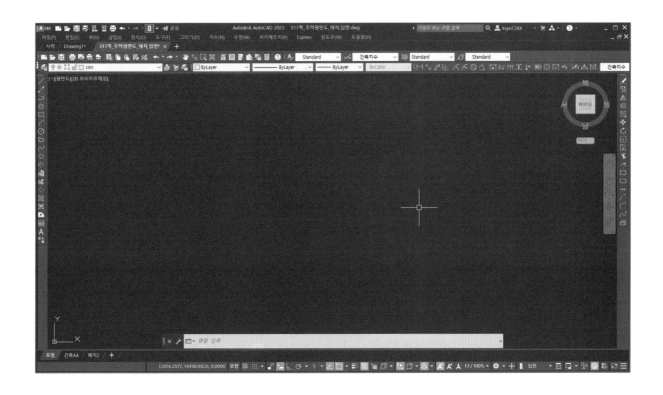

(5) **명령입력창의 이동 및 크기 확대**

명령입력창의 앞부분을 드래그하여 모형탭 부근에 가져간다. 명령입력창이 아랫부분에 달라붙는다.

명령입력창의 윗부분을 드래그하여 2줄 정도 되게 확대한다.

(6) 사용자 작업공간을 저장하려면 도구 > 작업공간 > 다른 이름으로 현재 항목 저장을 클릭하고 "클래식"으로 입력한다(또는 명령행에서 WORKSPACE > 다른 이름으로 저장(SA) 선택 후 "클래식" 입력).

※ 아래 (7) 그림에서 ⓒ 아래 다른 이름으로 현재 항목 저장…에서 클래식으로 지정할 수도 있다.

(7) 다시 도구 > 작업공간 > 클래식 Ⓐ 또는 화면 우측 하단에 작업공간 전환(톱니바퀴 Ⓑ)을 클릭하면 "클래식" ⓒ 이 입력되어 있음을 확인할 수 있다.

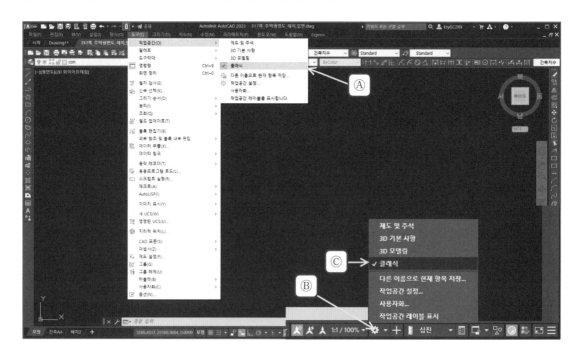

⑻ 변경사항의 저장

① 변경사항이 발생하면 도구 > 작업공간 > 작업공간 설정...을 선택한다. 또는 위 (7) 화면 우측 하단의 작업공간 설정...을 선택해도 된다.

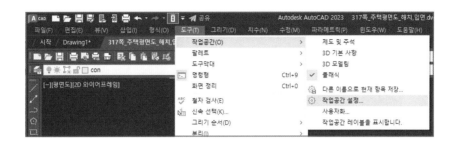

② 아래와 같이 작업공간 변경 사항을 자동으로 저장을 선택하고 확인 버튼을 눌러 설정을 저장한다.

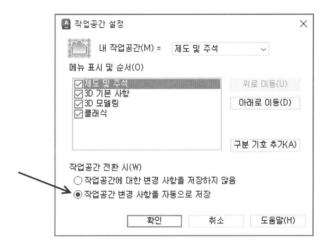

⑼ 작업공간 전환

앞에서 작업한 화면은 클래식으로 등록되어 작업시 선택하면 클래식 환경에서 작업할 수 있다. 이전 리본메뉴 환경에서 작업하고자 하면 작업공간을 제도 및 주석으로 선택하면 된다.

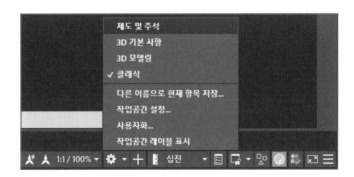

기존파일 열기

4-1 처음열기

(1) AutoCAD를 실행하면 시작 화면이 나타난다. [시작] AutoCAD 2023 ▶ [열기...] 버튼을 누른다.

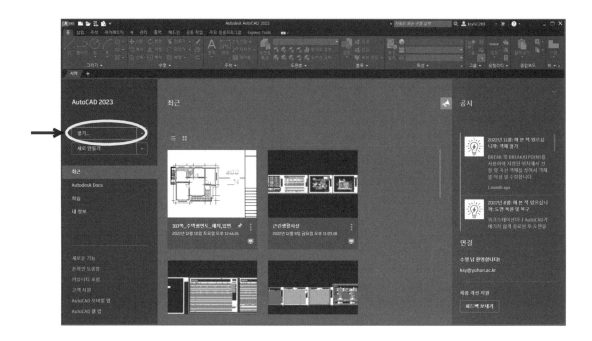

(2) 파일선택 대화상자에서 원하는 폴더와 파일을 선택하고 미리보기창에서 도면 확인 후 [열기(O)] 버튼을 누른다.

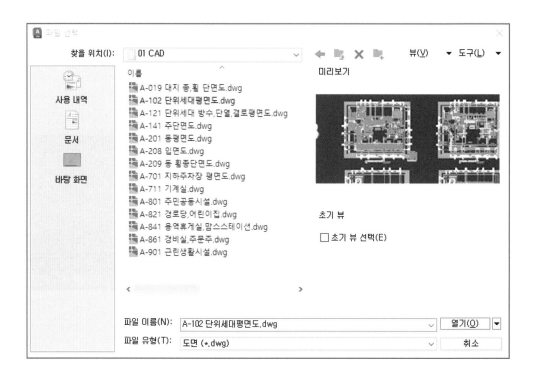

⑶ **최근 파일 열기**

    ① 파일명 선택 열기

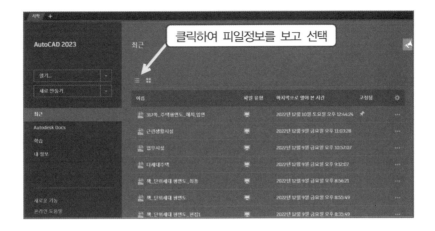

    ② 도면 썸네일 선택 열기

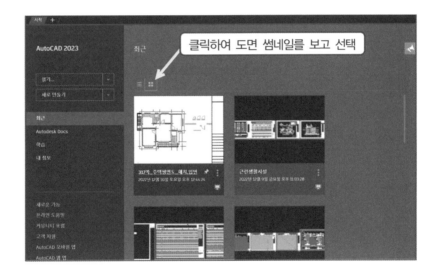

작업 중 기존도면 열기

(1) 최근 문서에서 가져오기

좌측 상단의 응용 프로그램 버튼 [A CAD] 을 클릭하면 최근문서 버튼 [📋] 과 열기 버튼 [📂 열기] 이 있다.

최근문서 버튼 [📋] 을 클릭하면 우측에 최근 문서 리스트가 나타나고 각 파일에 마우스 포인터를 위치하면 도면이 미리보기 형태로 나타난다. 해당 파일을 클릭하면 파일이 열리게 된다.

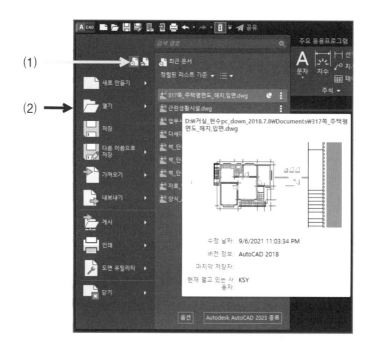

(2) 열기버튼에서 도면 열기

열린문서 버튼 [📂 열기] 을 클릭(위 그림 (2))하면 파일선택 대화상자가 열리고 해당 폴더안의 각 파일에 마우스 포인터를 위치하면 도면이 미리보기 형태로 나타난다. 해당 파일을 클릭하면 파일이 열리게 된다.

신속접근 도구막대에도 열기를 선택해도 우측과 같이 파일 선택 대화상자가 열린다.

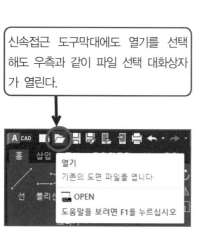

4-3 작업 중 복수 파일 열기

(1) 응용프로그램 버튼 A CAD 등에서 열기(open) 명령을 실행한다.

(2) 파일선택(Select File) 대화상자에서 열고자 하는 파일을 복수로 선택한다.

　　※ 각 각의 파일 선택은 Ctrl키를 누르고 선택하고, 일정범위를 한꺼번에 선택할 때는 Shift
　　　키를 누르고 범위를 선택한다.

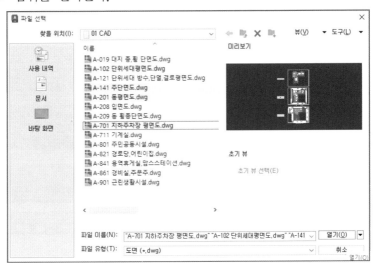

(3) 작업공간에 다수의 도면이 열리게 된다.

　　① 열려진 다수의 도면은 작업공간 위에 각각의 탭으로 정리되어 있다. 각 탭은 위치 이동이
　　　가능하다.

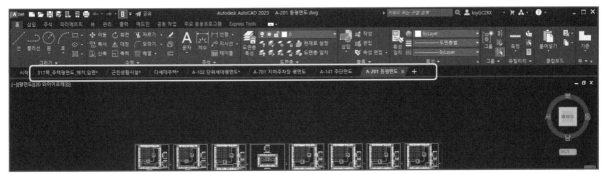

　　② [뷰] 탭 > [인터페이스] > [계단식 배열]을 선택한다. 도면이 계단식으로 배치된다.

③ [뷰] 탭 > [인터페이스] > [수평 배열]을 선택한다. 도면이 계단식으로 배치된다.

도면이 수평적으로 배치된다.

도면을 선택하여 우측 상단에 확대버튼을 누르면 선택도면이 화면전체에 확대된다.

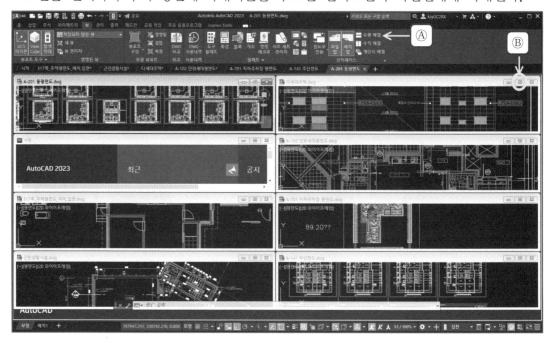

④ 이외에도 도면의 배치 방법에 수직 배열이 있다.

4-4 도면 일부만 열기

(1) 열기(Open)명령을 실행한다.　　　　　　　　　　　　　　　　　Open / 📁

(2) 열고자하는 파일을 먼저 선택한 후 [열기(O)] 버튼 옆 ▼ 을 눌러 [부분적 열기(P)]를 선택한다.

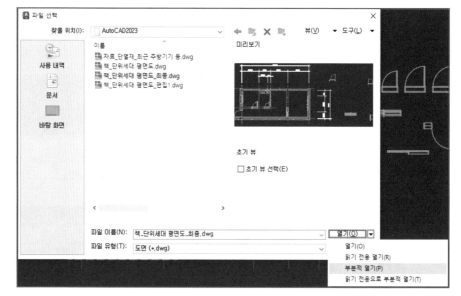

(3) 열고자하는 도면층을 선택한다. 여기서는 CEN, CON, FUR만 선택하였다.

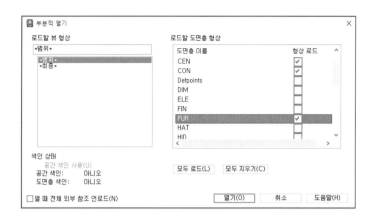

(4) 선택한 도면층만 보이게 된다.

아래 화면에서 해당 레이어에 속해있는 객체만 나타나게 된다. 또한, 파일의 이름 뒤에 (부분적으로 로드됨)이 표현되어 있다.

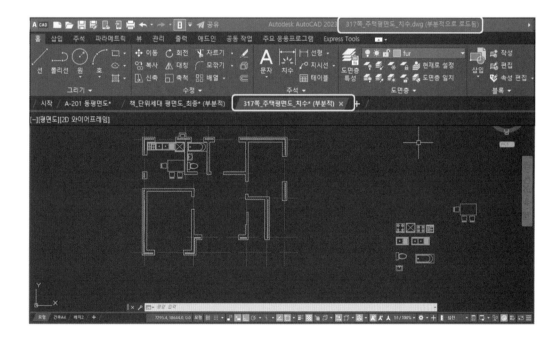

02 양식만들기

좌표 01

양식 02

양식그리기 03

환경설정하기 04

양식(Template) 파일 만들기 05

좌표

AutoCAD로 정확하게 도면을 그릴 때 무한 공간에서 일정위치를 지정하기 위해 좌표계를 이용한다. 따라서 AutoCAD를 활용하기 위해서는 좌표에 대한 이해가 필수적이다. 좌표는 x, y, z 축을 기본으로 하는 직교좌표계와 거리값과 각도값에 의한 극좌표계 등으로 구분되고, 이 두 좌표계는 원점을 기준으로 하는 절대좌표와 최종점을 원점으로 생각하는 상대좌표가 있다.
여기서는 직교좌표계의 절대좌표, 상대좌표와 극좌표계의 상대극좌표에 대하여 학습한다.

1-1 작업공간의 설정

AutoCAD 작업공간은 어두운 색을 바탕으로 하고 있다. 이것을 밝은 바탕으로 변경할 수 있다. 실무를 할 경우 작업의 효율성을 고려하면 바탕색이 밝은 것 보다는 어두운 색이 적당하다. 여기서는 책의 인쇄 해상도를 고려하여 흰색으로 변경한다.

(1) 시작화면에서 새로만들기 > acadiso.dwt를 선택한다.

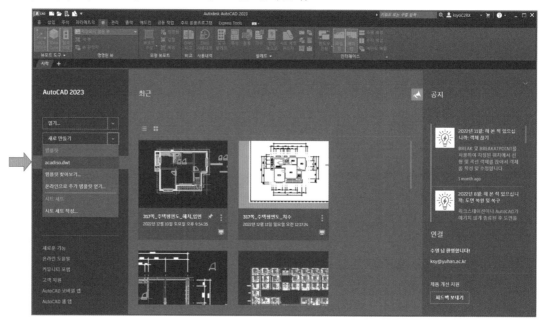

아래와 같은 화면이 나타난다.(인터페이스의 윗 부분이며, 아랫부분 생략)

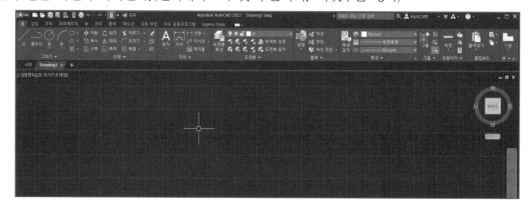

(2) 작업공간 임의 지점에 마우스 포인터를 위치하고 마우스 우측버튼을 누른다.
펼쳐지는 메뉴의 마지막 줄에 [옵션(O)...]을 선택한다.

(3) [화면표시] 탭 > 윈도우 요소 > [색상(C)...]을 선택한다.

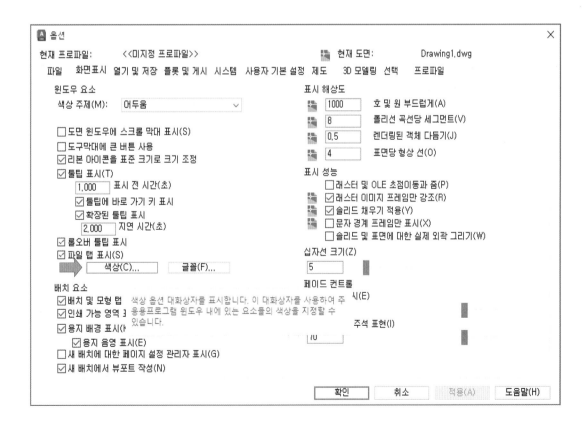

(4) 도면 윈도우 색상 대화상자에서 아래와 같이 균일한 배경을 흰색으로 선택한 후 [적용 및 닫기(A)] 버튼을 누른다.

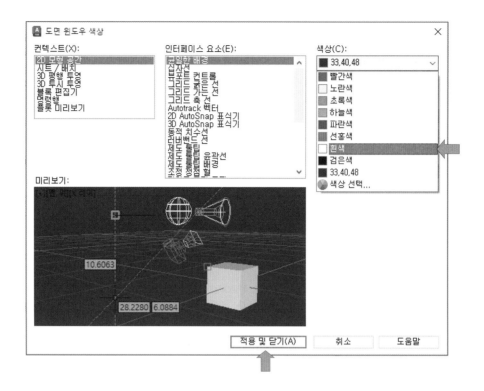

(5) 옵션 대화상자로 되돌아가면 [적용(A)] ▶ [확인] 버튼을 누른다.

화면이 아래와 같이 변경되었다. 바탕에 도면 그리드(방안지 무늬)를 나타나지 않게 하려면 F7키를 누르면 된다.(누를 때마다 ON과 OFF가 반복된다) 도면 아랫 쪽에 상태표시줄의 그리드 버튼을 눌러도 된다.

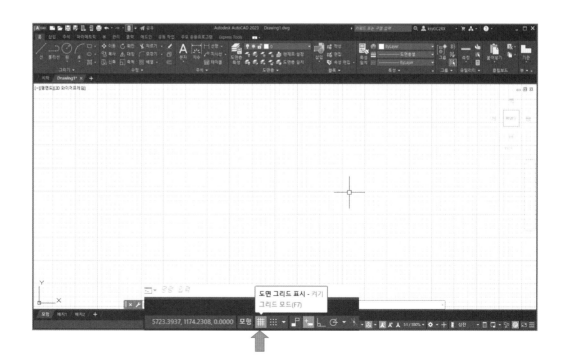

절대 좌표는 점의 좌표값을 원점(0, 0)에서 X, Y 축(3차원의 경우 Z축 방향의 좌표값도 입력해야 하며, 여기서는 2D도면이므로 높이 값을 고려하지 않는다. Z=0)으로 이동한 거리의 좌표값을 입력하는 형식을 말하며 입력할 때 사이에 콤마(,)를 입력하여 X, Y의 값을 구분한다.

선(Line) 그리기 명령을 실행하여 절대좌표값을 입력해서 한변이 100mm인 4각형을 그려보자.

(1) 선(Line) 그리기 명령을 실행한다.

TIP 명령 실행 방법(선그리기 Line 명령을 예를 들어 설명한다)

① 명령어 직접 입력

    Line을 타이핑한 후 엔터키(또는 spacebar)를 친다. 이 경우 명령입력창에 기록이 남는다.

② 단축키(단축명령어) 입력

    Line의 경우 영문자 L만 타이핑한 후 엔터키를 친다. 이 경우 Line을 입력하는 것과 같다.

③ 명령 아이콘 선택

    홈탭 > 그리기 패널 > 선(Line) 아이콘 ▨ 을 클릭한다.

④ 클래식 작업공간의 경우 그리기 도구막대(Toolbar)에서 선 아이콘을 선택

선그리기 아이콘에 마우스 포인터를 가져갔을 경우 아래의 화면과 같이 툴팁이 실행된다.

마우스 좌측 버튼을 클릭하기 전 도움말이 나오고, 좀 더 오래 머물면 명령어에 대한 상세설명이 나타난다.

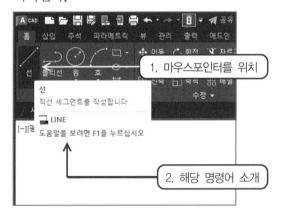

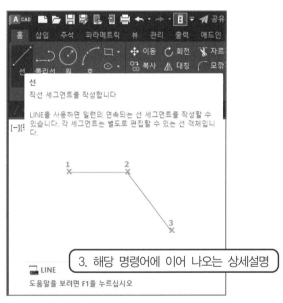

TIP 툴팁의 제거

① 작업영역의 임의 장소에서 마우스 우측버튼을 클릭한다.

② [옵션(O)...]을 선택한다.

③ [화면표시] 탭을 선택한다.

④ [윈도우 요소] > 툴팁표시(T) 앞의 ☑ 에서 '✔'를 해제한다.

⑤ [적용(A)] > [확인] 버튼을 누른다.

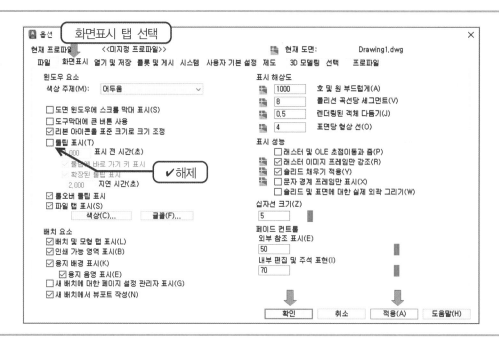

(2) 사각형의 첫 번째 점을 지정한다. 이를 위해 100,100을 입력하고 엔터키를 친다.

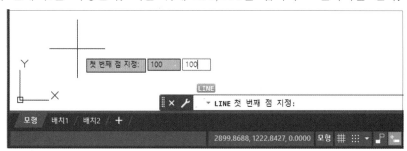

첫 번째 점을 찍고 마우스에 이어진 선이 아래 화면과 같이 나타나고 다음 점 지정을 기다리면 작업 상 편의를 위해 첫 번째 점의 위치를 화면에 보일 수 있도록 마우스 휠을 꾹 누른 상태에서 화면을 이동시킨다.

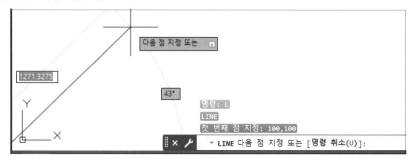

화면에 손바닥 모양의 커서로 변경되면서 우측으로 이동하여 다음과 같이 첫점을 보이도록 위치한다.

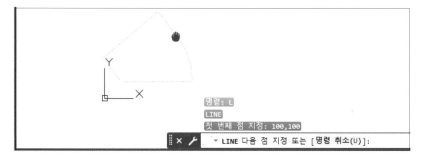

(3) 두 번째 점 #100,200을 입력하고 엔터키를 친다.

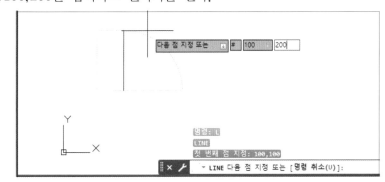

(4) 세 번째 점 #200,200을 입력하고 엔터키를 친다.

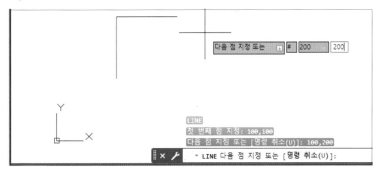

(5) 네 번째 점 #200,100을 입력하고 엔터키를 친다.

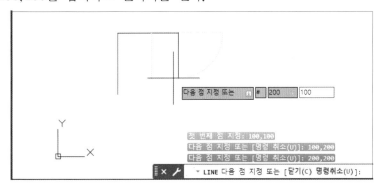

(6) 사각형의 첫 번째 점에 선을 연결하기 위해 #100,100 또는 영문자 C를 입력하고 엔터키를
친다.
여기서 영문자 C는 'Close'의 단축문자이며 '도형을 닫는다'는 의미이다.

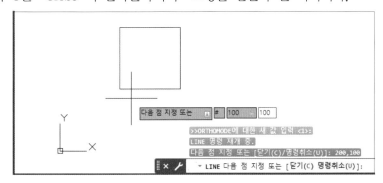

TIP 동적입력(DYN) 기능 F12 키

앞에서 작업 화면에서는

① 동적입력 기능이 켜져(ON)있는 상태에서의 작도의 예이다. 이 경우 입력 값을 화면상에서 확인 가능하다.
    그러나, 이전의 방식에 익숙해져 있는 경우 사용하기에 불편할 수 있다.

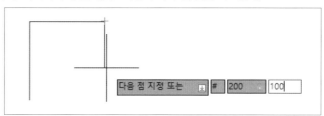

② 이 기능을 껐을(OFF) 경우의 화면에서 동적입력현황이 사라지게 된다.
    이 경우 명령입력창에서 그 값을 확인하면 된다.

[참고1] 동적기능의 절대좌표입력방식

① 동적기능 ON의 경우 좌표값 앞에 #을 붙임
② 동적기능 OFF의 경우 # 없이 숫자를 입력(아래 입력예 참조)
※ 마우스 포인터를 명령창과 작업영역 경계 놓고 위아래 화살표 생겼을 때 끌기하여 창의 폭을 넓힌다.

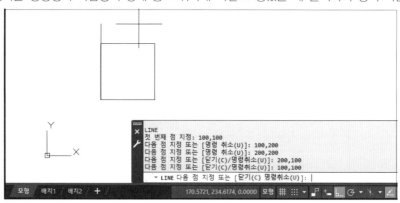

[참고2] 동적기능의 켜기와 끄기

① 기능 버튼 F12를 누른다. 눌러서 OFF가 되면, ON은 다시 한 번 더 누르면 된다.(이를 토글 키라 한다)
② 동적 입력 버튼을 누른다.

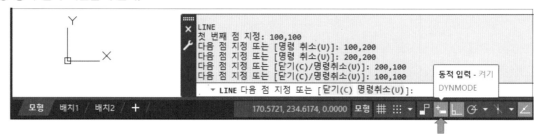

상대좌표

절대좌표는 원점을 기준으로 좌표값을 입력하는 것이지만 상대좌표는 바로 이전에 입력했던 좌표값을 기준으로 하여 상대값을 입력하는 것이다.

입력방법은 @X, Y, Z(평면에서 Z = 0이므로 생략)인데 @는 최종 좌표(이전 좌표)를 원점으로 한다는 뜻이다.

이제 상대좌표를 이용하여 한 변의 길이가 100mm인 정사각형을 그려보자.

① line명령을 실행한다.
② 임의의 첫점(p1)을 화면상에서 클릭한다.(클릭한 지점을 첫 번째 점으로 인식)
③ 두 번째점(p2)　　　@0,100을 입력한다.
④ 세 번째점(p3)　　　@100,0을 입력한다.
⑤ 네 번째점(p4)　　　@0,-100을 입력한다.
⑥ 다선번째점(p1)　　　@-100,0을 입력한다. 또는 C를 입력한다.

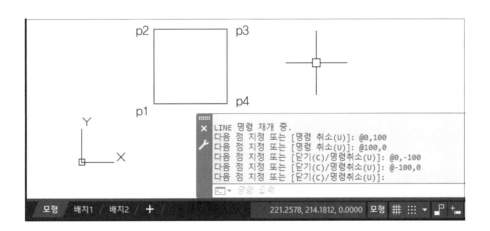

TIP **동적입력(DYNMODE) 기능이 ON일 경우 상대좌표값 입력**

① 동적입력 기능이 켜져(ON)있는 상태에서 상대좌표값은 부호(@)없이 숫자만 입력한다.
　　동적입력 기능이 켜져있는 경우에는 좌표입력방식이 상대좌표방식으로 자동 전환되기 때문이다.
② 이 기능을 껐을(OFF) 경우 위 화면처럼 @를 숫자앞에 표기한다.

1-4 상대극좌표

상대 극좌표는 이전 좌표를 기준으로 거리와 각도를 이용하여 좌표값을 입력한다.
거리와 각도는 "@거리 < 각도"로 입력하며, "@100 < 270"은 270° 방향으로 100mm 떨어진 거리에 위치한 좌표를 의미한다.

기본적으로 각도는 반시계방향으로 설정한다. 그러므로 "@100 < 270"은 "@100 < −90"과 같다.

상대 극좌표로 사각형을 그려보자.

  ① line명령을 실행한다.
  ② 임의의 첫점(p1)을 화면상에서 클릭한다.(클릭한 지점을 첫 번째 점으로 인식)
  ③ 두 번째점(p2)　　　@100<90을 입력한다.
  ④ 세 번째점(p3)　　　@100<0을 입력한다.
  ⑤ 네 번째점(p4)　　　@100<270을 입력한다.
  ⑥ 다선번째점(p1)　　　@100<180을 입력한다. 또는 C를 입력한다.

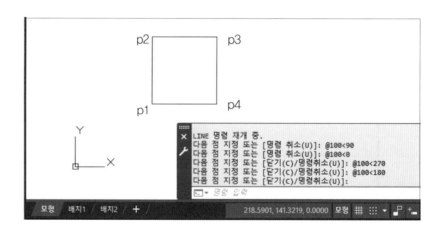

1-5 거리값 직접 입력

객체를 작도할 때 좌표를 입력하는 대신 마우스를 드래그하여 그리고자 하는 방향을 지정하고 거리값을 입력하면 입력한 값만큼 작도된다.

아래 그림은 선그리기(Line)명령으로 한 변이 100mm인 정사각형을 거리값 직접 입력 방식으로 작도하는 예를 나타낸 것이다.
이때 직교 모드가 ON이면 직각으로 선그리기가 수월하다.

다음 화면에서 화살표는 끌기(drag) 방향을 의미한다.

p1은 임의 점을 입력하고,

p2, p3, p4는 거리값을 입력한 후 지정되는 점의 위치를 나타낸다.

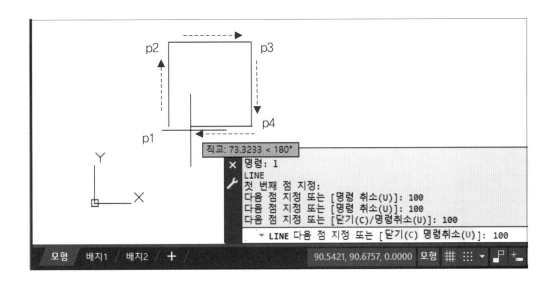

예제 앞서 배운 좌표값 입력방식으로 다음 도형을 그려보자.

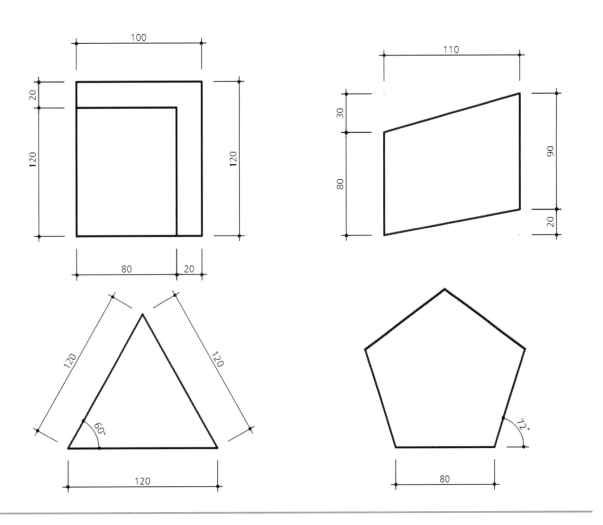

AutoCAD로 건축제도를 할 때 출력도면용지에 테두리선, 표제란을 작성하고, 치수, 문자, 도면 층, 선유형 등의 환경설정은 반복해야만 하는 작업이다. 따라서 이를 미리 지정해 놓은 양식(템 플리트 파일)을 작성하여 저장해두고 필요시 마다 사용하면 편리하다.

2-1 양식의 필요성

건축제도를 할 때 도면을 작성하기 전에 양식을 그리게 된다. 양식은 테두리선과 표제란 그리고 표제란의 글씨 등으로 이루어져 있다. 실무에서는 제도를 할 때마다 양식을 그리게 되면 번거로 우므로 도면을 그릴 때 미리 인쇄된 양식(도면 용지)을 이용하게 된다.
CAD에서는 도면을 그릴 때 반복해야만 하는 테두리선, 표제란 그리기와 치수, 문자, 도면층 등 환경설정 등을 미리 설정하여 도면 작성시 작업시간을 단축하도록 하는 것이 좋다.
또한 같은 사무실에서 통일된 양식을 사용하면 기업의 이미지 제고에도 도움이 된다.

2-2 양식에 포함될 내용

(1) 양식의 구성

도면양식은 테두리선, 표제란, 표제란의 문자 및 설계사무소의 로고 등으로 이루어져 있다.

(2) 환경설정

AutoCAD에서는 도면을 그리기에 편리한 기능이나 치수, 문자 등 사용자가 원하는 최적의 환경을 설정하여야 한다.
- 도면양식을 작성할 때 필요한 환경설정사항은 다음과 같다.
  - 도면영역설정(Limits)
  - 도면단위설정(길이와 각도에 대한 유형, 정밀도 등)
  - 직교모드를 On으로 설정(F8 키)
  - 객체스냅(Osnap)의 설정(끝점 End, 중간점 Mid, 교차점 Int, 중심 Cen, 직교 Per 등의 옵션)
  - 선종류 선택(실선, 일점쇄선, 파선, 단열재 등)
  - 도면층(Layer) 작성
  - 문자체(Style) 지정
  - 치수스타일(Dimstyle) 설정 등

2-3 도면용지의 종류

도면용지의 종류별 크기는 다음과 같다.

용지규격	가로	세로
A0	1,189 mm	841 mm
A1	841 mm	594 mm
A2	594 mm	420 mm
A3	420 mm	297 mm
A4	297 mm	210 mm

• 가정용 Printer로 출력이 편리한 A4 Size
• 건축허가 등과 관련한 심의용 도면 및 계획설계도면 A3 Size
• 일반 설계제도용 도면은 A0, A1, A2 Size

아래의 도면양식은 A4 Size의 예이다.
여기서는 이 양식을 기본으로 작업을 진행한다.

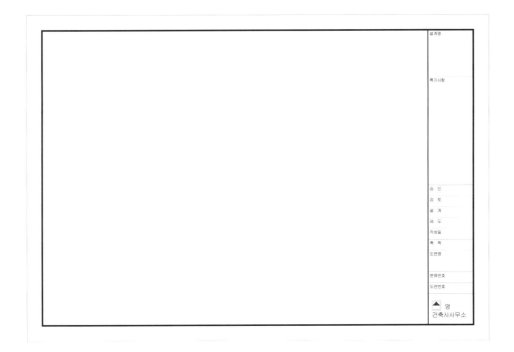

03

양식 그리기

양식은 테두리선, 표제란, 표제란의 글씨 및 설계사무소의 로고 등으로 구성되어져 있다.

여기서는 그리기(draw명령), 수정(modify)명령 등 건축제도를 할 때 많이 사용하는 기본적인 명령어를 사용한다. 또한, 테두리선 그리기나 표제란 만들기는 처음부터 도면을 작성하는 순서대로 진행하므로 작도연습을 충분히 하도록 한다.

3-1 도면공간(layout)에서 작도하기

양식은 제도에서 인쇄된 트레이싱 용지를 사용하는 개념이다. 양식의 작도는 모형공간(Model Space)에서 작업할 수도 있으나, 다양한 출력을 쉽게 하기 위해서 도면공간(배치공간, Paper Space)에서 작도하도록 한다.

(1) 도면공간(Layout) 으로 전환하기

작업영역 좌측 하단의 [배치1] 탭 또믐 작업영역 하단의 상태표시줄의 [모형] 버튼을 눌러 도면공간으로 전환한다. 전환된 화면은 아래와 같다.

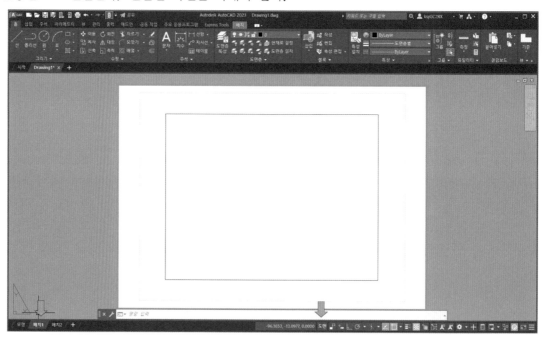

(2) 도면공간의 환경설정

① Layout1탭에 마우스 포인터를 위치시키고 우측버튼을 눌러 [페이지설정관리자(G)...]를 선택한다.

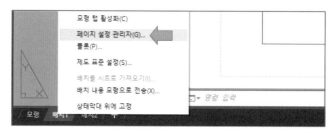

② 페이지설정관리자 대화상자가 나타난다. 대화상자에서 [새로만들기(N)...] 버튼을 누르고, 새 페이지 설정 대화상자에서 새 플롯 설정 이름을 'A4'로 입력한 후 [확인(O)] 버튼을 누른다.

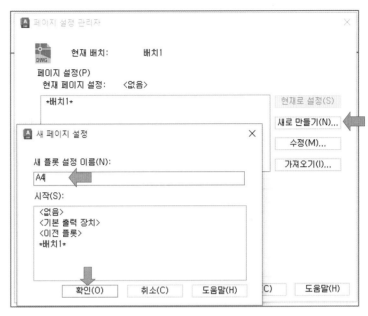

③ 페이지설정(Page Setup-Layout1) 대화상자가 나타난다.

컴퓨터에 연결되어 있는 프린터를 선택하고, 용지 크기: A4, 플롯 대상: 배치, 축척 (S)은 1:1을 선택한다.

[확인] 버튼을 누른다.

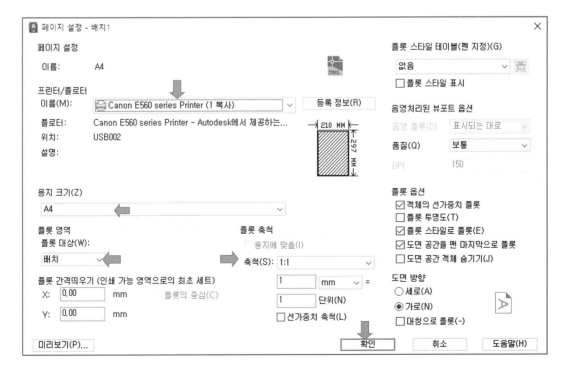

④ 페이지설정관리자 대화상자가 나타나면 [닫기] 버튼을 누른다.

⑤ 도면공간의 화면은 아래와 같이 변경되었다.

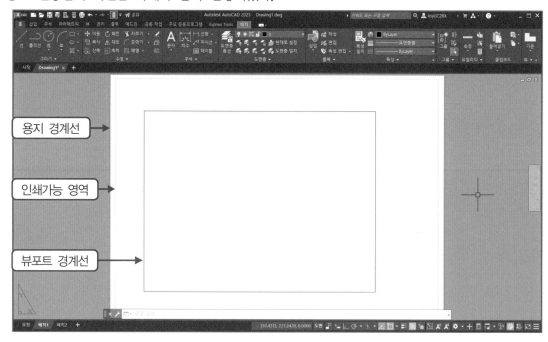

참고 │ 용지의 경계선의 크기
A4 size 이므로 297mm×210mm이다.

⑥ [배치1] 탭에 마우스 포인터를 위치시키고 왼쪽 버튼을 더블 클릭하거나, 우측버튼을 눌러 [이름바꾸기(R)]을 선택한다. '배치1'을 '건축 A4'로 변경한다.

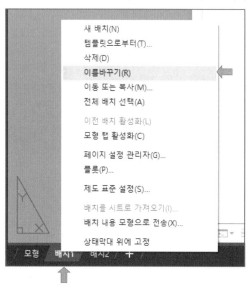

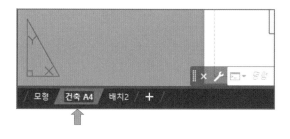

(3) 파일 저장하기   Saveas /

다른 이름으로 저장하기(Saveas) 명령으로 지금 작성한 파일을 '건축양식.dwg'로 하여 저장한다.

저장 폴더의 위치와 파일 이름을 지정한 후 [저장(S)] 버튼을 누른다.

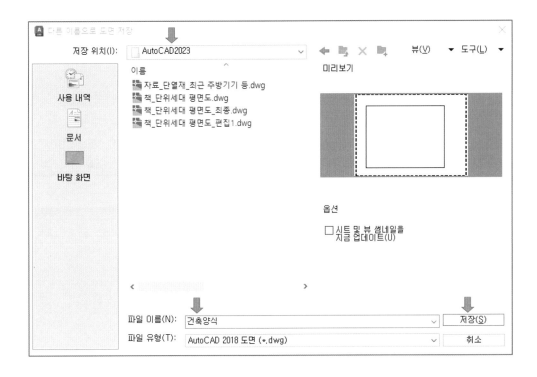

3-2 테두리선 그리기

Open명령을 실행하여 앞 3-1 에서 저장한 건축양식.dwg 파일을 불러온다.

도면영역에서 작업할 것이므로 '건축 A4'로 이름 변경한 [배치1] 탭을 눌러서 작업을 시작한다.

(1) 지우기(Erase, 단축키 E) 명령을 실행하여 뷰포트 사각형을 삭제한다.   **Erase / E / ✏**

   명령창에서 E를 입력하고 [엔터] 키를 친 후 뷰포트 박스를 선택한다.

   다시한번 [엔터] 키를 친다. 뷰포트가 삭제된다.

(2) 직사각형(Rectang, 단축키 REC) 명령을 실행하여 사각형을 그린다.

용지 외곽의 파선(인쇄가능 영역선)을 넘지 않게 임의로 그린다.

① 직사각형(Rectang) 명령 실행 후 두 점을 대각선으로 지정하여 사각형을 그린다.

② 여기서는 좌측 하단의 임의점 p1(정확한 값보다 눈으로 확인하고 그리는 것이 편리할 때
가 많다)을 클릭하고 마우스를 드래그하여 우측 상단의 임의점 p2를 클릭한다.

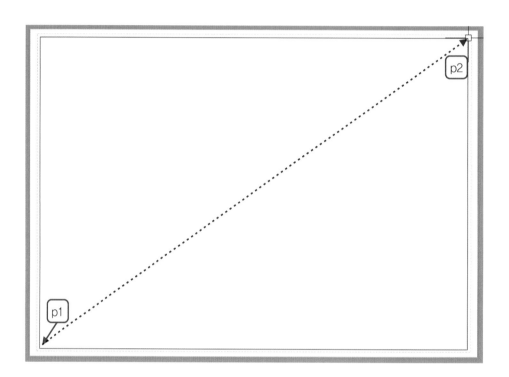

Explode / X /

(3) 분해(Explode, 단축키 X) 명령을 실행하고, 앞에서 그렸던 사각형을 선택한다.

하나로 묶여 있으면 표제란 작업시 불편하다. 편집의 편의를 위해 4개의 직선으로 분해한다.
아래 왼쪽 사각형을 클릭하였을 때 선 전체가 선택된다. 오른쪽은 분해 명령 실행 후 위, 아래
두 선을 각 각 선택한 상태이다.

분해 전   분해 후

(4) 간격 띄우기 명령을 실행하여 분해된 사각형의 변을 용지의 내부로 복사한다.

① Offset(단축키 O) 명령을 실행한다.

Offset / O /

② Offset할 거리값 30mm를 입력한다.(30 입력 후 엔터키를 친다)

③ Offset할 대상을 선택한다.

④ 용지의 안쪽(Offset방향)을 클릭한다.

Offset 거리값이 같으면 계속 '대상선택 ▶ 방향선택'을 반복해서 다수 복사를 할 수 있다.

⑤ 사각형의 아랫변을 사각형의 내부로 20mm Offset한다. 이 경우 동적입력을 On 상태로 하면 대상선 선택 후 거리값 20을 직접 입력하여 Offset할 수 있다.

[엔터] 키를 쳐서 명령을 종료한다.

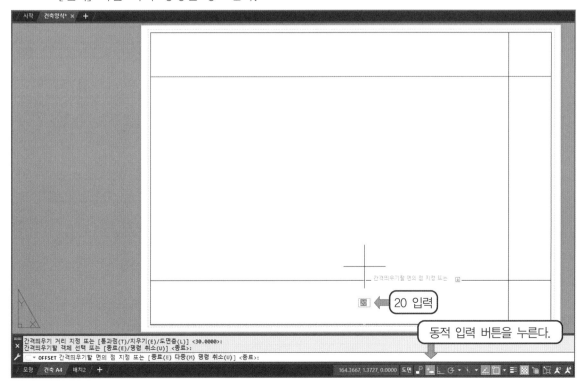

⑥ 작도후의 도면은 아래와 같다.

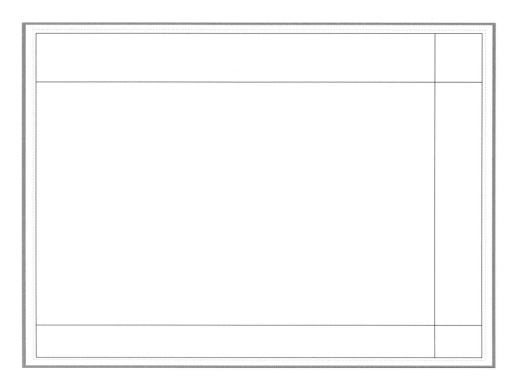

(5) 자르기(Trim) 명령으로 선을 정리한다.   Trim / TR / ✂️자르기

  ① Trim 명령(단축키 TR)을 실행한다.
  ② 기준선을 선택한 후 [엔터]키를 친다.
  ③ 기준선에 교차된 자를 선을 선택한다. 명령을 마치려면 [엔터] 키를 친다.

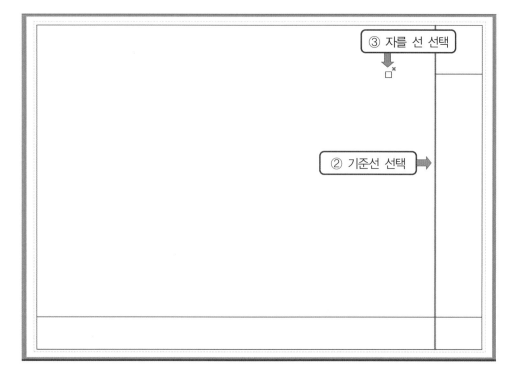

④ 작도후의 도면은 아래와 같다.

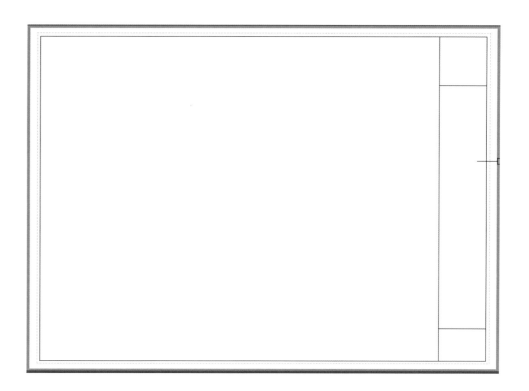

Offset / O / ⊏

⑹ 간격 띄우기(Offset, 단축키 O) 명령을 실행하여 다음 화면처럼 작도한다.
　　① 좁은 선 간격은 7mm를 아래에서 위 방향으로 Offset한다. 2번 한다.
　　② 넓은 선 간격은 14mm를 아래에서 위 방향으로 Offset한다. 1번 한다.

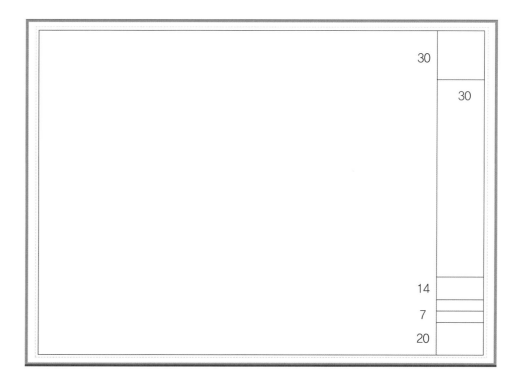

(7) 배열(Array, 단축키 AR) 명령을 실행하여 표제란 우측의 선들을 모두 완성한다.

　① Array 명령을 실행한다. 또는 Arrayrect 명령을 실행해도 된다.

　② 대상 객체를 선택하고 엔터키를 친다.

　③ 명령행에 직사각형(R) 옵션을 선택한다. 옵션 끝에 〈직사각형〉으로 되어 있으면 기본값 (default)으로 되어 있는 것이므로 그냥 [엔터] 키를 치면 직사각형 옵션이 선택된다.

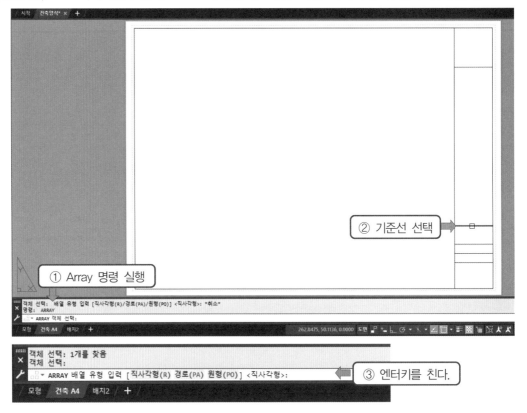

　④ 명령행에 그립에 의한 편집이나, 옵션 선택 문구가 나타나면 열과 행의 개수를 지정하기 위해 개수(COU)를 클릭한다.

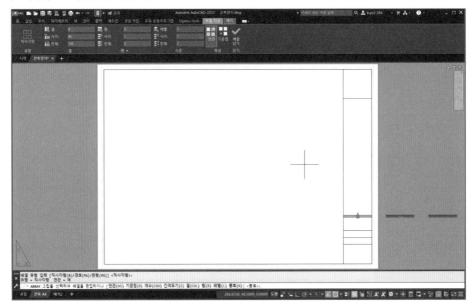

⑤ 열(Columns)의 수 1을 입력하고 [엔터] 키를 치고, 행(Rows)의 수는 7을 입력하고 [엔터] 키를 친다.

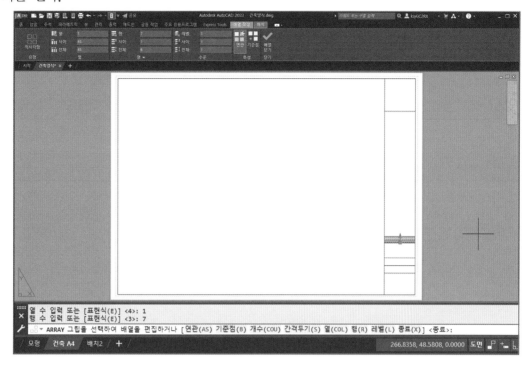

⑥ 열과 행의 간격을 지정하기 위해 간격두기(S)를 클릭한다. 열의 간격은 입력할 게 없으므로 그냥 [엔터] 키를 치고, 행의 간격은 7mm이므로 7을 입력하고 [엔터] 키를 친다. 명령을 종료를 위해 한 번 더 [엔터] 키를 친다.

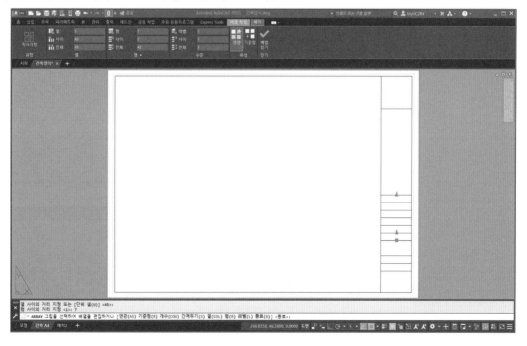

참고 1. 열과 행의 개수, 간격 등은 작업공간 위 배열 리본메뉴에서도 입력이 가능하다.

2. 배열 객체 선택시 나타나는 3개의 파란색의 그립점을 클릭하여 개수나 간격의 입력이 가능하다.(다음 TIP 참조)

3-3 테두리선 두께 조절하기

(1) 폴리선 편집 명령을 실행하여 외곽 사각형을 폴리선으로 변경하고, 결합한다. Pedit / PE /

    ① 명령행에서 Pedit(단축키 PE)를 입력한다.

    ② 외곽의 사각형 중 어느 한 변을 선택한다.(여기서는 윗 선을 선택하였다)

    ③ 선택된 객체가 다중선(pline, polyline)이 아니므로 pline으로 변경하기 위해 전환여부를 묻는 물음에 〈Y〉를 입력한다.

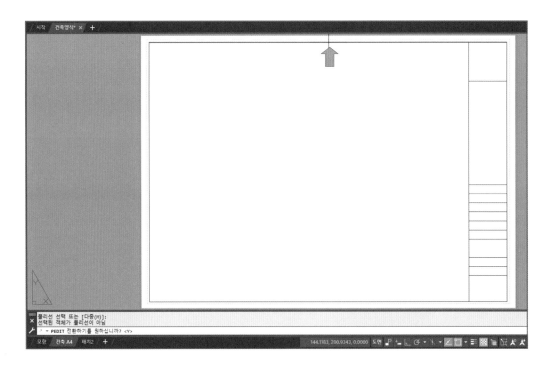

(2) 다음 제시된 옵션에서 결합(J)를 입력하고, 사각형을 구성하는 나머지 3선을 클릭한 후 엔터 키를 친다.

(3) 다음 옵션에서 폭(W)를 선택하고, 1(선두께 1mm)을 입력하면 아래 화면처럼 두꺼워진 테두리선을 확인할 수 있다.

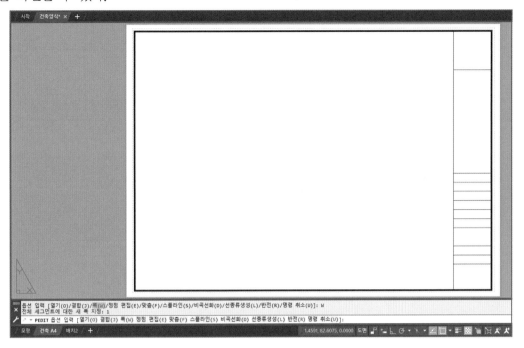

(4) 같은 방법으로 표제란 좌측 선을 폴리선(Pline)으로 변경하여 두께 0.5mm로 편집하여 보자. 여기서는 하나의 선이므로 폴리선 변경 후 결합(J)옵션을 생략하고, 폭(W) 옵션을 선택하여 0.5를 입력하면 된다. 그 결과는 다음과 같다.

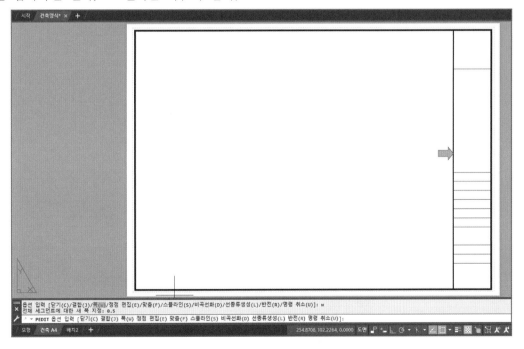

(5) 해당 파일을 저장한다. (파일명 : 건축양식.dwg)   Qsave / Ctrl+S /

파일명 변경없이 신속저장(Qsave) 명령으로 작업파일을 저장한다. Ctrl키와 S를 동시에 누르면 실행된다.

3-4 표제란 문자쓰기

(1) 문자유형을 지정하기 위해 문자 스타일 명령을 실행한다.

Style / ST / A

① 명령행에서 Style을 입력한다.

② 다음과 같은 문자 스타일에 대한 대화상자가 나타난다.

여기서, [새로만들기(N...)] 버튼을 누른다. 아래 대화상자에서 새로운 스타일 유형을 '표제란' 으로 입력하고, [확인] 버튼을 누른다.

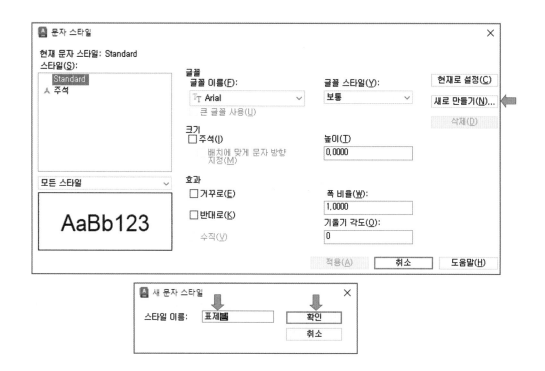

③ 다시 문자 스타일 대화상자에서 [글꼴 이름(F)]을 굴림체로 지정한다.

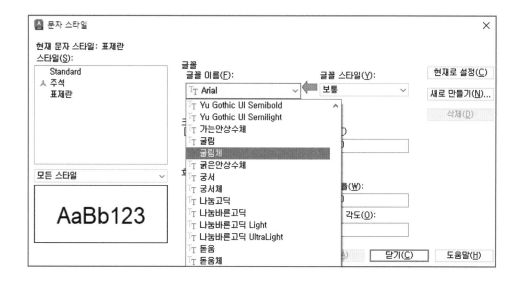

④ [문자 높이(T)]를 2로 입력하고, [현재로 설정(C)] 버튼을 누르고 다음 대화상자가 나타나면 [예(Y)]를 누른다.

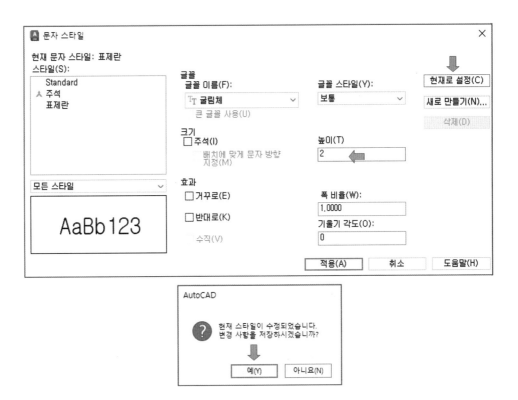

⑤ 다시 문자 스타일 대화상자에서 [닫기(C)] 버튼을 눌러 문자 스타일 지정을 종료한다.

⑥ 작업화면의 상부의 홈 탭 > 주석 패널의 주석 ▼을 누르면 문자 스타일이 표제란으로 등록된 것을 확인할 수 있다.

(2) 단일행 문자 쓰기 명령을 실행하여 문자를 기입한다.　　Text, Dtext / DT / A 단일행

① 명령행에 Dtext(단축키 DT)를 입력하고 [엔터] 키를 친다.

홈 탭 > 주석 패널 > A(문자) > 단일행을 선택해도 된다.

② 명령행에 문자유형에 대한 정보를 확인한다. 여기서는 문자스타일 : 표제란, 문자 높이 : 2mm가 설정되어 있다.

③ 문자쓰기를 위한 시작점 입력을 위해 표제란 윗부분을 마우스 휠을 돌리고(실시간 Zoom) 마우스 휠을 꾹 누른 상태로 이동(실시간 Pan)하여 아래 화면처럼 확대한다.

다음, 문자 입력 시작점을 클릭하여 지정한다.(이 때 Osnap은 Off 상태가 작업에 편리하다)

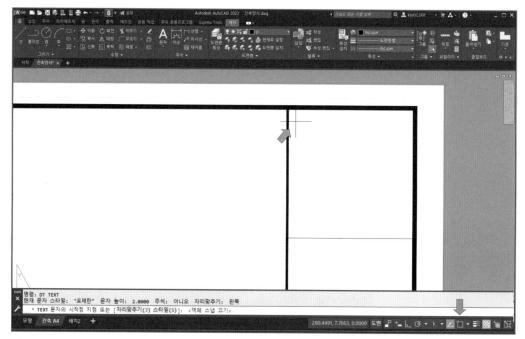

④ 문자의 회전각도 〈 0 〉을 입력한다. 기본값(default값)이 〈 0 〉이므로 그냥 [엔터] 키를 친다. 문자를 입력할 수 있도록 커서의 모양이 바뀌면 키보드의 한/영 키를 눌러 한글로 변경한다.

'설계명'을 타이핑한다. 그리고 [엔터] 키를 두 번 친다.

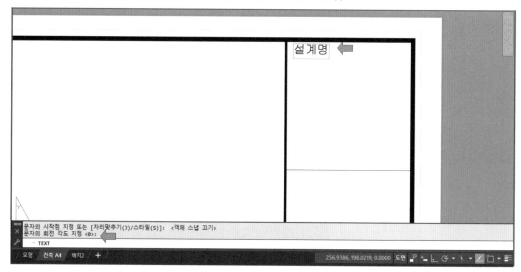

(3) 이동 명령을 실행하여 표제란 '설계명'을 보기 좋게 이동한다. **Move / M / ✛이동**

　① 이동(단축키 M)을 실행한다. 대상(설계명) 선택 후 [엔터] 키를 친다.
　② 기준점(p1)을 임의 공간에 클릭하고, 마우스를 움직여 문자의 이동위치 확인 후 [엔터] 키
　　를 친다. 문자의 위치를 좌측 구석부분에 가깝게 위치하면 좋다.

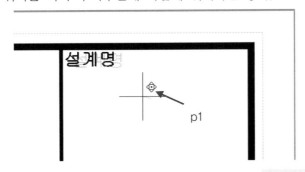

(4) 복사 명령을 실행하여 표제란 모든 칸안에 '설계명'을 복사한다. **Copy / CO / 복사**

　① 복사(단축키 CO) 명령을 실행한다. 대상(설계명) 선택 후 [엔터] 키를 친다.
　② 복사 기준점(좌측 구석점)을 선택한다. F3 키 또는 상태표시줄의 객체스냅 버튼을 눌러
　　객체스냅(Osnap)을 ON 상태로 한다. 여기서는 Osnap이 끝점(End)이 적용되었다.

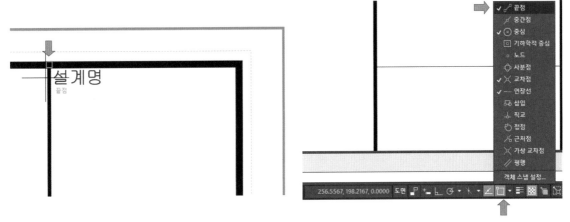

　③ 마우스 휠을 굴리거나 꾹 눌러 화면 이동을 하여 아래 화면처럼 배치하고 복사할 위치를
　　클릭한다.

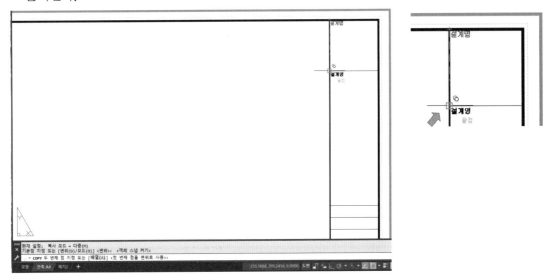

④ 같은 방법으로 세 번째, 네 번째....각 칸의 좌측 모서리를 기준점으로 하여 동일한 위치에 정확하게 복사한다. 복사가 끝났으면 [엔터] 키를 친다.

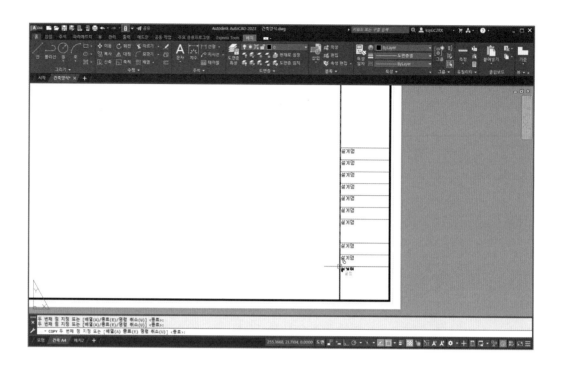

(5) 문자편집 명령을 사용하여 각 칸의 문자를 편집한다.　　　Ddedit, Textedit / ED /

① Ddedit 명령(단축명령어 ED)을 실행(또는 문자를 더블클릭)한다.
② 편집하려는 문자를 클릭하고 문자를 변경한다. [엔터] 키를 한 번치면 다음 문자를 선택할 수 있다. 한 번 더 치면 명령이 종료된다.
③ 위에서부터 설계명, 특기사항, 승인, 검토, 설계, 제도, 작성일, 축척, 도면명, 분류번호, 도면번호, 설계사무소 명칭 및 로고 등이다.

3-5 간단한 로고 그리기

설계사무소 상호가 들어가는 칸에 간단한 도형을 그려 로고로 만들어 보자. 여기서는 직사각형 (Rectang), 간격띄우기(Offset), 해치(Hatch) 등의 명령을 사용하여 작도하도록 한다.

(1) 직사각형 명령을 실행하여, 칸 안의 여백에 정사각형을 그린다. **Rectang / REC /** ▢ 직사각형
   ① 직사각형(Rectang, 단축키 REC) 명령을 실행한다.
   ② 위 양식의 하단부를 확대하여 칸 안의 여백에 임의 점 p1을 찍는다.
   ③ @7,7을 입력한다. 7mm 각 정사각형이 그려졌다.

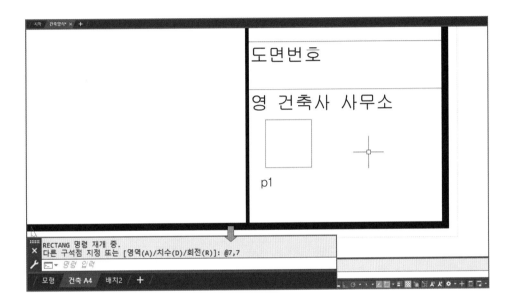

(2) 간격띄우기 명령을 실행하여 내부에 작은 정사각형을 더 그린다. **Offset / O /** ⊏
   ① Offset(단축키 O) 명령을 실행한다.
   ② 거리 값 지정은 1로 하고, 대상(최초의 정사각형)을 선택 후 사각형 안쪽을 클릭한다.

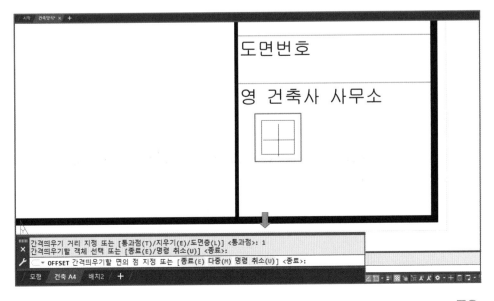

⑶ 선그리기 명령을 실행하여 내부에 작은 정사각형을 더 그린다. Line / L /

① 객체스냅(Osnap) ON 상태에서 선그리기 명령을 실행한다. 이 때 Osnap은 중간점(Mid)
이어야 한다.

② 내부 사각형 선을 클릭하여 삼각형을 그린 후 [엔터] 키를 친다.

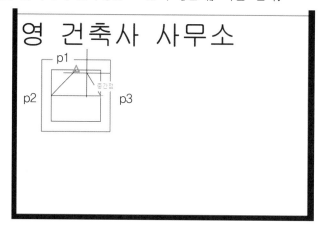

⑷ 해치 명령을 실행하여 삼각형 내부에 색을 채운다. Hatch / H /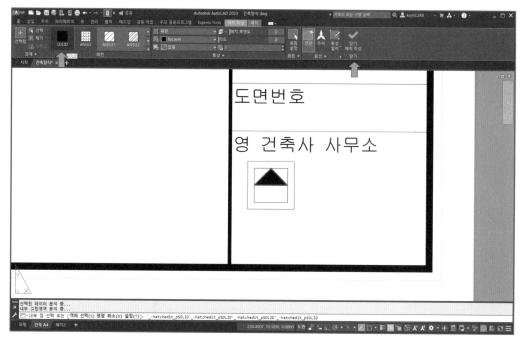

① Hatch(단축키 H) 명령을 실행한 후 삼각형 내부를 클릭한다. 리본 메뉴가 해치작성 형태
로 특화되었다.

② 해치 유형을 해치 패턴에서 Solid를 선택한다. 삼각형 내부가 검정색으로 채워졌다. 패널
우측 끝의 닫기 ✓를 누른다. 명령이 종료되었다. ☞ Hatch 명령에 대한 상세 사항은 제
8장 참고

③ Move 명령을 사용하여 로고와 문자의 자리를 잘 배치한다.

(5) 문자의 크기와 형태를 편집해보자.　　Properties, Ddchprop, Change / PR, CH /

① 변경하고자 하는 문자를 선택 후 마우스 우측버튼을 눌러 [특성(s)]을 선택한다.
리본메뉴 뷰탭 〉 팔레트 〉 특성을 선택해도 된다. 명령행에 PR을 입력해도 된다.

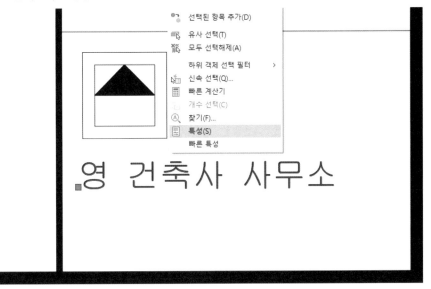

② 특성 대화상자가 나타났다. 마우스로 왼쪽버튼을 눌러 위치를 이동할 수 있다.
③ 선택창에 문자를 확인 한 후 마우스 휠을 돌려 문자 탭으로 맞춘다. 문자의 내용을 확인
한 후, 문자의 높이를 3, 폭 비율 0.8, 기울기 15로 입력해 보았다.

(5) 줌 명령을 실행하여 작업화면 전체를 본다.　　Zoom / Z /

Zoom 명령(단축키 Z)을 실행하면 다양한 옵션이 나타난다. 그 중 화면 전체를 보기위해서는
전체(A)를 선택한다.　화면은 다음과 같다.
명령행에서 'Z [엔터] A [엔터]'를 순서대로 치면 빠르게 전체화면을 볼 수 있다.

[엔터] 키 대신 [spacebar]를 치는 것이 더욱 효율적이다. 이후 'Z/A'로 표현한다.

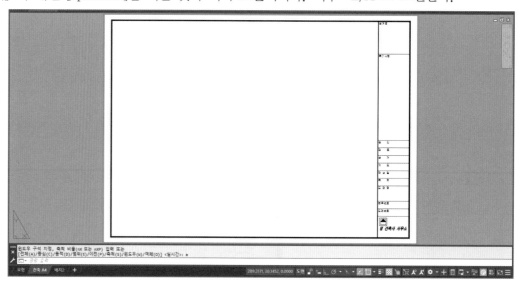

3-6 뷰포트 만들기

3-2 에서 삭제한 뷰포트를 다시 작성한다.

도면 공간에서의 뷰포트는 모형공간의 작업 내용을 축척을 적용해 불러들여오는 창이다. 이것이 있어야 양식에 작도한 도면이 표현된다. 관련되는 내용은 제5장 인쇄하기를 참조한다.

(1) Mview 명령으로 뷰포트를 생성한다.   **Mview / MV**

뷰포트를 클릭한 후 그립점을 드래그하여 내부 사각형의 모퉁이에 일치시키면 최대가 된다. 작업한 결과는 다음과 같다.

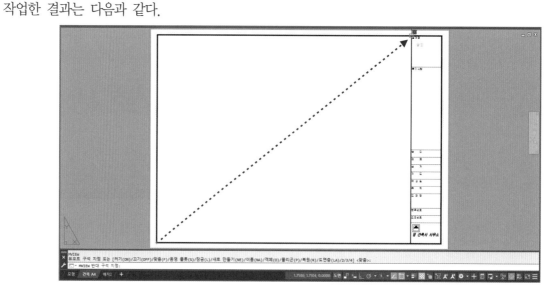

(2) 작업내용을 저장한다.   **Qsave / QS, Ctrl+S /**

04

환경설정하기

앞에서 작업한 도면양식의 테두리선, 문자 등이 건축양식.dwg 파일로 저장하였다. 여기서는 이 파일에 작업영역(limits), 도면층(layer), 치수(dim), 문자(text) 등 환경설정을 추가하여 템플리트 파일을 만든다. 템플리트 파일은 도면 작성시 반복되는 작업의 양을 줄여 준다.(캐드 도면의 확장자는 dwg, 템플리트 파일의 확장자는 dwt이다)

4-1 작업영역(Limits) 설정하기

A4 Size의 양식에 Scale 1/100로 출력을 원하면 도면영역을 A4 Size의 100배 정도로 확대하면 작업하기 편리하다. Limits 명령실행 후 좌측하단점을 (0,0)으로 우측 상단점을 (29700,21000)으로 입력한다. 이 두 좌표를 대각선으로 하는 직사각형이 작업영역이 된다.

(1) Limits 명령을 실행하여 작업영역을 설정한다.　　　　　　　　　　Limits / LIM /

① 건축양식.dwg파일을 열고 모형(Model)탭을 누른다.
② Limits(단축키 LIM)를 명령행에 입력하고 [엔터] 키를 친다.
③ 좌측하단점은 0,0을, 우측상단점은 29700,21000을 입력한다.(절대좌표 입력방식임)

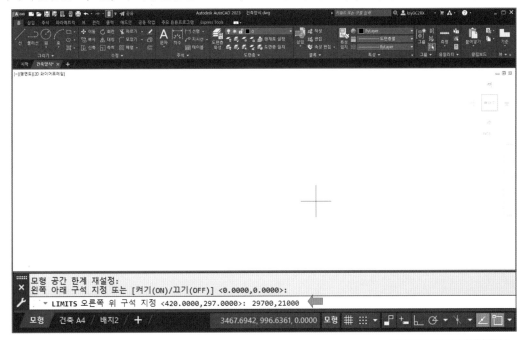

(2) 모형영역 전체를 보이도록 하기 위해 Zoom명령을 실행한다.　　　　　Zoom / Z /

① Zoom을 입력하고 [엔터] 키를 친다.
② 전체(A) 옵션을 선택한다.[이후 ①, ②실행을 'Z/A'로 표현한다]

> **TIP 도면영역(Limits)**
>
> 1. AutoCAD에서 작업은 축척을 1 : 1로 하는 것을 원칙으로 한다.
> 2. AutoCAD의 시작화면에서 New명령(미터법)으로 작업을 시작할 때 Acadiso.dwt파일이 열린다.

3. Command line에서 limits를 입력하면 default 값이 좌측하단점 0,0(원점), 우측상단점 420,297인 것을 확인할 수 있다.

4. 이것은 두 점을 대각선으로 하는 직사각형이 작업영역의 범위가 된다.

5. 이 작업공간에서는 건축도면을 그리기에 너무 작은 공간이 된다.

6. 작업영역보다 더 큰 물체나 작은 물체를 그리려면 도면영역을 변경해야하는데, 도면영역이 큰 건 축도면을 그리는 경우 실제 건축물의 치수보다 작업영역은 2배정도 더 커야 치수선, 축열, 도면명 등을 기록할 수 있다.

7. 따라서, 그리려는 대상의 규모에 따라 Limits의 범위를 변형시켜 적용할 수 있다.

4-2 도면층 작성하기

(1) 도면층(Layer)의 이해   Layer / LA /

① 도면층(Layer)의 개념

도면층(Layer)은 얇은 투명필름인 OHP 필름과 유사하다.

OHP 필름에 순서대로 번호를 지정하여 도면층(Layer) 1, 도면층(Layer) 2... 라고 하고, 도면층 마다 도면을 그리는데 필요한 객체(Object)를 특성별로 부여한다.

예를 들면, Layer1에는 중심선을 Layer2에는 벽체, Layer3은 창호, Layer4는 가구... etc로 지정한다. Layer를 모두 On하면, 완성된 도면이 되고 필요에 따라 특정한 Layer를 On 하거나 Off할 수 있다.

또한 특정한 Layer의 Object를 다른 Layer로 변경할 수도 있다.

② Layer의 개념도

■ layer를 모두 on한 상태

■ 각각의 layer

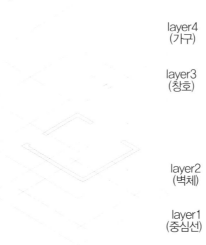

layer4
(가구)

layer3
(창호)

layer2
(벽체)

layer1
(중심선)

③ 0번 도면층

Layer를 지정하지 않은 경우에는 0번 Layer에서 작업하는 것이 된다.

0번 Layer는 AutoCAD에서 기본적으로 지원하는 Layer로서 삭제되지 않는다.

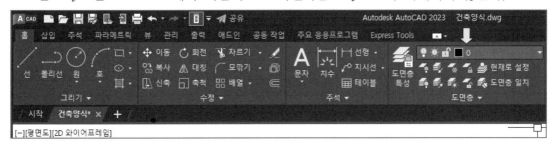

④ Layer의 구성

명령행에서 Layer(단축키 LA)를 입력하거나 도면층 control 창 왼쪽 도면층 특성 관리자 아이콘을 클릭하면 도면층 특성 관리자(Layer Properties Manager)가 나타난다. 도면층 특성 관리자는 도면층(Layer) 이름, 켜기, 동결, 플롯, 색상, 선종류, 선가중치, 투명도 등으로 구성되어져 있다.

(2) 도면층(layer) 명령을 실행하여 Layer이름을 지정한다.　　　　　Layer / LA /

① 명령행에서 Layer명령(단축키 LA)을 입력한다.

또는 아래 화면에서 도면층 특성 관리자(Layer Properties Manager) 아이콘을 누른다.

② 도면층 특성 관리자가 열린다. 여기서 필터의 화살표 ┃필터　　┃≪를 눌러 창을 최대화하고, 새도면층 아이콘 ▨을 누른다. '도면층1' 이 생성된다.

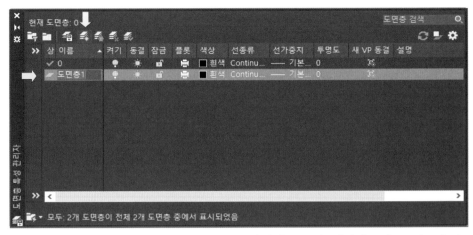

③ 도면층1의 이름을 cen(중심선)으로 입력한다. 계속 엔터키를 2번 치거나, 신규 버튼을 눌러 Layer의 이름을 지정한다. 여기서는 con(콘크리트), wal(벽), wid(창호), fin(마감선), fur(가구), ele(입면선), hat(해치), hid(숨은선), dim(치수), txt(문자), sym(기호), etc(기타)등으로 정한다. 입력한 결과는 다음 화면과 같다.

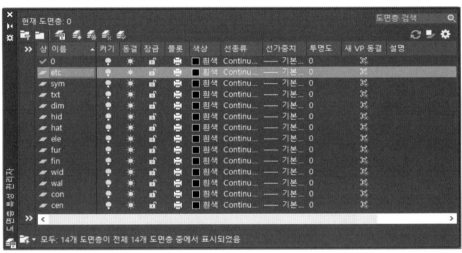

⑶ **도면층의 색상을 지정한다.**

① cen 도면층을 선택한다. 기본값인 흰색을 빨간색으로 변경하기 위해 Color부분을 클릭한다. 색상 선택 상자에서 빨간색(색상번호 1번)을 선택하고 [확인] 버튼을 누른다. 여기서는 기본색(1~9번 색) 위주로 지정한다.

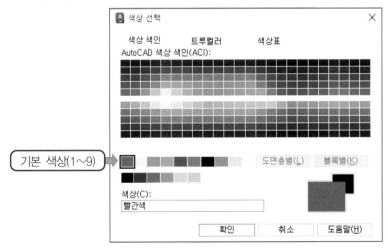

② 도면 특성 관리자에 cen 도면층 색상이 빨간색으로 변경되었다.

③ 같은 방법으로 아래 대화상자처럼 색상을 변경한다.

색상은 작업공간의 바탕색이 검정색 계열이면 다르게 지정할 수 있다. 본인의 취향에 맞춰 다양하게 지정할 수 있으나 같은 설계사무소 또는 같은 프로젝트내에서는 통일 시켜야 출력물의 선두께에 혼란이 오지 않는다.

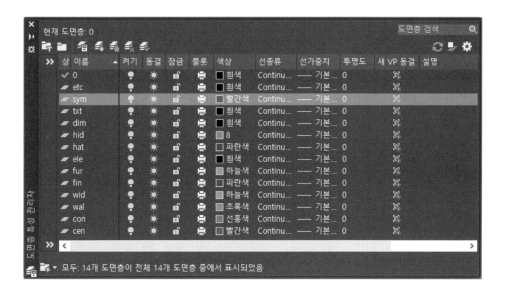

(4) **선종류을 지정한다.**

① 선종류(Linetype)을 지정하기 위해 중심선 Layer에서 Linetype의 Continuous를 클릭하 면 Linetype 선택상자가 나타낸다. 선종류 선택창에는 중심선에 사용할 일점쇄선이 없으 므로 [로드(L)…] 키를 누른다.

② 아래의 창이 열리면 ACAD_ISO04W100을 선택하고 [확인] 버튼을 누른다.

다시 선종류 선택창이 나타나고 지정한 선종류가 등록되었다. 해당 선종류를 클릭하 고 [확인] 버튼을 누른다.

③ 도면층 특성 관리자 상자에 해당 선종류가 등록된다.

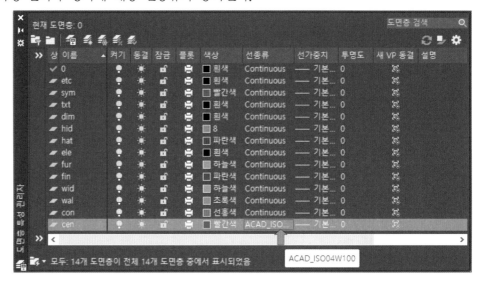

④ 같은 방법으로 hid 도면층의 선종류를 파선으로 변경해 본다. 여기서는 DASHED2를 선택하였다. 나머지 도면층은 실선(Continuous)이므로 선종류를 따로 지정하지 않았다.

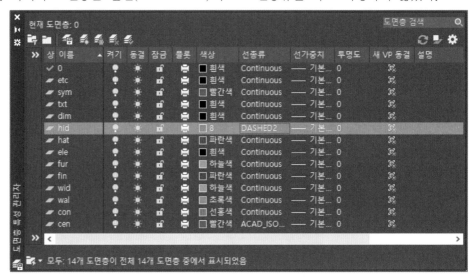

⑤ 현재 도면층을 cen으로 하기 위해 먼저 cen layer를 클릭하여 선택한 후 맨 위에 있는 체크버튼을 누르면 된다. 왼쪽 위의 [X] 버튼을 눌러 도면층 특성 관리자를 사라지게 한다.

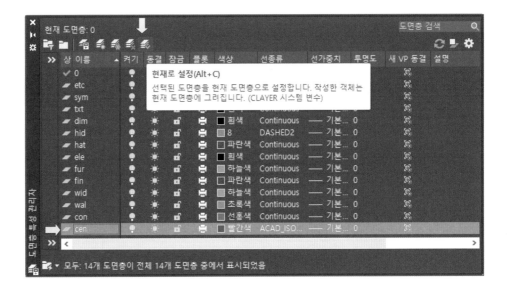

⑥ Layer Control 창에서 생성된 Layer를 확인할 수 있다.

⑦ Line Type Control 창에서 생성된 선의 유형을 확인할 수 있다.

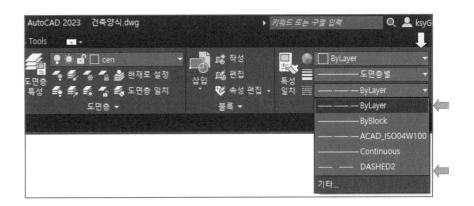

치수 환경설정(Dimension Style/D)

도면을 그릴 때 치수환경을 설정하는 것이 꽤 번거로운 작업이다. Template 파일에 미리 치수환경을 설정하면 도면을 그릴 때마다 하여야 하는 치수 환경 설정 작업을 생략할 수 있다.

TIP 치수선의 구성

1. 치수선(Dimension Line)
2. 치수보조선(Extension Line)
3. 치수문자(Dimension Text)
4. 화살표(Arrow heads)
   건축제도에서는 화살표 대신 작은 점(Dot small)을 사용한다.

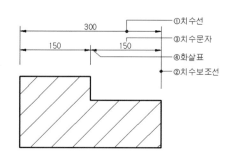

---

(1) 치수의 환경을 설정하기 위해 Dimstyle 명령을 실행한다. **Dimstyle / D, DDIM /**

① Dimstyle 명령(단축키 D)을 실행한다.

치수스타일 관리자(Dimension Style Manager) 대화상자가 나타난다. 대화상자 오른쪽의 [새로 만들기(N)...]버튼을 누른다. 스타일(S) 창의 ISO-25는 AutoCAD에서 기본적으로 제공하는 유형이다.

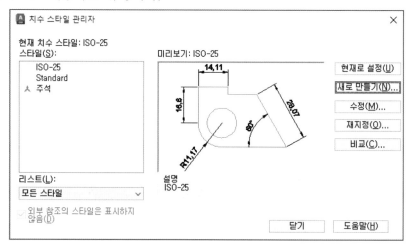

② 새 치수 스타일 작성(Create New Dmension Style) 대화상자에서 새 스타일을 '건축치수'로 입력하고 [계속] 버튼을 누른다.

③ [새 치수 스타일: 건축치수] 대화상자가 열리면 [선] 탭의 각 항목별 변수값을 다음과 같이 입력한다.

※ 숫자의 입력시 단위는 모두 mm이다.

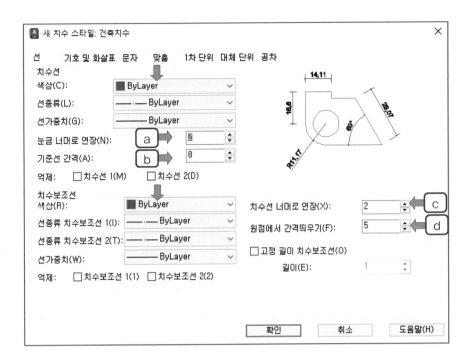

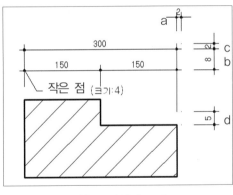

치수 스타일의 도해

㉠ 색상(C), 선종류(L), 선가중치(G) 등은 레이어의 속성을 따르도록 모두 ByLayer로 지정한다.

㉡ 눈금 너머로 연장(N): 2를 입력(이 값은 두 번째 탭인 [기호 및 화살표] 탭의 [화살촉] 중 작은 점을 지정하면 활성화되는데 이때 다시 [선] 탭으로 돌아와 입력한다)

• 기준선 간격(A): 8,

• 치수선 너머로 연장(X) : 2,

• 원점에서 간격 띄우기(F) : 5를 입력한다.

• 나머지 사항은 위 사항이 적용된 [선] 탭 상자와 같게 적용한다.

④ [기호 및 화살표] 탭을 눌러 다음과 같이 변수값을 입력한다.

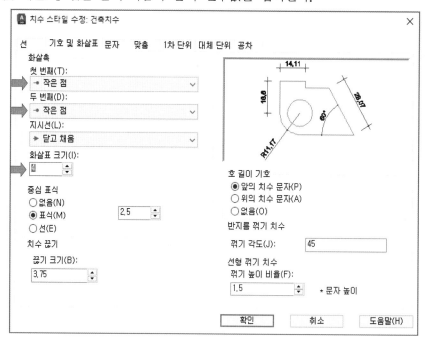

　　㉠ 화살촉의 유형 : 첫 번째(T), 두 번째(D) 모두 작은 점으로 지정한다.
　　㉡ 화살표 크기(I): 4를 입력한다.

⑤ [문자] 탭을 열고 다음과 같이 입력한다.

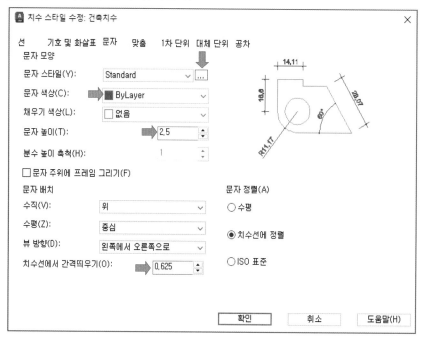

　　㉠ 문자 스타일(Y)을 지정하기 위해 Standard를 클릭하여 등록된 문자유형 중에서
　　　선택한다.
　　㉡ 등록된 문자유형에 적당한 것이 없으면 Standard 옆에 □을 클릭한다. 문자유
　　　형을 지정할 수 있는 대화상자가 나타난다.(앞에서 양식 표제란 문자유형을 지정
　　　할 때와 같은 것임) [새로 만들기(N)…] 버튼을 눌러 새로운 문자유형을 지정한다.
　　　여기서는 '치수'로 하였다.

ⓒ 글꼴 이름(F)을 '나눔고딕' 으로 지정하고 [적용(A)] 버튼과 [닫기(C)] 버튼을 차례대로 누른다.

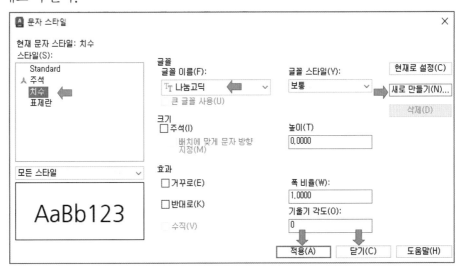

ⓓ [문자] 탭 〉 문자모양 〉 문자 스타일(Y)에 '치수' 가 등록되었다. 이것을 선택한다.

ⓔ 그 외에 문자 높이(T)는 2.5를, 치수선에서 간격띄우기(O)는 1을 입력한다.

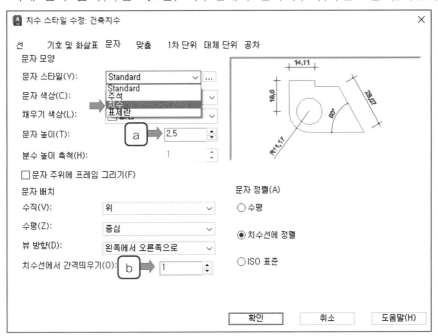

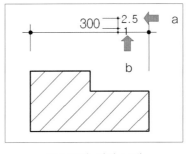

치수문자 지정 도해

⑥ [맞춤] 탭을 눌러 다음과 같이 입력한다.

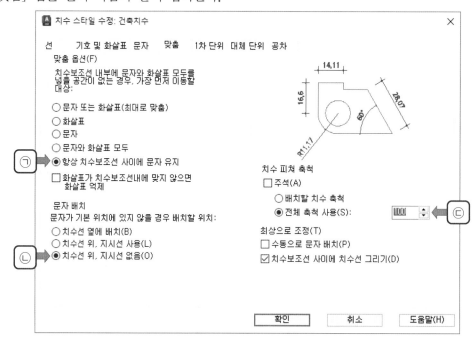

㉠ 맞춤 옵션(F) : '항상 치수보조선 사이에 무자 유지' 선택

㉡ 문자 배치 : '치수선 위, 지시선 없음(o)'을 선택

㉢ 전체 축척 사용 : '100'을 입력

⑦ [1차 단위] 탭을 눌러 다음과 같이 입력한다.

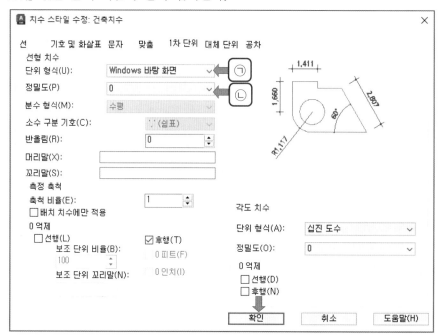

㉠ 단위 형식(U) : 우측 바를 눌러 Windows 바탕화면으로 선택한다.(1000 자리마다 ',' 가 표시됨)

㉡ 정밀도(P)는 '0'을 선택한다.(건축제도에서 소수점 이하는 거의 사용하지 않음)

㉢ 오른 쪽 상단 미리보기 창에서 입력한 치수 스타일의 형태를 볼 수 있다. [확인] 버튼을 누른다.

⑵ 변경된 [치수 스타일 관리자] 대화상자가 나타난다. 설정된 내용을 확인 후 종료한다.

  ① [현재 치수 스타일]이 '건축치수' 로 등록되어 있다. 등록된 치수유형을 미리보기 창을 통해 확인한다.

  ※ [현재 치수 스타일]이 '건축치수' 로 등록되어 있지 않으면 표 오른 쪽 맨 위의 [현재로 설정(U)]을 클릭하면 된다.

  ② [닫기] 버튼을 눌러 설정을 종료한다.

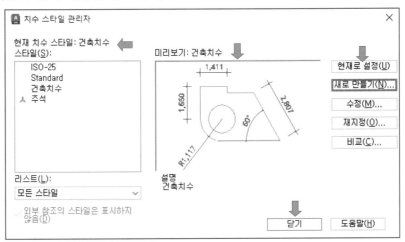

  ③ 리본메뉴 [홈] 탭 〉 주석 ▼을 클릭하면 드롭다운되는 문자 스타일에 '치수', 치수 스타일에 '건축치수' 가 등록된 것을 확인할 수 있다.

4-4 문자체 지정하기(Style/ST)

건축도면에서 쓰이는 문자를 유형별로 나누면 도면내 문자(실명, 재료명 등), 도면명(평면도, 입면도 등), 축척(Scale 1/100 등), 치수문자(숫자) 그리고, 표제란 글씨 등이 있다.

치수 문자 설정은 4-3 에서, 표제란 글씨는 03 양식그리기에서 다루었으므로 여기서는 ⑴ 실명, ⑵ 도면명, ⑶ 축척 글씨를 지정하도록 한다.

출력물(A4) 기준으로 실명 문자높이는 3mm, 도면명은 5mm, 축척글씨는 2.5mm가 되도록 설정하고자 한다.

작업공간에서 작도한 도면은 1:1로 하고, 출력은 1/100을 한다면 작업공간에서 글씨의 크기는 100배 커져야 한다.

(1) '실명'의 등록

① Style 명령을 실행한다.(단축키 St)

Style / ST / **A**

② [문자 스타일] 대화상자에서 [새로 만들기(N)...] 버튼을 클릭한다. [새 문자 스타일] 대화상자에서 '실명'을 입력하고 [확인] 버튼을 누른다.

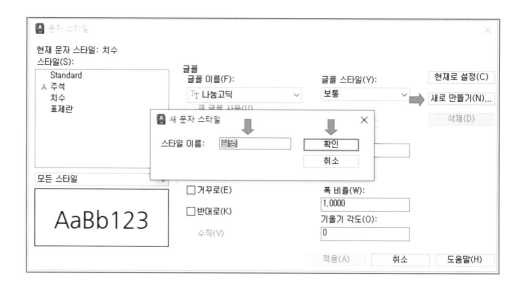

③ 글꼴 이름(F)을 굴림체로 지정하고, 높이(T)를 300(1/100 출력물에서 문자높이 3mm일 경우)으로 입력하고 [적용(A)] 버튼을 누른다.

(2) '도면명'의 등록

① 위 마지막 [문자 스타일] 대화상자에서 [닫기(C)] 버튼을 누르지 말고 다시 [새로 만들기(N)...] 버튼을 눌러 앞의 내용처럼 '도면명'을 등록한다.

② 도면명의 글꼴 이름(F)은 '맑은 고딕', 문자높이는 500으로 입력하고, [적용(A)] 버튼을 누른다.

(2) **'축척'의 등록**

① 앞에서와 같은 방법으로 글꼴 이름(F)은 '맑은 고딕', 문자높이는 250으로 입력한다.

② [문자 스타일] 창에 문자유형이 모두 등록되었다. [적용(A)] 버튼과 [닫기(C)] 버튼을 차례대로 눌러 설정을 종료한다.

③ 리본메뉴 [홈] 탭 〉 주석 ▼을 클릭하면 드롭다운되는 문자 스타일에 '도면명', '실명', '치수'가 등록된 것을 확인할 수 있다.

※ 문자 스타일의 맨 아래 [문자 스타일 관리...]를 클릭해도 Style 명령이 실행된다.

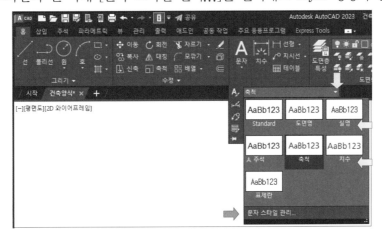

선 종류 축척 비율 지정하기(Ltscale/LTS)

도면층 작업시 일점쇄선, 파선 등 다양한 선유형을 지정하였는데, 모형공간에서 작업을 하면 선
유형이 나타나지 않고 실선으로만 보이는 경우가 많이 있다. 이는 선유형이 A3 크기의 도면에
보이도록 기본값으로 정해져서 나타나는 현상이다. 따라서 작업영역을 100배 키웠으면 선유형도
100배 크게 해서 작업하고 이를 1/100로 축척값을 적용해서 출력물에 보이도록 설정하면 된다.

Ltscale / LTS /

(1) 선 종류 축척 비율(Ltscale)을 조정하기 위해 Ltscale을 명령행에 입력한다.

① 명령을 실행하고, 새 선종류 축척 비율을 100으로 입력한다.

② cen 도면층과 hid 도면층에서 Line 명령을 실행하여 각 각 선을 그려본다.

(2) 모형공간에서 보이도록 설정된 선 종류를 도면공간에서도 보이도록 변수의 조정

모형 공간에서 일점쇄선 등 선 형태가 도면 공간에서는 안보이는 경우가 많다. 이것을 일치하
기 위해 환경변수를 조절한다.

① 명령행에 Msltscale을 입력하고 '0' 이나 '1' 을 입력한다.

② 배치 탭 건축 A4를 눌러 도면공간으로 전환한 뒤 뷰포트 내부를 더블 클릭하여 모형공간
을 연다.

③ 명령행에서 Psltscale을 입력하고 '0' 을 입력한다. 다음 Regen 명령을 실행하면 선 유형
이 나타난다.

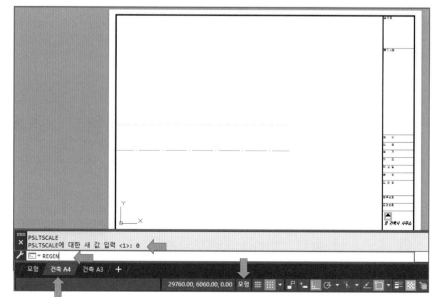

기타 편리한 기능 지정하기

건축도면을 그리는데 편리하도록 단위, 직교모드, 객체스냅(Osnap) 등을 미리 지정해 둔다.

(1) 단위지정(Units/단축키 UN)   Units / UN / 0.0

① Units 명령을 실행하면 도면 단위를 지정할 수 있도록 대화상자가 나타난다.

② 길이(T) 패널에서 유형(T)은 십진, 정밀도(P)는 0.00(소수점 둘째 자리, 필요에 따라 0을 선택해도 된다)을 선택한 후 [확인] 버튼을 누른다. ※ 다른 것은 기본 값을 사용하는 게 유용하다.

(2) 직교(Ortho) 모드를 ON으로 한다. (기능키 F8)

① 건축도면에서는 수직, 수평선이 많으므로 선을 그릴 때 직교모드(90° 움직이도록 선택)를 ON으로 하면 편리하다.

② 상태 표시줄의 [직교 모드] 버튼을 누른다. 또는 키보드의 F8 키를 누른다. 한번 누를 때마다 ON과 OFF를 반복한다. (ON 상태에서는 버튼이 파란색으로 됨)

(3) 객체 스냅(Osnap)을 지정하고 Osnap모드를 ON으로 한다. (기능키 F3)

① 상태표시줄에서 커서를 Osnap 버튼을 클릭하면 ON이 된다.(파란색으로 됨)

② Osnap을 지정하기 위해 Osnap버튼에 커서를 위치시키고 마우스 우측버튼(또는 버튼 옆 ▼)을 클릭하면 다음과 같이 Osnap을 선택할 수 있게 창이 뜬다. 여기서 필요한 Osnap 을 지정해도 된다.

③ 다수의 Osnap을 지정하려면 아래 창의 하단부에 Settings...를 클릭한다.

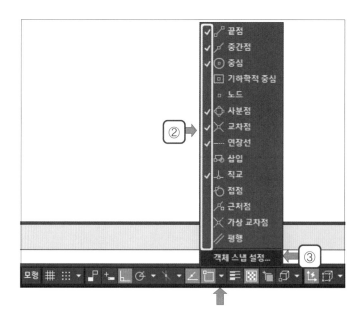

④ [제도 설정] 대화상자에서 [객체 스냅] 패널 중 끝점(End), 중간점(Mid), 교차점(Int), 중심(Cen), 사분점(Qua), 연장선(Ext), 직교(Per) 등을 선택한 후 [확인] 버튼을 누른다.

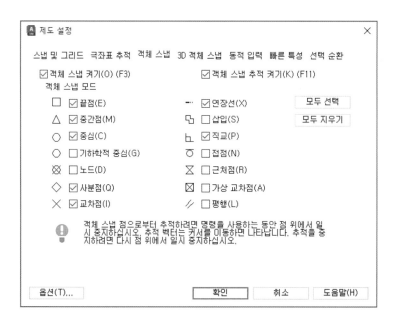

TIP 많이 사용하는 Osnap 종류의 도해

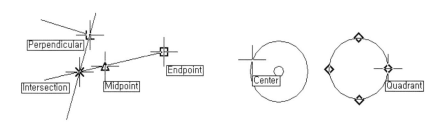

---

(4) 상태표시줄에 있는 기능버튼의 Display와 조작

① 사용자화 버튼 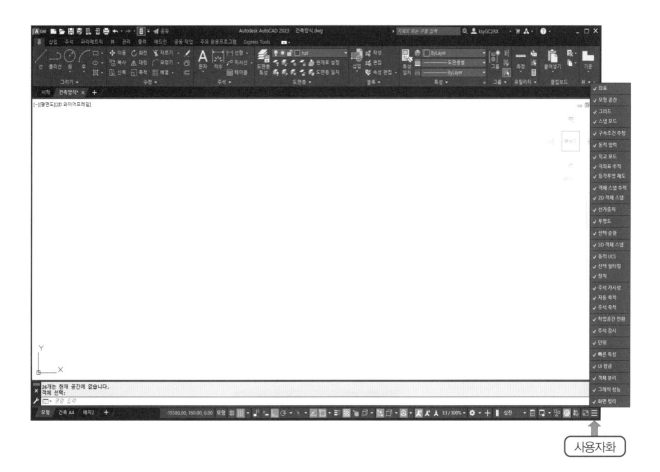을 클릭한다.

② 상태표시줄에 배치된 다양한 기능 리스트가 화면 오른 쪽에 보인다.

③ 이곳의 체크(✔)를 해제하면 상태표시줄에서 사라지게 된다. 다시 나타나게 하려면 해당 기능버튼 이름을 클릭하여 체크(✔)하면 된다.

4-7 2D작업시 불필요한 것 정리하기

3D 작업시에는 많이 사용하나 2D에서는 필요하지 않다.

(1) 뷰큐브(View Cube)

명령행에서 시스템 변수 NAVVCUBE를 입력하고 OFF로 설정한다.

(2) 뷰포트 컨트롤(VPCONTROL)

명령행에서 시스템 변수 VPCONTROL를 입력하고 OFF로 설정한다.

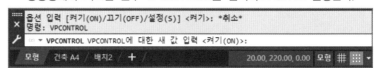

(3) 탐색 막대

좌측 탐색 막대의 x(화살표) 부분을 클릭하여 OFF로 설정한다.
또는 명령행에서 Navbar을 입력하고 OFF로 설정한다.
다른 방법은 (4) 참조

(4) Qsave명령으로 변경된 내용을 저장한다.

TIP 뷰포트 컨트롤 드롭다운 메뉴에서의 컨트롤

아래 [-]을 클릭하면 드롭다운 메뉴가 펼쳐진다. 뷰큐브(ViewCube), 탐색 막대 등을 컨트롤할 수 있다. 아래 그림에는 ✔ 표시가 켜진 상태이다.

✔를 해제하면 화면에서 사라진다.

TIP 뷰 탭의 리본메뉴에서 컨트롤

아아래 그림에서 (1) UCS 아이콘, (2) View Cube, (3) 탐색막대 아이콘을 눌러 화면상에서 ON/OFF할 수 있다. 여기서는 ON상태이나 (2), (3)은 클릭하여 OFF로 설정한다. 화면상에서 사라진다. UCS 아이콘은 ON상태를 유지.

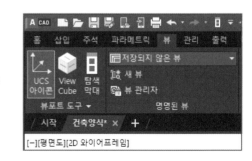

05

양식(Template) 파일 만들기

앞에서 양식을 만들고, 도면작업에 필요한 환경을 설정하여 건축양식.dwg파일로 저장하였다.
여기서는 건축양식.dwg 파일을 불러들여 도면 작업시마다 반복해야 하는 작업을 줄이기 위해
A4 양식을 기준으로 Template 파일을 만들어 보도록 한다.

또한, 이 책에서 다루게 될 평면도, 입면도, 단면도 등의 도면은 출력을 기준으로 Scale이
1/100 이므로 실제 작업은 1 : 1로 하게 되는 Auto CAD에서는 작업영역을 100배 확대해야 하
고, dimscale, ltscale, 문자의 크기 등을 축척의 역수인 100배를 곱하여 적용하여야 한다.

5-1 뷰포트의 축척 적용하기

모형공간(Model Space)에서 1:1로 작업한 내용을 뷰포트를 통해 도면공간(Paper Space)로 축척
1/100을 적용해서 불러들여 온다.

(1) 건축양식.dwg 파일을 열어 도면공간으로 전환한다. Open /

Open명령으로 건축양식.dwg 파일을 불러온다. 화면의 아래 상태표시줄의 모형 버튼을 누르
거나 배치탭 중 건축 A4로 이름 변경한 탭을 눌러서 도면공간으로 전환한다. 아래와 같은 화
면이 열린다.(상태표시줄에 모형 버튼이 도면 버튼으로 변경되었다.)

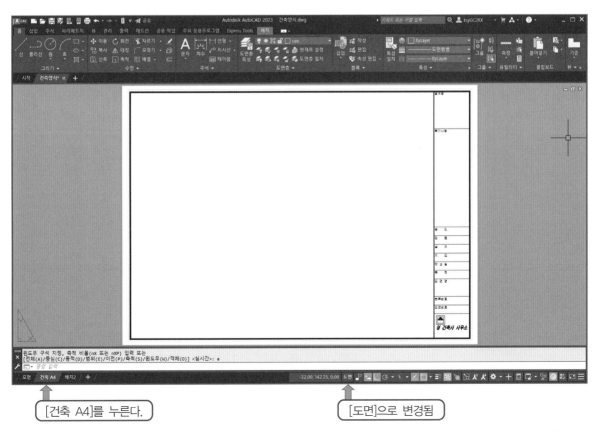

[건축 A4]를 누른다.   [도면]으로 변경됨

⑵ 도면공간의 뷰포트의 축척을 1/100으로 설정한다.
  ① 뷰포트를 선택한다.(테두리선 외곽 사각형을 클릭) 선택되면 사각형 네 모서리에 그립점
    (사각형의 파란점)이 나타난다. 화면 내부에는 파란 사각점이 있는데 이것을 클릭하여 마
    우스를 움직이면 크기 조절이 가능하다.

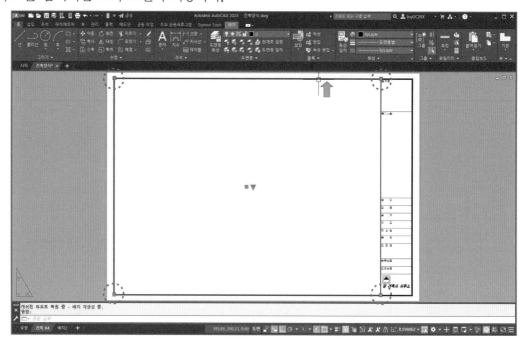

  ② 상태표시줄에 뷰포트 축척 버튼(㉠)을 클릭하여 축척을 1:100(㉡)으로 지정한다. 작업 중
    축척이 변경되는 경우을 대비하기 위해 왼쪽에 자물통 모양(㉢)을 클릭하면 축척이 고정된다.

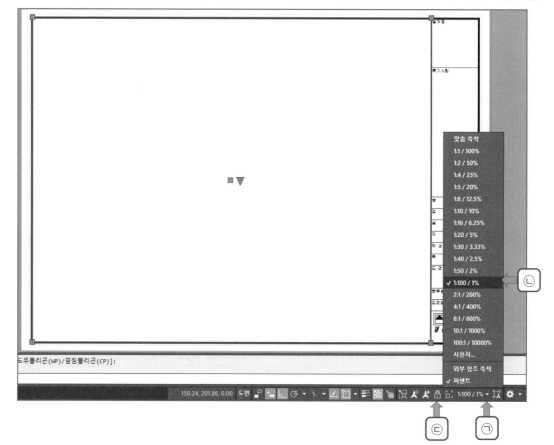

5-2 템플리트 파일(Template File)로 저장하기

앞에서 작업했던 건축양식.dwg파일을 템플리트 파일로 만들고자 한다. 템플리트 파일은 새도면을 작업할 때마다 환경설정 등을 반복할 필요가 없어 사용에 편리하다. 템플리트 파일의 확장자는 dwt이다.

템플리트 파일을 열면 도면의 이름은 Drawing1.dwg 파일로 자동 생성된다.

(1) **다른 도면으로 저장(Saveas)명령을 실행한다.**   Saveas / ctrl + S / 🖫

① 도면공간에서 저장 녕령을 실행해야 도면을 시작할 때 도면양식의 모양을 미리보기로 볼수 있다. Saveas 명령을 실행한다. 여기서는 <kbd>A CAD</kbd> 메뉴 ▶ 다른 이름으로 저장 ▶ 도면템플릿를 선택한다.

② 다른 이름 저장하기 대화상자가 나타났다.

앞에서 도면 템플릿을 선택하였으므로 템플리트 폴더가 열렸다.(사용자가 임의 변경하여도 된다) 파일이름은 건축양식 그대로이고, 파일유형은 dwt로 변경되었다.

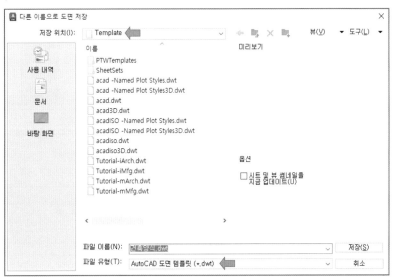

③ [저장] 버튼을 누른다. 옵션 대화상자가 뜨면 설명문을 작성한다. 여기서는 '건축양식, A4, A3 축척 1:100, 1:50'으로 기록하였다. OK버튼을 누른다. (배치 탭에 A3 양식을 A4만든 것을 참고하여 만들어 보자. 여기서는 [건축 A3]을 만들어 추가한 경우를 가정하여 A3를 추가하였다.)

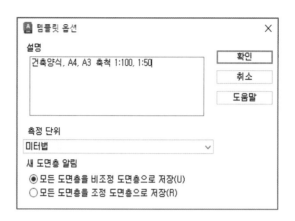

④ 작업화면의 맨 위의 도면명이 변경 되었다.

(2) **템플리트 파일의 등록 확인**

New / ctrl + N / ⬜

① 새로 만들기(New) 명령을 실행한다.
② 템플릿 선택 대화상자 〉 Templete 폴더 〉 건축양식.dwt를 선택한다. 대화상자의 우측 상부 미리보기 창에 나타난 도면양식의 모양을 확인한 후 [열기(O)] 버튼을 누른다.

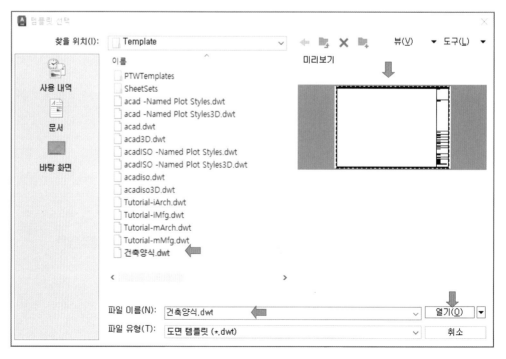

③ 새로 열린 도면명은 Drawing1.dwg로 되어있다.
　이전에 작업한 모든 환경을 갖춘 새로운 파일이 작성된 것이다.

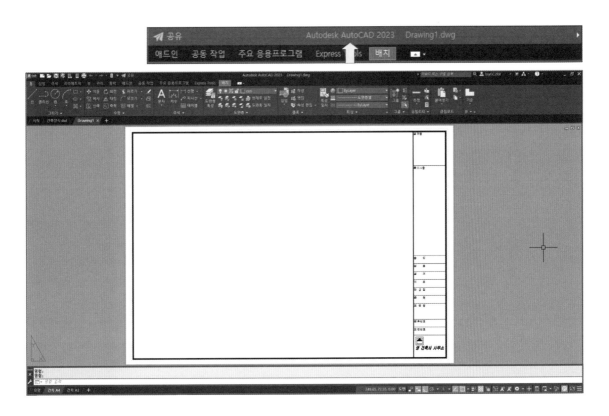

03 평면도 그리기

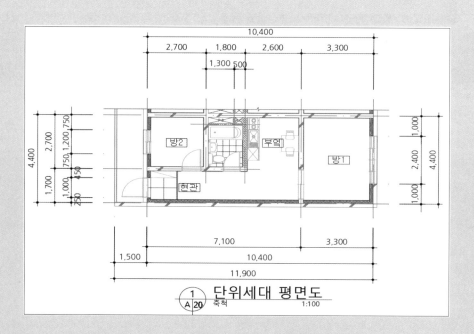

CHAPTER

새도면 시작하기　01

중심선 그리기　02

벽체 그리기　03

창, 문 그리기　04

마감선 그리기　05

위생기구 배치하기　06

주방기구 배치하기　07

재료 표현하기　08

입면선 및 기호 작성하기　09

치수 기입하기　10

문자 쓰기　11

새 도면 시작하기

새로운 도면을 작성할 때 기존에 만들어진 양식을 이용하는 방법과 양식을 사용하지 않고 도면영역을 설정하여 도면을 그리는 방법이 있다. 도면양식을 사용하면 별도의 환경설정을 하지 않아도 되어 편리하다.

1-1 도면양식파일(template File) 사용하기

도면을 그리는데 편리한 각종 환경설정이 되어 있는 도면양식(Template) 파일을 만들어 새로운 작업을 할 때 불러온다. 여기서는 1장에서 만든 A4양식.dwt 파일을 사용한다.

(1) 새로 만들기(New) 명령을 입력한다.　　　　　　　　　New / Ctrl + N / ▢

아래는 다양한 명령어 입력방법의 예이다. 이중에 어느 한 가지를 선택한다.

① 메뉴 ▶ 새로 만들기 ▶ 도면 선택

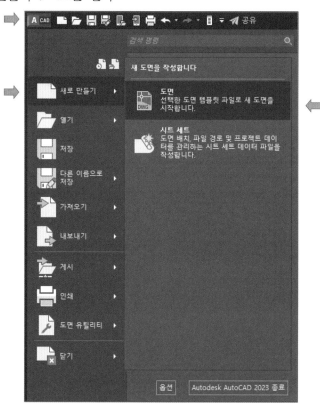

② 신속 접근 도구막대에서 새로 만들기(Qnew) 아이콘 클릭

③ 시작 탭 〉 새로 만들기 〉 건축양식.dwt 선택

④ 명령행에서 NEW 입력

(2) 템플릿 선택 대화상자에서 Templete 파일을 선택한다.

템플릿 선택 상자에서 건축양식.dwt 선택 〉 미리보기 창 확인 〉 [열기(O)] 버튼 클릭

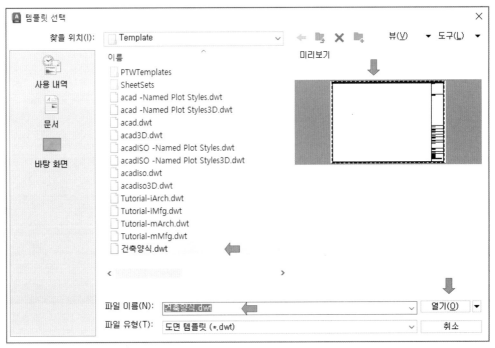

(3) 템플릿 파일이 열린다. 이때 임시 파일 명은 Drawing2.dwg가 된다.

선택된 파일은 환경이 설정된 새로운 파일다. 이 파일을 작업중 다른 이름으로 저장한다.

(4) 현재 작업화면은 도면공간(Paper space)이므로 모형 탭을 눌러 모형공간(Model space)으로 변경한다.

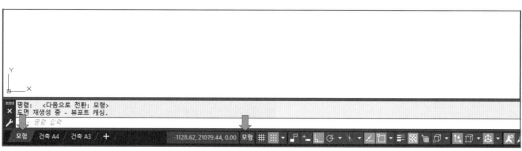

1-2 저장하기(Save)

도면작업에 들어가기 전 미리 파일이름을 지정하여 저장한다.
파일이름을 미리 지정하지 않고 작업한 경우에는 작업종료시에 파일이름을 지정하는 대화상자가 나타난다.

(1) Saveas 명령을 실행한다.   Saveas / ctrl + S / 🖫

 (앞 1-1 의 New명령과 같이 다양한 명령 선택방식이 있다)

(2) 다른 이름으로 도면 저장 대화상자가 나타난다.
 ① 저장할 폴더나 드라이브를 선택하고, 파일 이름(N)을 '공동주택평면도' 로 한다.
 ② 파일 타입을 AutoCAD 2018(*.dwg) 확장자로 선택한 후 [저장(S)] 버튼을 누른다.
 이 때 AutoCAD의 하위버전에서 도면을 열거나 수정하려면 하위버전 파일 타입을 선택해야 한다.

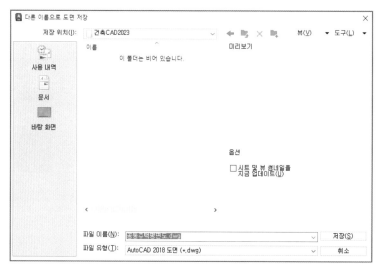

다양한 하위 버전의 파일 타입

평면도를 그리는데 가장 기본이 중심선 그리기이다. 여기서는 중심선을 그리면서 기본적인 Drawing 명령과 편집명령 등을 배우게 된다. 특히 명령이 입력되고 실행되는 명령행(command line)을 살펴보는 습관을 기르도록 하자.

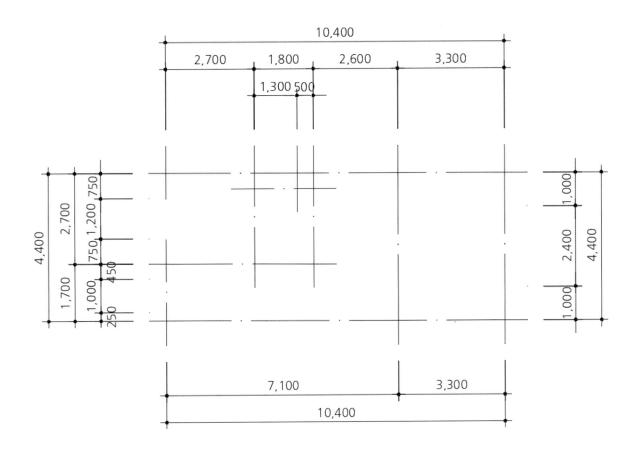

2-1 최초의 중심선 그리기(Line/L)

(1) 선그리기(Line) 명령으로 최초의 중심선(수직선)을 그린다.   Line / L / ▧

선의 시작점과 끝점의 지정을 좌표값을 직접 입력하거나 작업화면에서 임의점을 지정하여 그릴
수 있다. 아래 화면은 임의점을 지정하였다.

① Line(단축키 L) 명령을 실행하여 임의점 p1을 클릭하고 아래 방향으로 임의점 p2를 클릭한다.

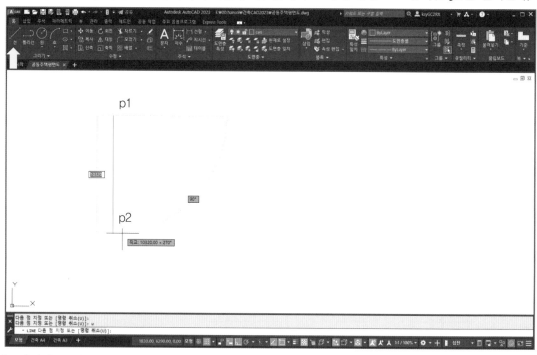

② 엔터키를 쳐서 명령을 종료한다.

(2) 선그리기 명령을 계속 반복하여 수평선을 그린다.

① 선그리기(Line) 명령의 반복실행을 위해 [엔터] 키를 친다.

(명령이 종료된 상태에서 [엔터] 키를 치면 이전명령을 반복한다. [Space Bar] 도 [엔터]
키와 같다.)

② 임의점 두점을 좌에서 우로 입력하여 수평선을 그린 후 엔터키를 친다.

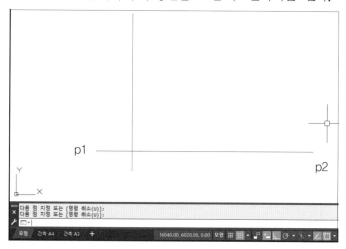

2-2 중심선 복사하기(Copy)

(1) 복사(Copy) 명령을 실행하여 수직선을 우측으로 2700 만큼 복사한다. **Copy / CO /**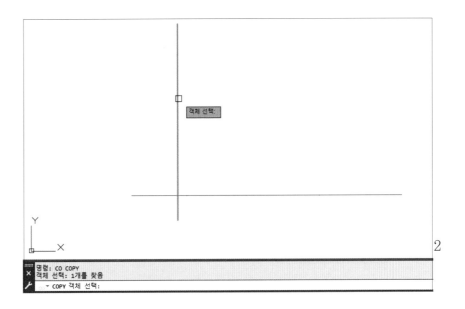

① copy 명령(단축키 CO)을 입력한 후 복사대상(수직선)을 클릭한다.

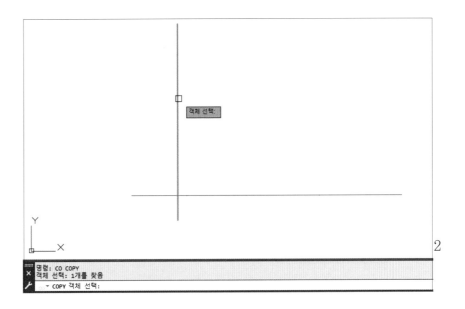

② 엔터키를 쳐서 복사대상 선택을 종료한다.
③ 복사기준점(base point)을 임의점 p1을 클릭한 후, 마우스를 우측으로 드래그하고 복사할 거리값 2700을 입력한다.
④ 복사된 후 명령을 마치려면 [엔터] 키를 친다.

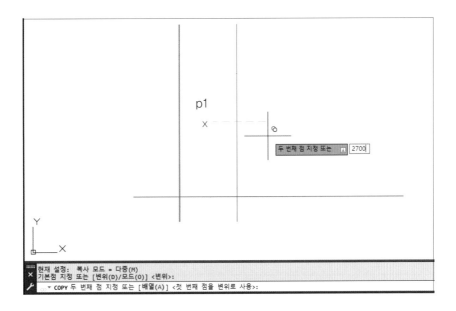

(2) Copy 명령을 연속으로 실시하여 다음 중심선을 복사한다.

　(최초의 수직선에 2,700+1,800 떨어진 거리에 있다 ▶ 빠른 계산기의 활용)

　① (1)의 ③에서 복사된 후 명령을 마치기 전 최초의 수직선에서 떨어진 거리값을 입력하면 다음 중심선이 복사된다.

　② 최초의 수직선에서 4,500만큼 떨어진 거리값을 입력하면 된다.

　　이 때 계산하기 복잡하면 마우스 우측버튼을 눌러 빠른 계산기를 불러낸다.

　　계산기에서 2700+1800을 입력후 [=]버튼을 누른다. 값이 4500으로 표시된다.

　　이 때 하단의 [적용(A)] 버튼을 누르면 작업공간에 그 값이 입력되어 복사된다. [엔터] 키를 쳐서 두 번째 중심선의 복사를 마친다.

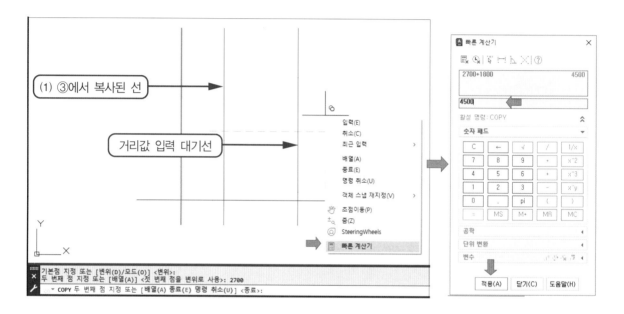

(3) 같은 방법으로 수직 중심선을 모두 복사한다.

　완성후의 모습과 선간 간격은 다음과 같다.

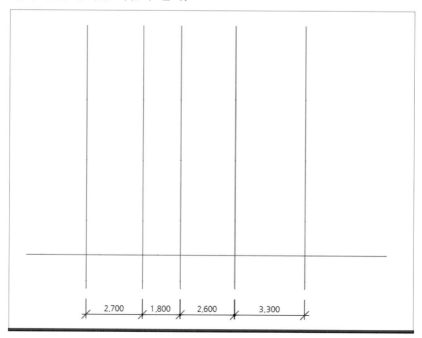

2-3 중심선 간격 띄우기(Offset/O)

(1) 간격띄우기(Offset) 명령을 실행하여 수평 중심선을 위쪽으로 복사한다. **Offset / O /**

① Offset(단축키 O) 명령을 실행하고, Offset 거리값 1700을 입력 후 [엔터] 키를 친다.

② Offset할 객체(대상선)를 선택한다.

③ Offset할 방향은 선택한 객체 위 쪽에 임의점을 클릭한다. Offset 방향 선택을 위해 커서를 위쪽으로 옮기면 Offset 위치를 미리 보여준다. 확인후 클릭하면 선이 복사된다.

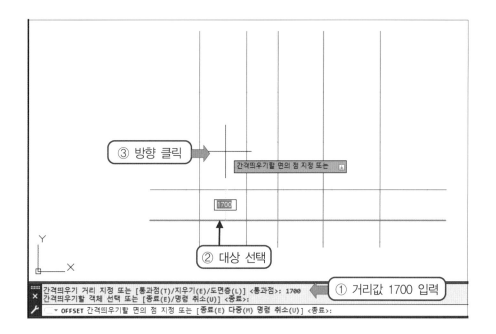

④ 선이 Offset 되었으면 Offset된 선을 다시 클릭하고 커서를 위쪽으로 방향으로 움직이면 거리값을 다시 지정하면 지정값 만큼 두 번째 Offset 선이 복사된다.(만약, 같은 간격으로 계속 Offset 하려면 대상선 선택 ▶ 방향 선택을 반복하면 된다.)

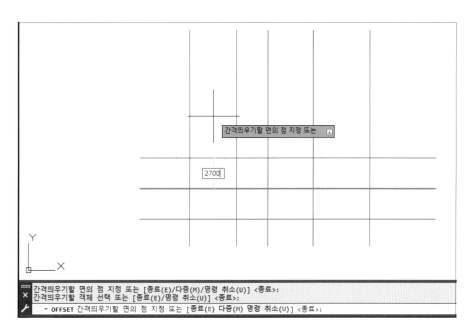

⑤ [엔터] 키를 쳐서 명령을 종료한다. 완성된 도면은 다음과 같다.

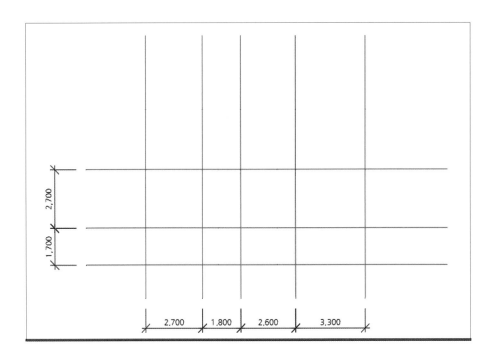

(2) Offset명령으로 나머지 세부적인 부분의 중심선을 완성한다.
   ① 마우스 휠을 눌러서 실시간 Pan 명령을, 휠을 돌려서 실시간 Zoom명령을 활용하여 아래
      화면처럼 확대한다.
   ② Offset명령을 실행하여 Offset거리값 450을 입력한다.
   ③ 수직선, 수평선을 각각 1개씩 복사한다. 작업 결과는 아래와 같다.
      (그립점 있는 선이 새로 복사된 선이다)

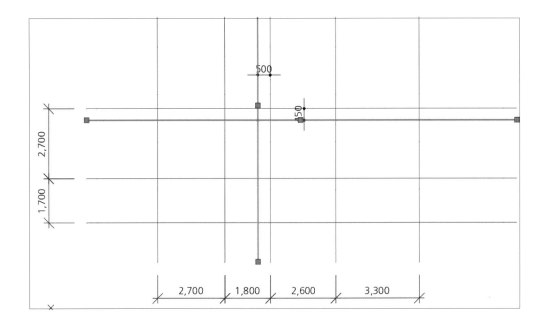

2-4 중심선 정렬하기 (Trim/TR)

중심선이 교차되는 길이가 서로 다르므로 가지런하게 정리한다.

Offset / O /

(1) 간격띄우기(Offset) 명령으로 외곽의 중심선을 700정도 떨어진 지점에 복사해 둔다.

① Offset(단축키 O) 명령을 실행하고, 거리값을 700을 입력한다.

② 외곽의 중심선 4개를 Offset한다.

③ 중심선과 정리하기 위한 생성된 보조선 4개를 구분이 쉽도록 도면층을 변경해 본다. 외곽 4개의 중심선을 클릭한 후 도면층 조절창을 클릭하여 현재 도면층을 cen에서 hid(임의 도면층으로 변경해도 됨)로 변경한다.

④ 선 4개의 도면층이 cen에서 hid로 변경되었다. 선의 색상(빨간색➡8번색)과 선종류(일점쇄선➡파선)도 같이 변경된다. 아래 화면에서는 그립점이 나타난 4개의 선이다.

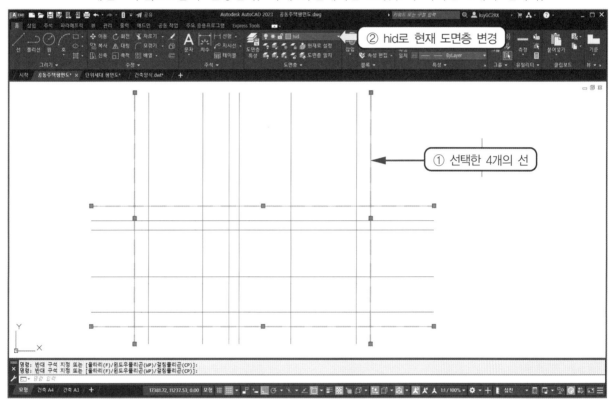

⑤ 일점쇄선, 파선 등 선종류가 표현이 않되고 실선으로 보이는 경우 선 종류 축척을 확인한다. 명령행에서 Ltscle(단축키 LTS)를 입력하고 100으로 입력한다. (자세한 것은 제2장 환경설정 참고 바람)

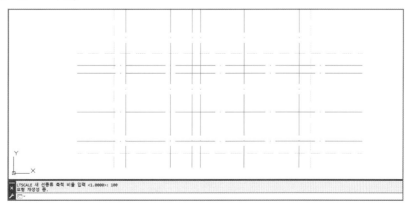

(2) 서로 교차된 선을 자르기 위해 자르기(Trim)명령을 실행한다.   Trim / TR / ✂

   ① Trim(단축키 TR) 명령 실행한다.

   ② 자르기할 기준선을 모두(외곽의 파선 4개) 선택한다. 선택이 끝나면 엔터키를 친다.

   ③ 자르기할 선 부분을 모두 클릭한다.

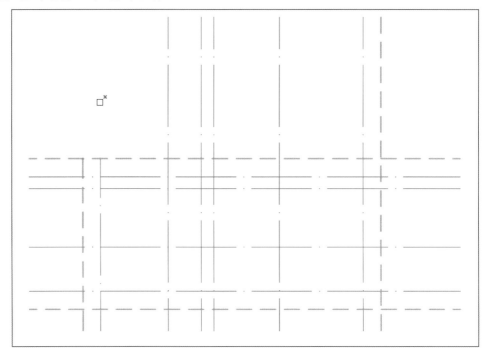

(3) 자를 선을 빠르게 선택하기 위해 선택옵션을 활용하여 나머지 부분을 정리한다.

   ① 자르기할 선 부분 선택을 편리하게 하기 위하여 옵션중 울타리(F), 걸치기(C) 등을 선택한다.

   ② 여기서는 울타리(F)를 선택하고 임의 점 p1 → p2 → p3 → p4를 차례대로 찍고 [엔터]
      키를 친다. 점선으로 걸쳐지는 것은 모두 잘라진다.

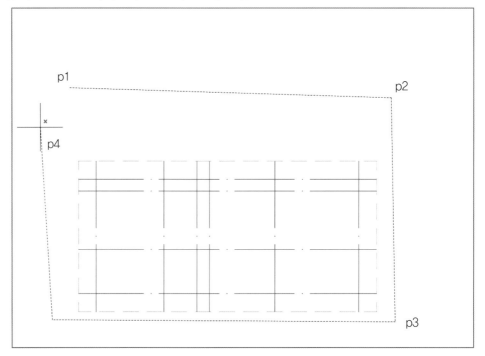

③ 정리된 모습은 아래와 같다.

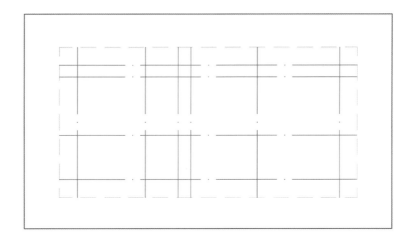

(4) 지우기(Erase) 명령으로 Trim 명령 수행시의 기준선을 제거한다.　　　**Erase / E /**

① Erase(단축키 E) 명령을 입력하고 [엔터] e키를 친다.
② 대상을 하나씩 클릭해서 선택한다. 대상 선택이 끝나면 [엔터] 키를 쳐서 명령을 종료한다.
　(한번 클릭에 하나의 대상을 선택하는 것을 Pointing에 의한 선택방법이라 한다)

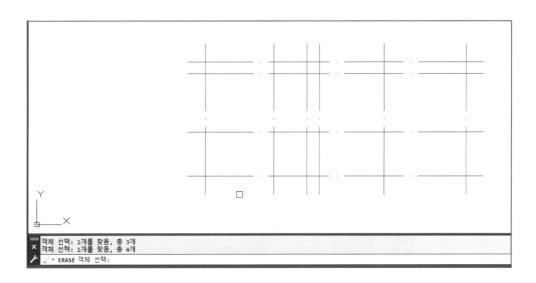

③ 종료된 후의 그림은 아래와 같다.

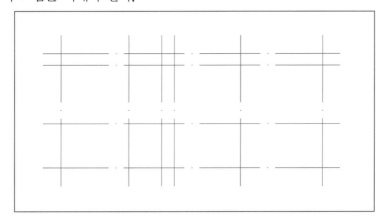

1. Erase 명령을 입력하고 [엔터] 키를 친다.
2. 대상 선택을 할 때 작업공간의 오른쪽 p1부터 클릭하고 왼쪽 p2를 클릭한다. 걸쳐지는 선(흐린 2선)이 선택된다. 같은 방법으로 우측 하단 2선도 선택하여 지워보자.

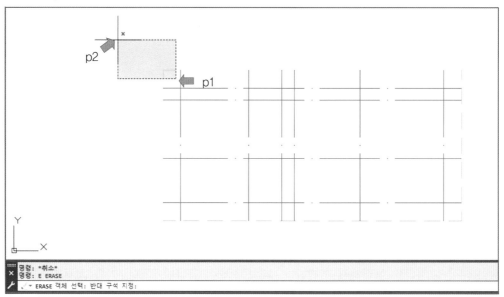

(5) Zoom 명령을 사용하여 작업내용을 화면에 꽉 차도록 확대한다.　　　**Zoom / Z /**

① Zoom(단축키 Z) 명령을 입력하고 [엔터] 키를 친다.
② 옵션 중 범위(E)를 입력하고 [엔터] 키를 친다. 또는 명령행의 범위(E)를 클릭한다.
　(범위 Extents옵션 : 작도된 도면의 범위를 최대화한다)
③ 작도된 도면이 화면에 꽉 차도록 변경되었다.

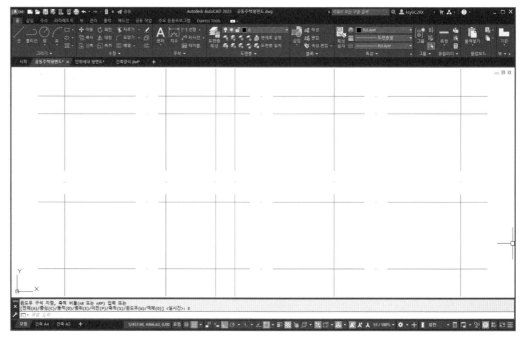

⑹ Break명령을 입력하여 내부 중심선의 길이를 조절한다.

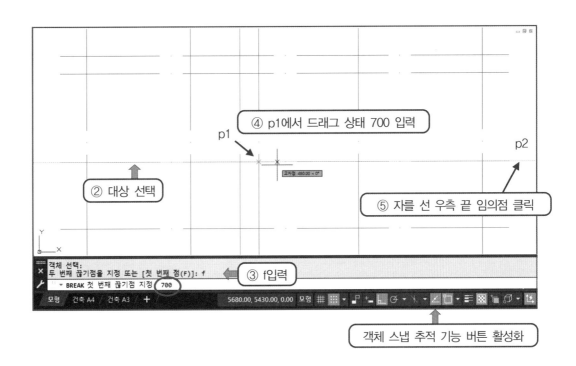
Break / Z /

① Break(단축키 BR)명령을 입력하고 [엔터] 키를 친다.
② 대상선택을 한다.
③ 처음 클릭지점을 첫 번째 자를 점으로 인식하므로 두 번째 점을 지정하라는 문구에서 F를
입력한다. (F는 첫 번째 점을 다시 지정한다는 의미임)
④ 첫 번째 점의 지정은 [객체 스냅 추적] 버튼이 눌려져 있는 상태에서 추적(tracking) 기능
을 사용한다.
마우스 포인터를 p1에 가져갔다가 우측으로 드래그한 후 700을 입력후 [엔터] 키를 친다.
⑤ p1에서 700만큼 떨어진 부분이 첫 번째 점이 되고, 두 번째점은 우측 나머지 중심선의
끝 부분의 임의점(p2)을 클릭한다.

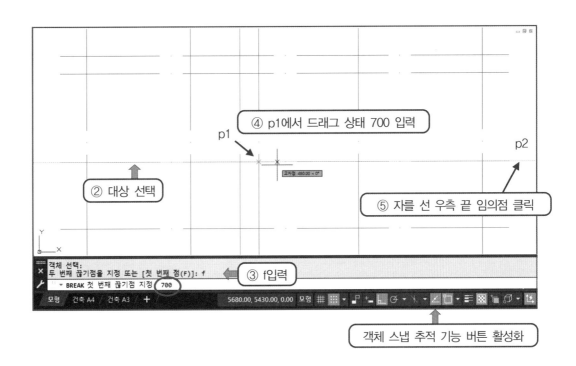

⑥ Break 명령 종료 후의 모양은 아래와 같다.

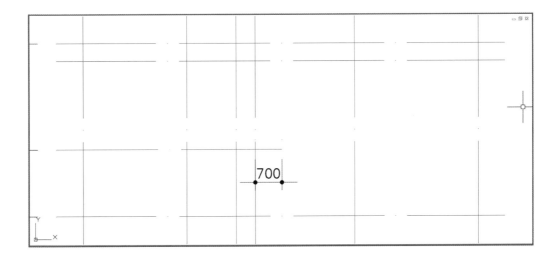

(7) 같은 방법으로 중심선을 다음과 같이 정리한다. 중심선끼리 교차되어 나간 길이는 700으로 통일되었다.

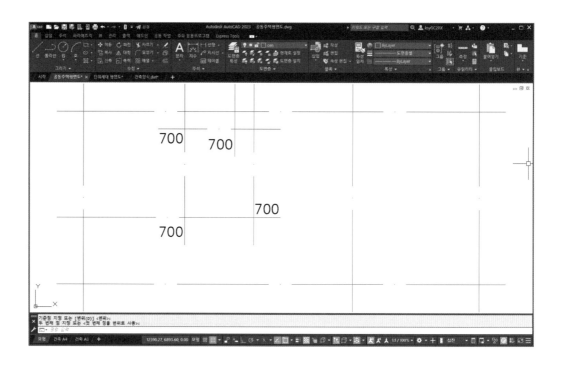

TIP 그립에 의한 편집

1. 대상 객체를 선택한다. 선 하나에 3개의 그립점(작은 파란색 정사각형)이 있다.
2. 선의 끝 그립점을 클릭하면 빨간색으로 변경된다. 이것을 드래그하면 길이 조절이 가능하다.
3. 선끼리 교차되는 부분까지 줄인다. 객체 스냅 교차점상에서 클릭
4. 다시 그립점을 찍고 늘리려는 방향으로 드래그한 후 700을 입력한다.

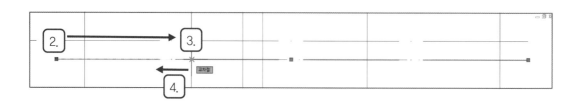

5. 다른 선과 길이를 맞추기 위해서는 추적 기능을 사용하는 것이 편리하다.

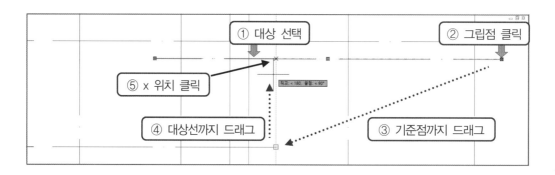

벽체 그리기

앞에서 그린 중심선을 이용하여 벽체를 그린다. 벽체는 철근콘크리트와 벽돌로 되었다고 가정한다. 철근콘크리트 벽체는 200mm의 두께로, 벽돌벽은 90mm(반장쌓기 0.5B), 190mm(한장쌓기 1B)의 두께이며, 단열재는 130mm, 마감두께 20mm이다. 따라서 외벽은 철근콘크리트 + 단열재 + 마감재 = 200 + 130 + 20 = 350이 된다.

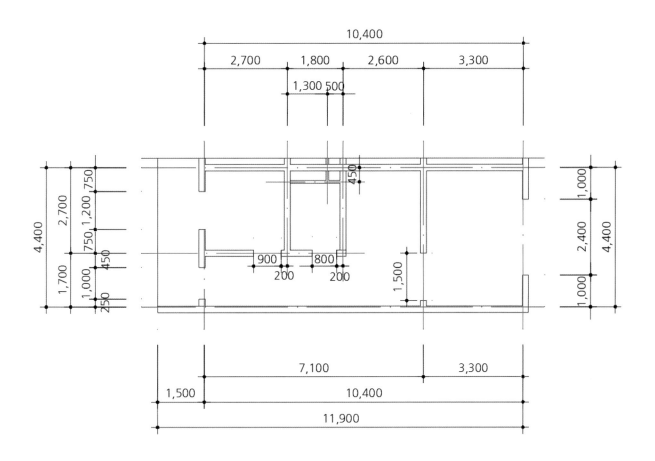

중심선으로 벽체그리기(Offset/O)

(1) 왼쪽, 오른쪽과 아랫쪽 외벽 벽체선을 그리기 위해 중심선을 175mm Offset하여 왼쪽과 오른쪽에 복사한다.

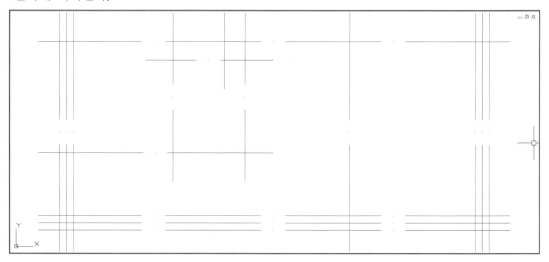

(2) 외부 벽체의 좌우측에 복사된 중심선을 클릭한 후 도면층 조절 창에서 "con"을 선택한다. 두 선 도면층의 속성대로 색상과 선종류가 변경되었다. [esc] 키를 눌러 종료한다.

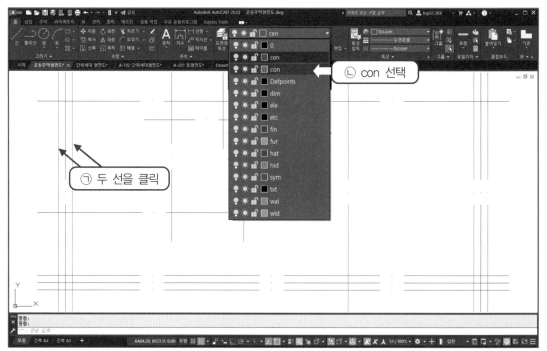

(3) 특성일치(Matchprop)명령으로 도면층(Layer)을 변경한다.　　　　Matchprop / MA /

　① 명령행에서 MA를 입력하고 [엔터] 키를 친다. 또는 홈 탭 ▶ [특성] ▶ [특성일치] 아이콘을 누른다.

　② 도면층이 con인 외벽선(앞에서의 두선 중 어느 하나의 선)을 선택한다. 커서의 모양(　)이 변경되었다.

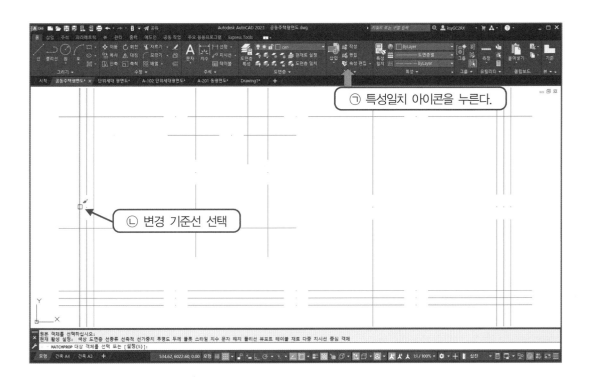

③ 변경을 원하는 외벽선(도면층 cen)을 모두 클릭한다. 선택할 때마다 con으로 변경된다.

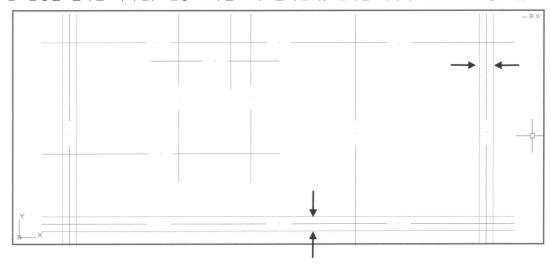

④ 외벽의 경우 철근콘크리트(RC, 200mm)+단열재(130mm)+마감선(20mm)의 두께 합이 350mm이므로, 철근콘크리트 200mm 벽선을 만들기 위해 외벽의 외부에서 내부로 200 만큼 Offset한다. 또한 기존의 내벽선은 마감선이 되므로 fin 도면층으로 변경한다.

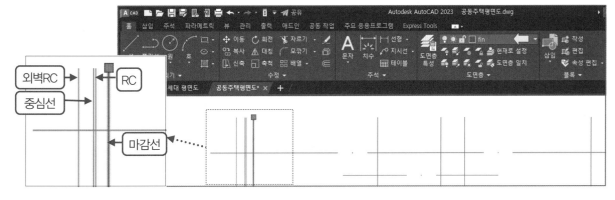

⑤ 완성한 상태는 다음과 같다. (아래 화면은 마감선을 클릭한 상태임)

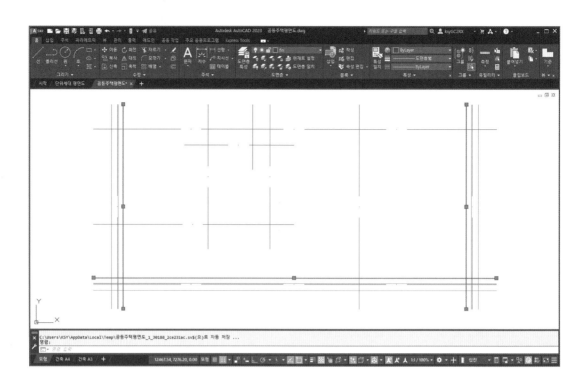

Offset / O /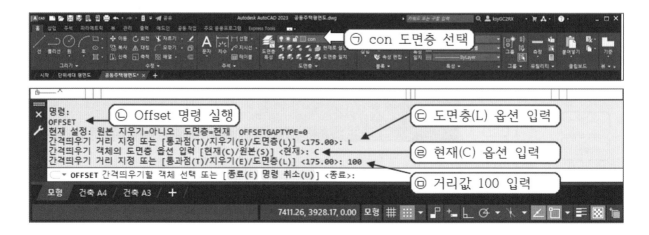

(4) 철근콘크리트 내벽을 Offset 명령으로 도면층 변경까지 한번에 내벽선을 작성한다.

내벽은 철근콘크리트 벽체 200mm와 벽돌벽 190mm, 90mm가 있다.

내벽 철근콘크리트는 Offset하면서 동시에 con 도면층으로 변경하도록 하고, 벽돌벽은 wal로 변경하도록 한다.

① 도면층 조절 창에서 현재 도면층을 con으로 변경한다.

② Offset 명령을 실행한 후 명령행에서 옵션을 도면층(L) ▶ 현재(C)로 선택한다.

③ 벽체의 두께 200mm의 1/2인 100을 거리 값으로 입력한 후 선을 선택하여 Offset한다. 선택과 동시에 도면층이 con으로 변경(→ 부분)되었다.

④ [엔터] 키를 쳐서 명령을 종료한다.

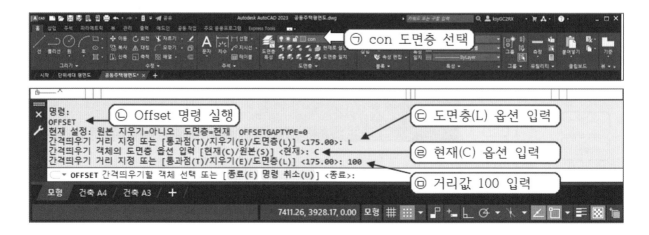

⑤ 결과는 다음과 같다.

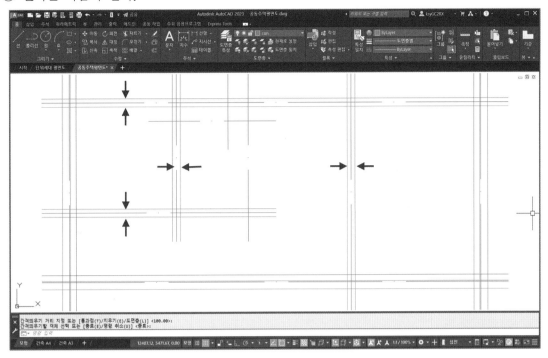

(5) 벽돌벽 내벽을 Offset 명령으로 도면층 변경까지 한번에 작성한다.

벽돌벽 190mm, 90mm 두 종류가 있다. (4) 번의 방법을 참고하여 Offset과 동시에 wal 도면층으로 변경한다.

① 현재 도면층을 wal로 변경한다.

② [엔티] 키를 쳐서 Offset 명령을 실행한다.[이전에 옵션설정한 경우 도면층(L) ▶ 현재(C)로 옵션설정을 하지 않아도 된다.]

③ 거리값 95를 입력하여 190mm 벽돌벽을 작성하고, 이어, 45를 입력하여 90mm 벽돌벽을 작성한다.

④ 그 결과는 다음 화면과 같다.(그립점이 있는 선)

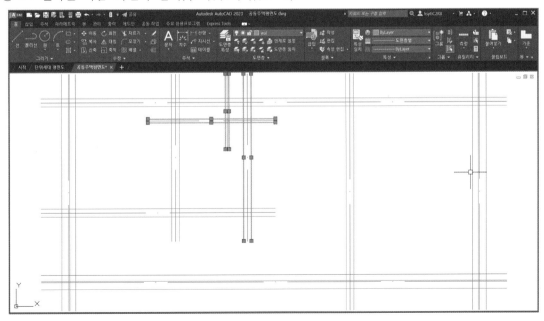

3-2 벽체 모퉁이 정리하기(Fillet/F)

(1) 벽체선을 정리하기 위해 현재 도면층을 'con'으로 변경한 후, 'cen', 'wal' 도면층을 동결(Freeze) 한다.

① Layer Control 창에서 con을 클릭하여 현재레이어로 변경한다.

② cen, fin, wal 레이어를 동결(Freeze) 한다. 화면에서

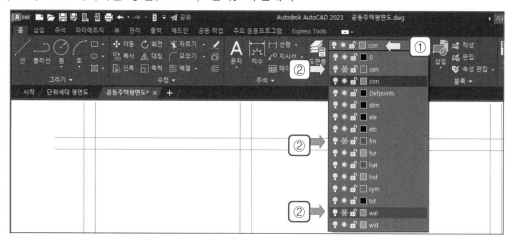

③ 동결된 도면층이 화면에서 사라진다. 정리된 후의 결과는 아래와 같다.

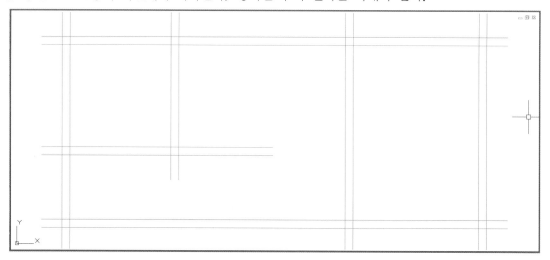

(2) 모깎기(Fillet) 명령을 실행하여 벽체의 모퉁이 선을 정리한다.　　Fillet / F / ⌐

① 명령행에서 Fillet(단축키 F) 명령을 실행한다.

② Fillet 명령의 옵션 중 반지름(R)을 선택하고, '0'을 입력한 후 [엔터] 키를 친다. 기본값(default)이 '0' 이므로 여기서는 입력없이 [엔터] 키를 쳐도 된다.(만약 반지름 값의 설정을 변경하려면 R입력후 [엔터] 키를 친 후 값을 입력하면 된다)

③ 서로 교차되는 두 선을 클릭(아래 화살표)하면 두 선이 정리된다.
교차된 선 중에서 클릭한 부분이 남는 선이다.(원 내부 참조)
계속해서 내부 선도 클릭하면 벽체의 모퉁이가 정리된다. (입체 사각형 부분 참조)

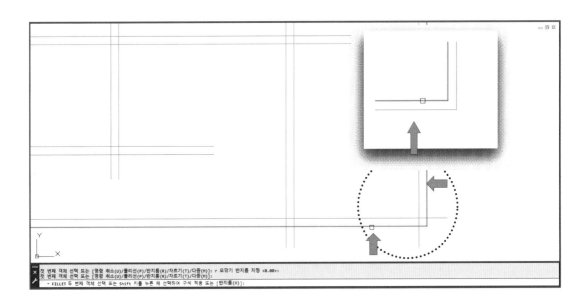

3-3 벽체 연결부 정리하기(Trim/Tr)

(1) 자르기(Trim) 명령을 실행하여 교차된 벽체선을 정리한다.   **Trim / TR / ✂**

① Trim(단축키 TR) 명령을 실행한다.

② 기준선을 선택하고 [엔터] 키를 친다. 복수의 기준선 선택도 가능하다. 여기서는 이해를
위해 수평 방향으로 두선을 먼저 선택하였다.

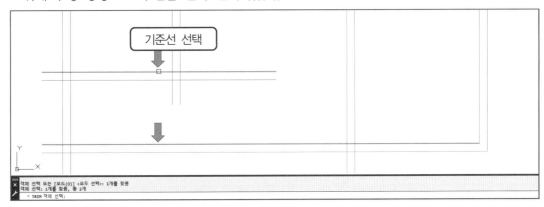

③ 자를 선을 클릭한다. 이 경우 클릭할 때 마다 하나씩 잘라진다. 여러개를 동시에 선택하
려면 옵션을 선택하면 편리하다.

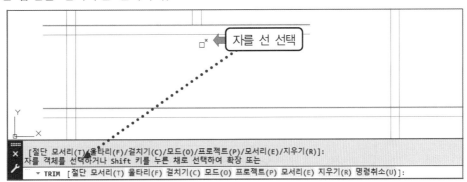

④ 자르기 옵션 중 걸치기(C)를 선택하고 두 점을 클릭하면 점선의 선택영역이 나타나고 걸쳐지는 객체는 삭제된다.

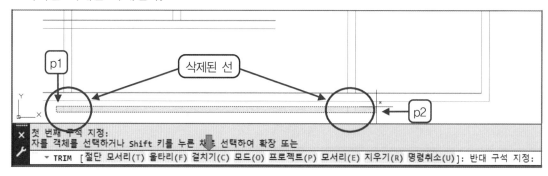

⑤ 같은 방법으로 자르기를 모두 하면 다음과 같이 된다.

(2) 자르기(Trim)명령의 모드(O) 변경을 선택하여 교차되는 벽체 면을 정리한다.

① Trim 명령을 입력하고 [엔터] 키를 친다. [모드(O)]를 클릭한다. 기본 값이 표준(S)이고, 이 상태에서는 앞에서 연습해보았다. 여기서는 빠른 작업(Q) 옵션을 선택한다. 자르고자 하는 선을 클릭(□˟)하면 자를 수 있다.

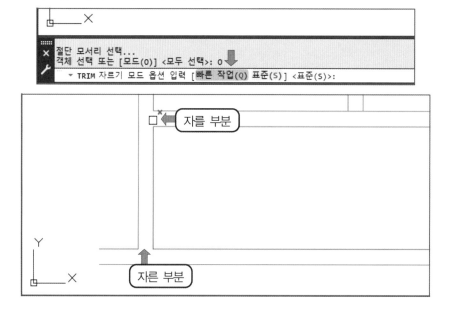

② Trim 옵션 중 걸치기(C)를 선택하고, 자르려는 선들을 걸치는 두 점을 찍어 걸치도록 하여 선택한다. (p1 클릭후 p2 클릭)

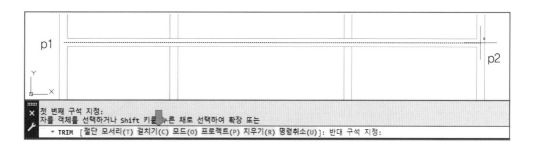

③ 자르기가 끝나면 [엔터] 키를 쳐서 명령을 종료한다. 이 단계까지의 도면은 다음과 같다.

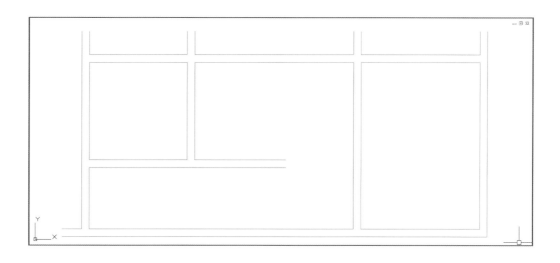

(3) Trim 명령을 이용하여 나머지 벽체도 모두 정리한다.　　　　　　**Trim / TR /**

앞에서 동결(Freeze)했던 도면층 wal을 동결해제(Thaw)하여 벽돌 벽체선도 정리해 본다.

① Trim 명령을 실행하여 정리해야 할 선을 모두 잘라낸다. 이 때 철근콘크리트와 벽돌벽의 경계는 재료의 구분을 위해 선이 있어야 한다.

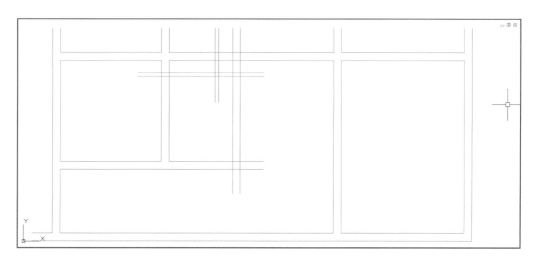

② 190mm, 90mm 벽체를 정리한 결과는 다음과 같다. 교차된 선들을 자르는 경우와 자르지 않는 경우를 구분해서 작도한다.

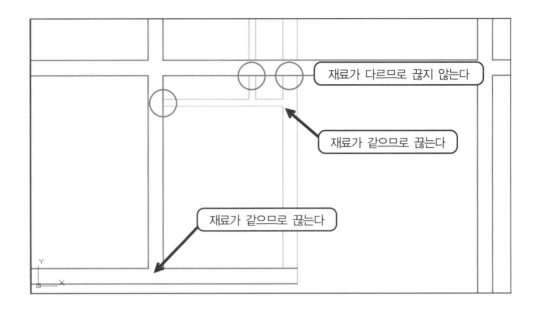

③ 철근콘크리트 벽체와 벽돌벽이 만나는 부분은 끊기(Break)명령으로 선을 두선으로 나누어서 정리한다.(그립에 의한 편집 후 짧은 선을 하나 그려도 됨)

④ Break 명령을 실행한 후 대상 객체를 선택한다. 옵션을 첫 번째 점(F)를 입력하고 p1점을 클릭한다. 두 번째 점도 p1점을 클릭하면 선이 두 개의 객체로 나누어 진다. 분리된 짧은 선을 클릭하여 도면층을 con으로 변경한다.

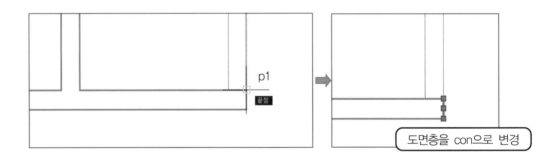

⑤ 정리한 결과는 아래와 같다.

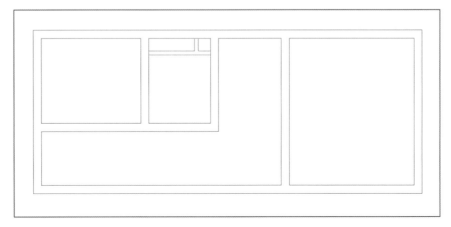

3-4 기타 벽체 정리하기(Strecth/S)

아파트 단위세대 중 측벽에 위치한 세대의 도면으로서 외벽쪽에는 단열재가 내벽쪽에는 단열재가 없이 인접세대의 벽체 등의 일부가 표현된다. 이것을 표현하기 위해 신축(Strecth) 명령을 사용하여 작업한다.

(1) 인접세대 벽체 정리하기 위해 신축(Strecth) 명령을 사용한다.　　　Stretch / S /

① cen(중심선) 도면층을 동결 해제(Thaw)한다. 현재 도면층을 sym(심볼)로 변경한다.
② 간격띄우기(Offset) 명령을 실행하여 중심선을 300만큼 복사한다. 도면의 위쪽으로 선이 복사되었다. 도면층은 sym이다.

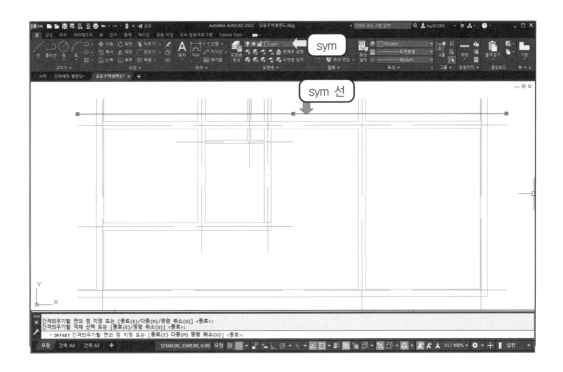

③ cen(줌심선) 도면층을 동결(Freeze)한다.
④ 신축(Stretch) 명령을 실행한다. 객체 선택을 늘리거나 줄이려는 쪽을 왼쪽에서 오른쪽으로 두점을 찍어 선택한다. 점선으로 선택되는데 걸치기(Crossing) 선택 방식이 기본값이다. 선택이 되었으면 [엔터] 키를 친다.

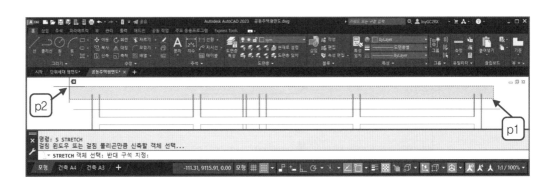

⑤ 기준점을 선택한 객체의 끝 부분p1을 지정하고 옮길 점을 심볼선과 벽체선 교차부위p2를 클릭한다.

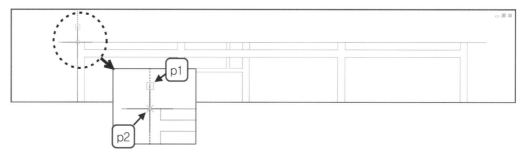

⑥ 완성된 상태는 다음과 같다.

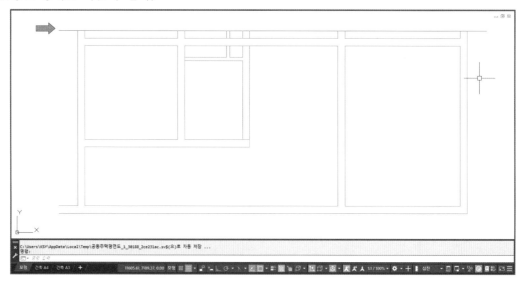

(2) 도면의 왼쪽 복도 부분의 벽체와 난간선을 정리한다.

① cen(중심선) 도면층을 동결 해제한다. 현재 도면층을 ele(입면선)으로 변경한다.

② 왼쪽 벽체의 중심선을 1500만큼 Offset한다. 중심선이 난간선(입면선)으로 복사되었다.

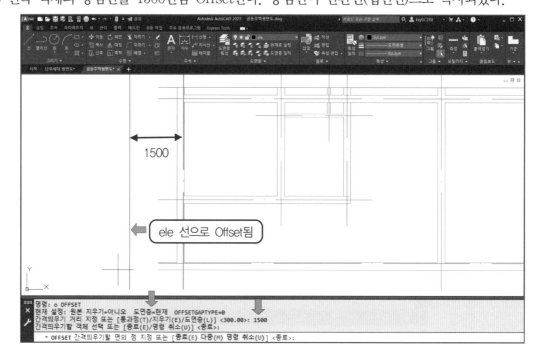

③ 난간선 길이에 맞춰 Strectch명령으로 측면세대 복도 부분의 철근콘크리트 벽체를 연장하여 그린다.

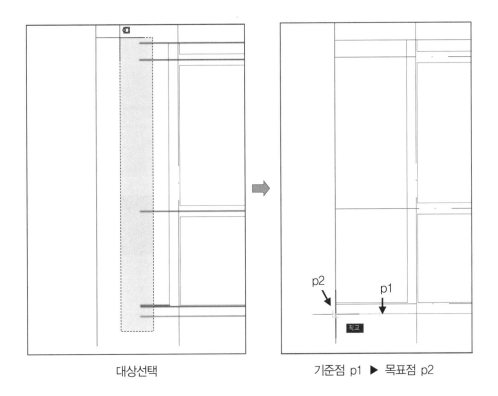

대상선택

기준점 p1 ▶ 목표점 p2

④ 난간과 철근콘크리트 벽이 만나는 부위를 정리한다. 그립에 의한 편집과 Break 명령으로 정리한다. 앞의 벽체 정리방법 참조.

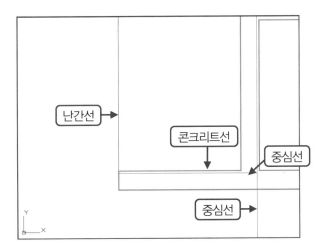

3-5 벽체 개구부 정리하기(Offset, Trim)

벽체에 창과 문을 넣기위한 개구부를 만드는 과정이다. 중심선을 Offset하여 Trim 명령으로 개
구부를 만든다.

(1) 3-4 에서 작성한 파일에서 방2의 창 자리를 만들기 위해 중심선을 offset 한다.

　(창의 폭 1,200mm)

　① 현재 도면층을 con으로 변경한다. Offset 명령을 입력하고 엔터키를 친다.

　　[옵션은 도면층(L) ▶ 현재(C)를 선택한다]

　② 거리값을 750을 입력하고 엔터키를 친다.

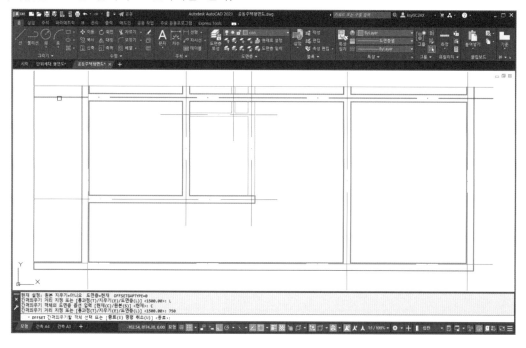

　③ 방의 위 아래 중심선을 750씩 Offset 한다.

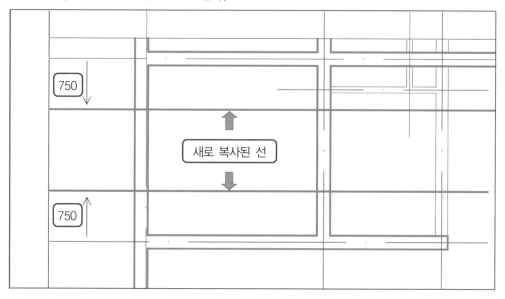

(2) Trim 명령으로 벽체에 개구부(창이 들어갈 부분)를 만든다.

① cen(중심선) 도면층을 동결(Freeze)한다.

② Trim 명령[표준(S)모드]을 실행하여 기준선을 왼쪽에서 오른쪽으로 선택(걸치기 옵션)하고 [엔터] 키를 친다.

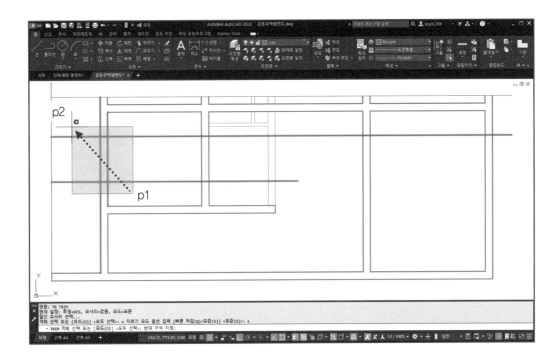

③ Trim할 대상 선택시 F를 입력하고 점 p1, p2, p3, p4를 지정하여 선택한다. [엔터] 키를 두 번 친다.

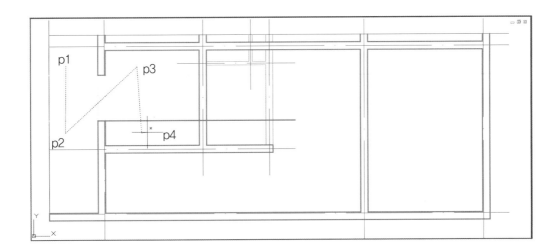

(3) 같은 방법으로 모든 개구부를 정리한다.

① 아래 거리값을 참조하여 중심선을 모두 Offset한다. Offset와 동시에 con 도면층으로 변경된다.

여기서는 중심선을 Grip에 의한 편집으로 짧게 정리하였다.

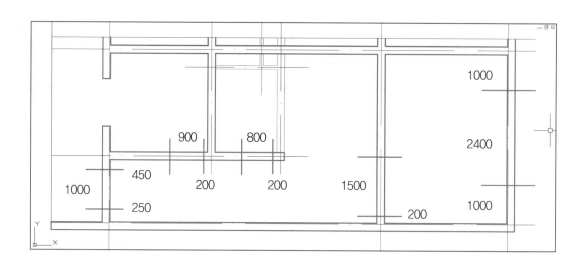

② cen 레이어를 Freeze하고, Trim 명령으로 벽체를 정리한다. 다음은 정리가 완료된 모습이다.

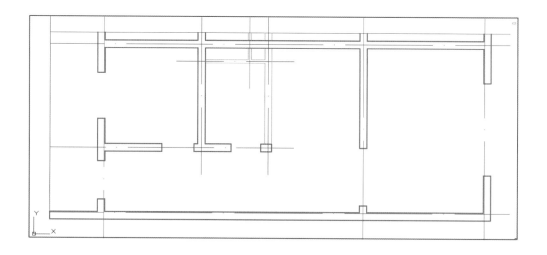

창, 문 그리기

일반적으로 창, 문을 제도할 때, 벽체선을 정리하여 벽체에 창, 문 등을 끼워 넣을 개구부를 만든 다음, 이곳에 창, 문을 그려 넣는다. CAD에서는 도면그릴 때 마다 창, 문 등을 그리는 것이 아니라, 이미 작성된 창, 문등을 Block으로 지정하여 놓고, 필요할 때마다 작업화면에 불러들여 벽체의 개구부에 끼워 넣게 된다.

여기서는 창, 문 그리기와 블록 지정하기, 벽체의 개구부 만들기 및 벽체 개구부에 창, 문 삽입하기에 대해 배우게 된다.

■ 창의 규격

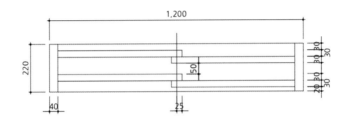

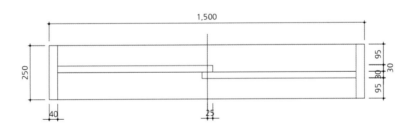

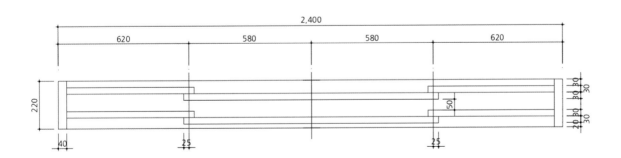

■ 문의 규격

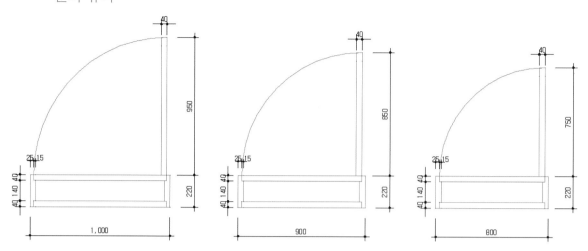

4-1 창 그리기(Rectangle/R, Line/L, Mirror/Mi)

객체의 끝점, 중간점, 교차점, 수직점, 중심점 등 객체의 특정한 위치를 선택할 때 사용하는 기능인 객체스냅[Osnap(Object Snap)]을 활용하면 정확하게 작도할 수 있다. Osnap 기능버튼을 ON으로 하여 창을 그린다.

여기서는 방의 이중창(플라스틱 이중창) 평면도를 그리도록 한다.

(1) 상태표시줄의 객체스냅(Osnap)을 확인한다.

① Osnap 버튼이 ON 상태인지 확인한다.(누르면 ON 상태가 되고 파란색으로 된다. F3 기능키를 눌러도 된다.)

② 객체스냅 우측 ▼을 눌러 펼쳐진 Osnap의 종류를 확인한다.(지정된 것은 체크 ✔ 표시가 되어 있다. 클릭을 하면 선택과 해제가 가능하다)

③ 여기서는 창과 문을 그릴 때 활용할 수 있도록 끝점(Endp), 중간점(Mid), 중심(Cen), 교차점(Int), 직교(Per) 등이 지정되어 있는 지를 확인한다. 확인되었으면 작업공간의 빈 여백을 눌러 설정을 종료한다.

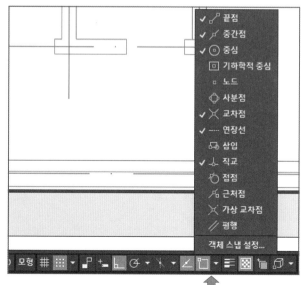

(2) 현재 레이어(Current Layer)를 'wid' 레이어로 변경한다.

(3) 직사각형(Rectang) 명령을 실행하여 창의 선대를 그린다.   **Rectang / REC / ▭**

① 명령행에서 Rectang 명령을 실행한다.

② 마우스 휠을 돌려 임의 공간을 확대한다.(실시간 zoom)

임의의 작업영역에서 시작점(p1)을 마우스로 클릭하고, 명령행(Command Line)에 @40,220을 입력하고 [엔터] 키를 친다.

③ 선(Line) 명령을 실행하여 p3점(Osnap : 끝점)을 클릭한 후 우측으로 드래그 하고 112 을 입력한다.[엔터] 키를 쳐서 명령을 종료한다.   **Line / L / ◢**

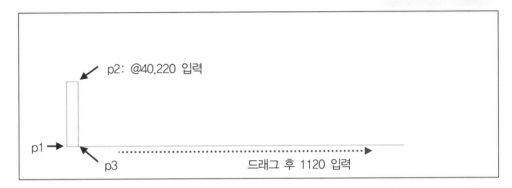

(4) 대칭(Mirror) 명령을 실행하여 창의 선대를 대칭복사 한다.   **Mirror / MI / ⚐**

① Mirror(단축키 MI)명령을 실행한다.

② Mirror 대상을 Window에 의한 선택방법(아래 그림에서 왼쪽 p1을 클릭하고 드래그하여 오른쪽 p2를 클릭하면 사각형안에 포함된 것이 선택됨)으로 선택한다.

③ 대칭선의 첫 점을 앞에서 그렸던 선의 중심점 p3(Osnap의 중간점)에 지정하고, 위쪽으로 임의 점 p4를 클릭한다. 대칭선의 두번째 점 p4(직교모드 On 상태면 위쪽 임의 지점)을 지정하면 원본 객체를 지울 것인지를 묻게 되고, 이때 [엔터] 키를 치면 아니오(N)를 입력한 것이 된다.

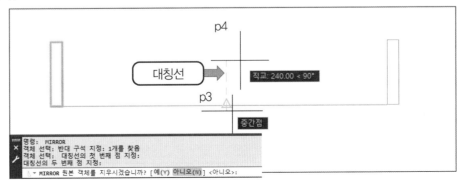

⑸ 선(Line) 명령으로 위쪽 창틀 선도 완성한다.

⑹ Offset명령으로 창의 각 선들을 복사한다.

① 아래와 같이 가장 아래에 있는 선을 위로 20, 30, 30 간격으로 선 a, b, c를 각각 Offset한다.

또한, Line명령으로 중심선 d를 가운데 그린다. 중심선 윗부분을 좀더 길게 그립점 편집을 한다.

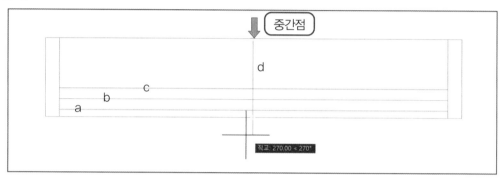

② Offset명령으로 중심선을 왼쪽과 오른쪽으로 각각 25씩 복사(e, f선)한다.

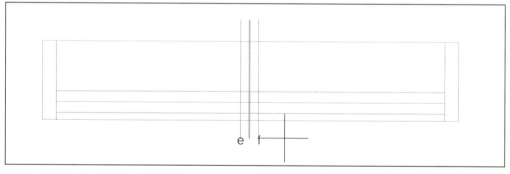

⑺ Trim명령을 실행하여 선들을 정리한다.

① Trim명령을 실행한다.

② 기준선을 Crossing에 의한 방법(p1클릭→ 드래그→ p2클릭)으로 다음과 같이 선택후 [엔터]키를 친다.

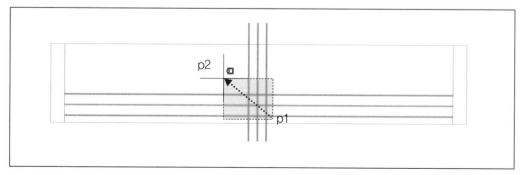

③ 자를 선들을 아래 그림처럼 차례대로 자른다. 엔터키를 쳐서 명령을 종료한다. 완성도는
다음과 같다.

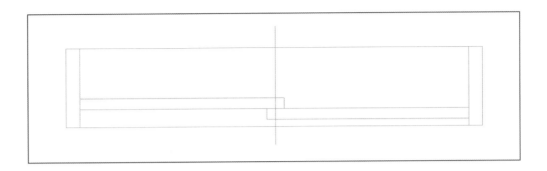

(8) 복사(Copy) 명령으로 한세트를 더 표현한다.
① Copy 명령을 실행한다.
② p1, p2를 클릭하여 선틀을 제외하고 창만 선택한다. 포함된 것만 선택(Window 선택)

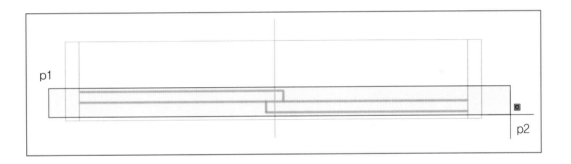

③ 임의의 위치에 기준점을 찍고, 위쪽으로 드래그한 다음 110을 입력한다. [엔터] 키를 쳐서
명령을 종료한다. 위에 한세트가 더 복사되었다.

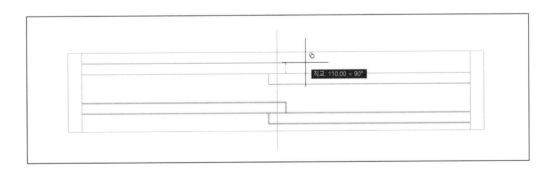

폭이 900mm인 목재문을 그려보자.

(1) 직사각형(Rectang) 명령으로 사각형을 그린다.　　　　　　　**Rectang / REC /**

① Rectang 명령(단축키 REC)을 실행한다.

② 임의의 첫 번째 점 p1을 클릭한다.

③ 두 번째 점은 상대좌표 @900, 250을 입력하고 [엔터] 키를 친다. 직사각형이 그려졌다.

④ 작성된 직사각형의 어느 부위를 클릭해 보자. 아래와 같이 직사각형 전체가 선택된다. 직사각형은 폴리선(pline)으로 되어 있기 때문이다.

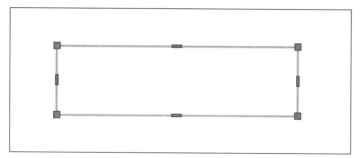

(2) 분해(Explode) 명령으로 pline을 일반 line으로 분해한다.　　　　**Explode / X /**

① Explode 명령(단축키 X)을 입력하고 [엔터] 키를 친다.

② 사각형의 변을 선택하고 엔터키를 친다. pline이 일반 line으로 분해되었다. 명령종료 후 선을 클릭해 보면 분해된 선 하나가 선택되는 것을 확인할 수 있다.

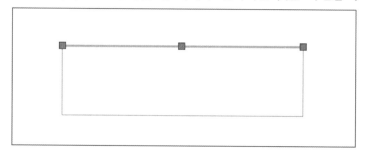

(3) 간격띄우기(Offset) 명령을 실행하여 문 선대를 만든다.　　　　**Offset / O /**

① Offset 명령(단축키 O)을 입력하고 [엔터] 키를 친다.

② 사각형의 좌, 우측 수직선을 25, 15씩 각각 내부로 Offset하고, 위, 아래 수평선은 40씩 내부로 각각 Offset한다. 다음과 같이 작도된다.

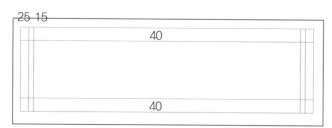

(4) 자르기(Trim) 명령을 실행하여 선을 정리한다.

Trim / TR /

① Trim 명령(단축키 TR)을 입력하고 엔터키를 친다. 명령행에서 [모드(O)]▶[빠른작업(Q)] 를 옵션을 선택한다.

② 자를 선을 선택하여 다음과 같이 정리한다. 문선대와 하부 문틀이 완성되었다.

객체 선택

(5) 선(Line) 명령으로 문짝을 그린다.

Line / L /

① Line 명령(단축키 L)을 입력하고 [엔터] 키를 친다.
② 첫번째 점은 p1(Osnap End점)을 입력하고 위쪽으로 드래그한 후 850을 입력, 왼쪽으로 드래그 40을 입력하고, 아랫방향은 Osnap 직교점(Per)이 뜨는 곳 p2를 클릭한다. [엔터] 키를 쳐서 명령을 종료한다.

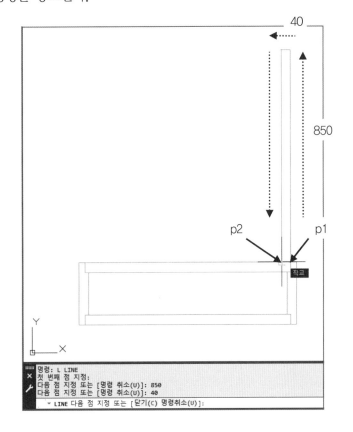

⑹ 호(Arc) 그리기 명령으로 문의 회전 궤적을 그린다.   Arc / A / ⚠

① Arc명령(단축키 A)을 입력하고 [엔터] 키를 친다. 호의 옵션은 10개로 많은 편이다. 그
중 편리한 것을 선택한다. 3점 옵션 중 중심점 → 시작점 → 끝점 순서로 그리는 것을 선
택한다. 리본메뉴에서는 홈탭 ▶ 그리기 ▶ 호 중 ⌒ 중심점, 시작점, 끝점 을 선택한다.

② 첫 점 지정시 중심점을 먼저 지정하기 위해 C (원의 중심 Center)를 입력한 후, 아래 화
면의 p1을 클릭한다.

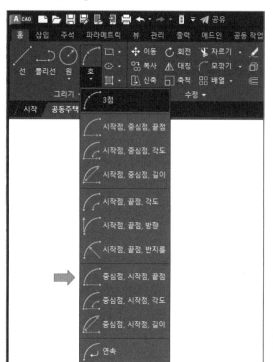

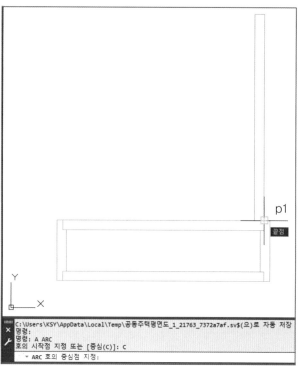

③ Arc의 시작점을 p2을 입력하고, 끝점은 2사분면에 마우스를 드래그하고 아래와 같은 호
가 그려졌을 때 임의 점 p3를 클릭한다.(이 때 직교모드는 ON상태를 유지할 것/F8 키)
끝점 p4가 그려졌다.

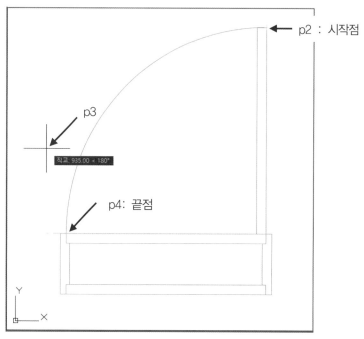

4-3 Block 만들기

블록(Block)이란 여러 개의 개별적인 객체들을 하나의 요소로 묶은 것이다.

블록(Block)을 만들어 놓으면 한도면 내에서 필요한 여러 위치에 삽입시킬 수 있고 또 삽입할 때 크기나 회전각을 변경시킬 수 있어 편리하다. 블록(Block)은 여러 요소로 이루어져 있지만 하나의 요소로 인식되기 때문에 도면파일의 용량도 작게 처리된다.

블록(Block)은 블록(Block)이 만들어진 파일에서 활용이 가능하다. 앞에서 그린 창을 블록(Block)으로 만든다.

(1) 블록(Block) 명령를 실행하여 창의 블록을 작성한다.　　　　　Block / B /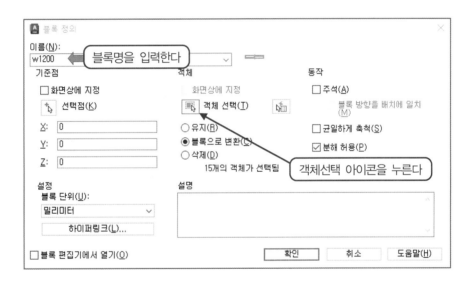

　① 명령행에서 Block(단축키 B)를 입력하고 [엔터] 키를 친다.
　② 대화상자가 나타나면 '이름(N):' 란에 블록명을 w1200이라고 입력한다.
　③ '객체 선택(T)' 아이콘을 누른다.

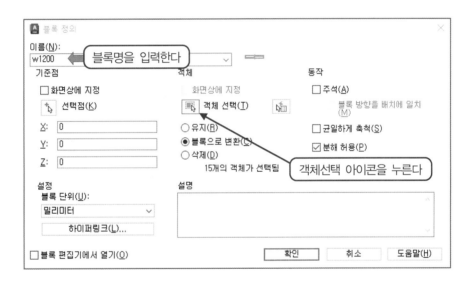

　④ 앞서 작도한 창문(폭 1200mm)을 선택한다. 아래는 Window에 의한 선택을 하였다.

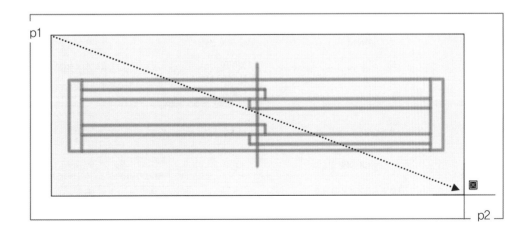

⑤ 선택이 끝나면 [엔터] 키를 친다. 다시 대화상자가 나타났다. 대화상자의 위부분에 블록의
　　형태를 알 수 있도록 작은 창(㉠)이 열렸다. 블록 삽입 기준점을 지정하기 위해 '선택점
　　(K)' 아이콘(㉡)을 누른다.

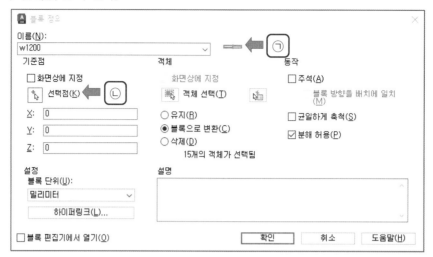

⑥ 삽입 기준점(p)을 마우스로 클릭한다.

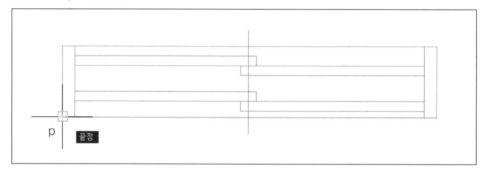

⑦ 대화상자가 나타나면 필요한 경우 설명창에 블록에 대한 설명을 적는다. [확인] 버튼을 누
　　르면 w1200 블록이 만들어 진다. 만들어진 블록(w1200)을 클릭해 보면 블록 전체가 선
　　택된다. 하나의 객체로 되었다.

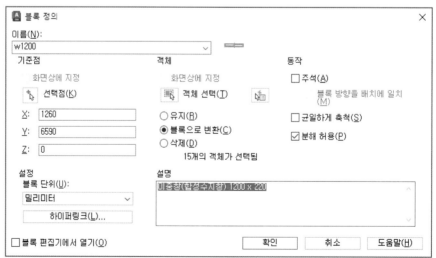

 **Wblock 만들기**

다른 도면 파일에서도 블록(Block)의 활용이 가능하다. 블록을 Wblock(Write Block)으로 만들면 된다.

Wblock은 독립된 파일로 블록을 저장한다. 앞에서 만든 문(폭 900mm)을 대상으로 wblock을 만든다.

(1) 쓰기블록(Wblock) 명령을 실행하여 문의 블록을 작성한다.   **WBlock / W / 🗒**

    ① 명령행에서 Wblock(단축키 W)를 입력하고 [엔터] 키를 친다.
    ② '객체 선택(T)' 아이콘을 누른다.

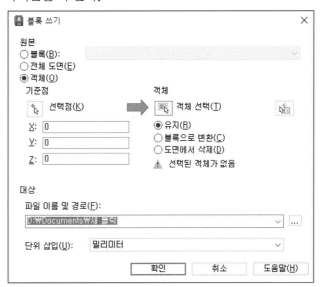

    ③ 작업화면에서 대상(문)을 선택하고 [엔터] 키를 친다.

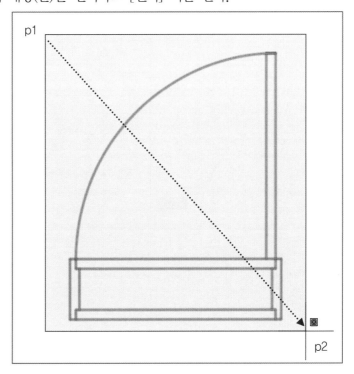

④ 다시 대화상자가 나타나면 삽입기준점(선택점) 아이콘(화살표 부분)을 누른다.

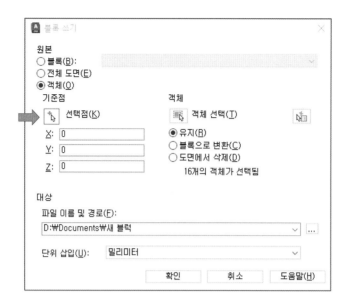

⑤ 작업화면에서 문틀의 오른쪽 중간점(Mid)을 클릭한다.

⑥ 다시 대화상자가 나타나면 파일 이름 및 경로지정을 위해 입력창 우측 버튼(화살표 부분)을 누른다.

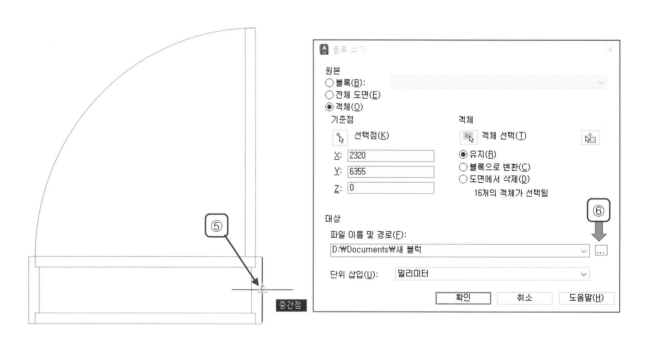

⑦ 파일저장경로(여기서는 미리 만들어 놓은 block 폴더를 지정함)와 파일 이름을 d900.dwg 로 입력하고, [저장(S)] 버튼을 누른다.

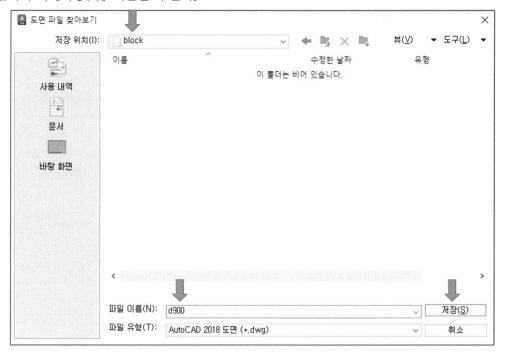

⑧ 다시 나타난 블록 쓰기 대화상자에 파일경로와 파일이름이 등록되었다. OK 버튼을 누른다.

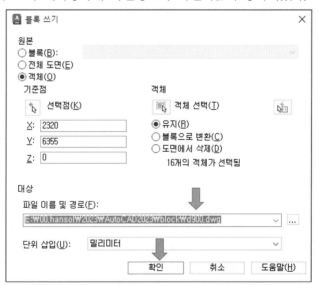

⑨ 작업화면 좌측 상단에 생성된 Wblock이 잠깐 보였다가 사라진다.

(2) 열린 파일에 작성한 창 Block(w1200)을 Wblock으로 전환하기
  ① 명령행에서 Wblock(단축키 W)을 입력하고 [엔터] 키를 친다.
  ② 블록 쓰기 대화상자에서 블록(B)에 클릭하고, 우측 바를 클릭하여 등록되어 있는 w1200 을 선택한다.
  ③ 파일경로는 이전의 Wblock의 경로를 기본값으로 자동 지정하고, 파일명은 블록의 이름을 기본으로 자동 등록된다(파일명은 w1200.dwg). [확인] 버튼을 누르면 Wblock이 만들어 진다. 이 때 좌측 상단에 생성된 Wblock이 잠깐 보였다가 사라진다.

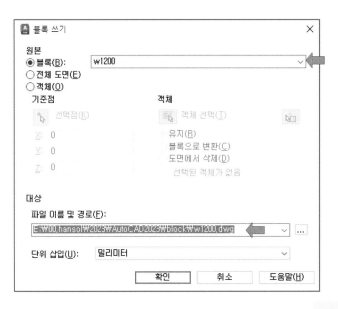

(3) 지우기(Erase) 명령으로 작업공간에 작도한 창, 문을 지운다.　　　　　Erase / E /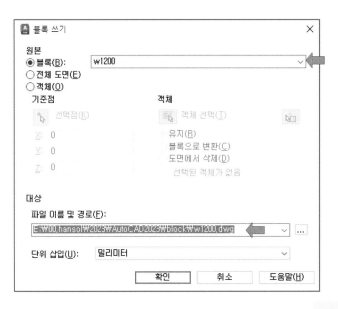

　① 명령행에 Erase(단축키 E)를 입력하고 [엔터] 키를 친다.

　② 지울 대상을 선택하고 [엔터] 키를 친다.

4-5 블록 편집하기

블록을 만들기 위해 그렸던 문이나 창의 규격은 한가지였다. 창의 경우 1200mm, 문의 경우 900mm이다. 그러나, 도면에는 다양한 치수의 창이나 문이 필요하므로 여기서는 기존의 문, 창의 블록을 다른 규격의 문, 창을 만들어 다양한 크기의 블록을 만들어 보도록 한다.

(1) 블록을 불러들여 속성 분해하기

　① 삽입(Insert, 단축키 I) 명령을 입력하고 [엔터] 키를 친다.　　　　　Insert / I / 🔳

　현재 도면 탭이나 최근 탭 등에 원하는 파일이 없으면 필터 옆 [파일 찾기] 버튼을 눌러 대화상자에서 찾는다.

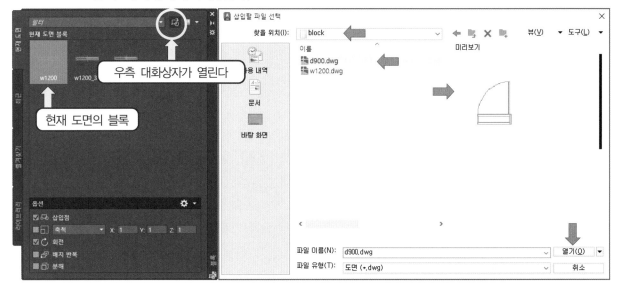

② 앞 쪽 오른 쪽 대화상자에서 화살표 순서대로 파일을 선택하여 열면 작업영역에 삽입점에 커서(크로스 헤어)가 있는 상태로 위치 지정을 기다린다. 일단은 임의 여백을 클릭하여 문 블록(d900.dwg)과, 창블록(w1200.dwg)을 삽입한다. (삽입에 대한 자세한 내용은 4-6 에서 설명한다)

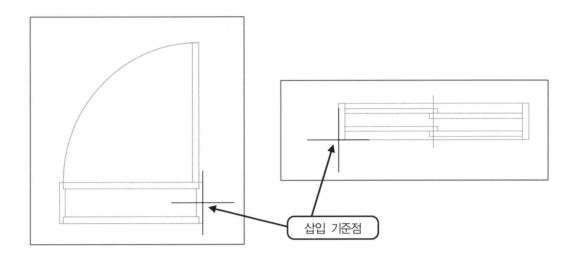

삽입 기준점

③ 분해(Explode, 단축키 X) 명령을 실행하여 블록의 속성을 분해한다. **Explode / X /**
④ 블록을 선택(d900.dwg와 w1200.dwg)하고 [엔터] 키를 친다.
⑤ 블록의 속성이 분해되어 편집이 가능하게 되었다.

(2) 문 편집하기

① 900mm의 문을 800mm로 변경한다.
② 신축(Stretch, 단축키 S) 명령을 입력하고 [엔터] 키를 친다.　　　　**Stretch / S /**
③ 대상선택을 한다.
　　문의 어느 한 쪽을 Crossing에 의한 선택방법(p1 → 드래그 → p2순)으로 선택한다. 선택한 부분이 점선으로 바뀌면 엔터키를 쳐서 선택을 종료한다. 다음 화면의 임의 점(p3) 클릭 후 마우스를 오른 쪽으로 드래그하고 100을 입력한다.(문폭 900mm이 800mm로 변경되므로 100mm만큼 줄인다) 그리고 [엔터] 키를 친다.

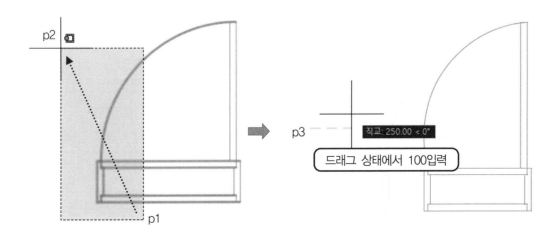

p2

직교: 250.00 < 0°

p3

드래그 상태에서 100입력

p1

④ 문짝도 100만큼 줄이기 위해 stretch명령을 반복한다. Crossing에 의한 선택을 한다.

⑤ [엔터] 키를 쳐서 선택을 끝내고 기준점 p를 지정한 후 마우스를 아랫방향으로 드래그한 뒤 100을 입력한다.

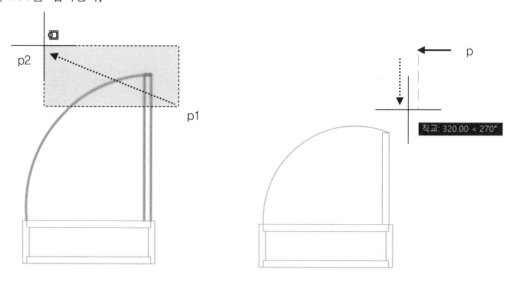

⑥ 완성된 그림은 아래 왼쪽과 같다. 단, 호(Arc)가 d900의 경우 보다 부풀어 오른 듯 보이 므로 제거(Erase)하고 다시 Arc를 그린다(아래 오른쪽). (Wblock으로 저장 : 파일명 d800.dwg)

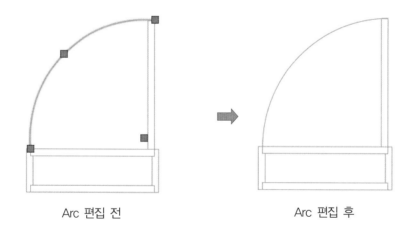

Arc 편집 전　　　　　　　　　　　　　　Arc 편집 후

⑦ 같은 방법으로 현관문 d1000도 작도해 본다.(Wblock으로 저장 : 파일명 d1000.dwg)

(3) 창의 규격을 변경하기 1

w1200의 창을 편집하여 sd1500 미서기 문으로 변경해 보자.

① 삽입(Insert, 단축키 I) 명령을 입력하고 [엔터] 키를 친다.

② w1200.dwg 블록을 선택하여 작업공간 임의의 장소에 삽입한다.

③ 분해(Explode, 단축키 X) 명령을 입력하고 [엔터] 키를 친다. 블록을 선택하여 블록속성 을 분해한다. [엔터] 키를 쳐서 명령을 종료한다.

④ 지우기(Erase, 단축키 E) 명령을 입력하고 [엔터] 키를 친다.

⑤ 이중창(w1200)에서 창 한 세트를 삭제한다. 다음과 같이 정리되었다.

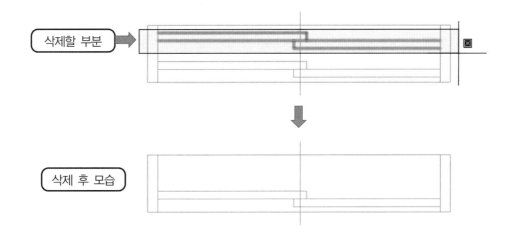

삭제할 부분

삭제 후 모습

⑥ 신축(Stretch, 단축키 S) 명령을 실행하여 문틀 폭을 30 늘린다.

늘릴 부분

⑦ 이동(Move, 단축키 M) 명령을 실행한다.

Move / M /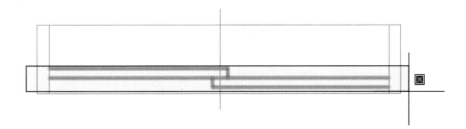

문짝의 위치를 문틀의 중앙으로 옮길 대상(window에 의한 선택)을 선택한다.
아래 그림처럼 대상이 선택(점선부분) 된다. 대상선택이 완료되면 엔터키를 친다.

⑧ 이동 기준점을 아래와 같이 끝점(End)을 지정한다.

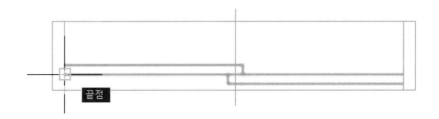

끝점

⑨ 이동할 점은 아래와 같이 문틀의 중간점(Mid)을 지정한다.

⑩ 완성된 모습은 아래와 같다.

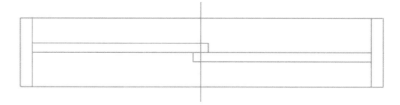

⑪ Stretch 명령을 입력하고 엔터키를 친다. 문의 좌측부분을 Crossing에 의한 방법으로 선택하고(선택한 부분이 점선으로 변경된다), 엔터키를 친다.

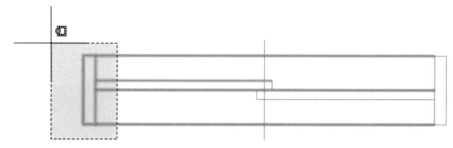

⑫ stretch의 기준점(임의의 p1)을 지정하고, 좌측으로 드래그한 뒤 150을 입력한다.

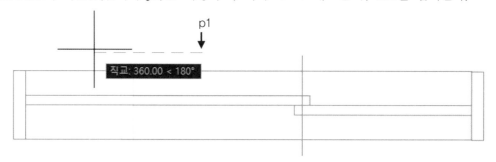

⑬ 왼쪽부분이 좌측으로 150mm만큼 늘어났다.

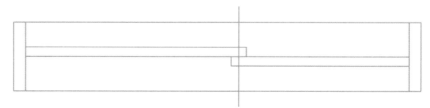

⑭ 같은 방법으로 우측을 150mm만큼 늘이면 된다. 완성된 그림은 다음과 같다.

작성한 문을 wblock으로 만든다. 삽입 기준점은 문틀 중간점으로 한다. 이 때 파일이름은
sd1500.dwg로 한다.(sd1500의 sd는 sliding door의 약자)

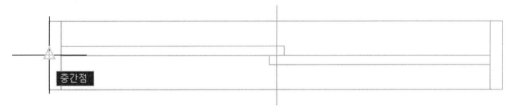

⑷ **창의 규격을 변경하기 2**

w1200의 창을 편집하여 w2400의 큰 창으로 변경해 보자.

① w1200 창을 삽입(Insert)하여 분해(Explode)한다.

② 대칭(Mirror) 명령으로 대칭 복사한다. 가운데 부분을 직사각형 두 개를 분해(Explode)
하고, 필요 없는 선(아래 그림에서 그립점 있는 두 선)은 삭제(Erase) 명령으로 삭제한다.

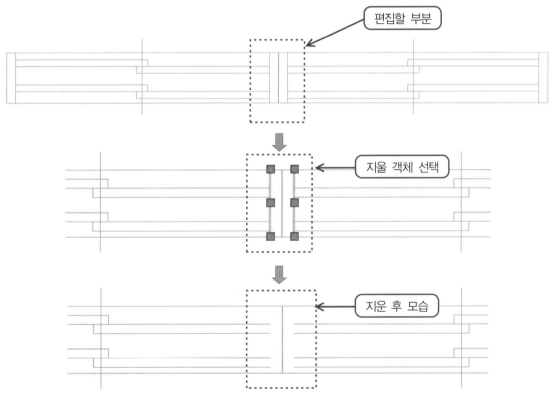

③ 신축(Extend, 단축키 EX) 명령을 입력하고 [엔터] 키를 친다. p1, p2 두 점을 찍어 걸쳐
지는 대상이 선택되면서 동시에 연장된다(다음 그림에서 굵은 선 부분). 반대 쪽도 이와
같이 한다.

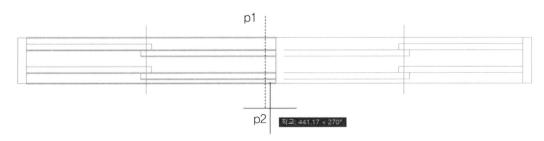

④ 중심선을 그립점에 의한 편집으로 늘린다.(추적기능이 활성화 되어야 편집이 용이하다)

　㉠ 편집 대상선을 클릭한다.

　㉡ 그립점 3개 중 양 끝 점 하나를 한번 더 클릭(빨간색으로 변경됨)한다.

　㉢ 참조점 p1d에 커서를 옮겼다가 목표점 p2로 이동하면 수평 점선과 × 표시가 나타난다. 이때 클릭하면 참조점의 선의 끝과 대상선의 길이가 같게 된다.

　(직교 모드 ON)

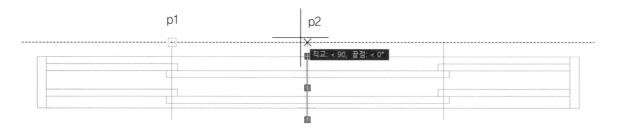

⑤ Dist(단축키 DI) 명령으로 두 점을 찍어 창의 치수를 확인한다.　Dist / DI / 📏

또는 리본 메뉴 홈 탭 ▶ 유틸리티 ▶ 측정을 선택하여 신속치수 옵션을 활용 실시간 치수를 확인할 수 있다.

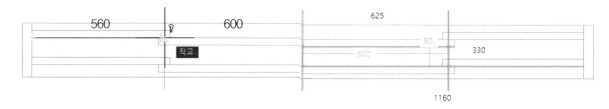

(좌측) Dist 명령으로 실행(명령창에서 치수 확인)　　(우측) 리본메뉴에서 실행하여 실시간 치수 확인

⑥ 창의 크기를 똑 같게 하기위해 신축(Stretch) 명령을 실행한다. 좌우측 창문짝이 만나는 부분을 20만큼 이동한다.

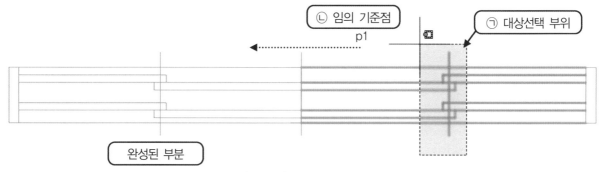

⑦ 앞에서 배운 방법으로 큰 창(w2400)을 Wblock로 만든다.

　이 때 파일명은 w2400.dwg로 한다.

TIP Dist명령 : 거리측정, 단축명령어 DI

1. 명령행에 DI를 입력하고 엔터키를 친다.

2. 거리를 재려는 두 점을 클릭하고 엔터키를 친다.

3. 명령기록창에 거리값이 표현된다.

4-6 문, 창 삽입하기(Insert/I)

작업중인 파일에서 작성한 블록이나 파일로 저장한 쓰기블록(Wright block)을 도면에 삽입 할수 있다.
또한, 블록팔레트 내에 있는 도면의 블록을 가져올 수 있다.

(1) **삽입(Insert) 명령을 실행하여 Block 삽입하기**   Insert / I /

① 명령행에서 Inset(단축키 I) 명령을 입력하고 [엔터] 키를 친다. 또는 홈탭 ▶ 블록 패널 ▶ 삽입 아이콘을 클릭한다. 블록팔레트가 나타난다. 삽입점과 회전 앞 사각형을 클릭한다. 오른쪽 위 [파일 탐색 대화상자 표시 버튼]을 클릭한다.
② 파일 탐색 대화상자에서 삽입할 블록명(w1200)을 확인한다. (㉠ ~ ㉣ 순서대로)

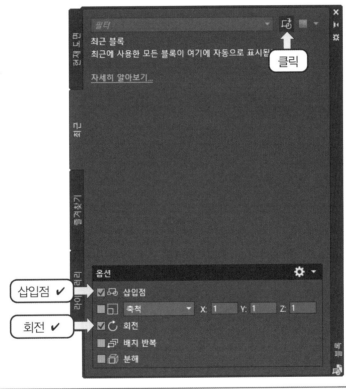

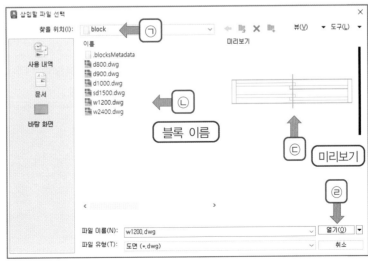

③ 방2의 창(w1200) 블록의 삽입점은 개구부 왼쪽 구석과 마감선이 만나는 부위로 한다. (개구부 왼쪽 모서리에 마우스 포인터를 가져갔다가 마감선으로 옮기면 × 표시가 뜨는 점 p1을 클릭한다)

④ 마우스를 움직여 적절하게 배치되었을 때 클릭하면 삽입이 완료된다.(객체스냅 ON)

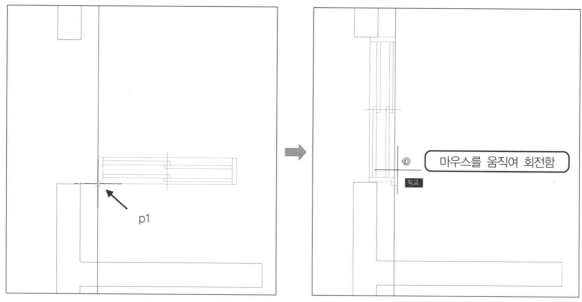

⑤ 같은 방법으로 문(미서기문), 창을 삽입한다.

(2) **삽입 탭 ▶ 블록 패널 ▶ 삽입 아이콘 선택하여 방문(여닫이문) 블록(d900) 삽입하기**

① 블록패널 ▶ 삽입 아이콘을 크릭하면 아래와 같이 블록이 나타난다. 삽입하고자 하는 블록이 있으면 선택하면 되고, 없는 경우 다른 옵션을 선택하여 찾으면 된다. 이 경우 회전이 안되므로 회전을 원하면 최근블록, 즐겨찾기 블록, 라이브러리 블록 등의 옵션을 선택한다.

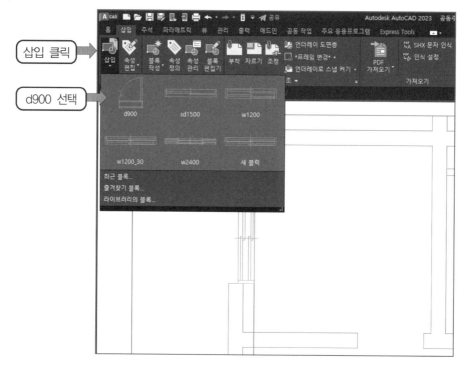

② 앞 ①의 블록 패널 ▶ 삽입 아이콘을 눌러 [최근 블록...]을 선택한다.

블록 팔레트가 나타난다. 최근 블록 썸네일이 보이게 된다. 이중에 *.dwg 형태의 블록은 쓰기블록(Wblock)이고, dwg가 없으면 이 파일에서 사용했거나 지정했던 일반 블록이다. 아랫부분 옵션에 삽입점과 회전 부분이 선택(✔)되었는지 확인한다. 이 중 *d900.dwg 를 선택하고, 개구부 오른쪽 벽체 중간점을 클릭한다.

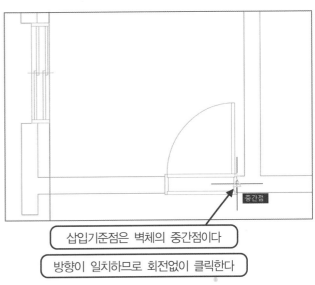

삽입기준점은 벽체의 중간점이다

방향이 일치하므로 회전없이 클릭한다

③ 같은 방법으로 문(여닫이문)을 모두 삽입한다. 다음은 삽입이 완료된 후의 도면이다. 현관문의 방향은 좌우가 바뀌었으므로 Mirror명령으로 편집한다. 이 때 원본 삭제를 선택해야 한다.

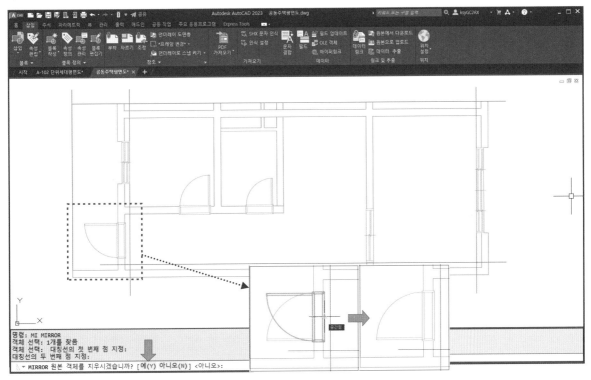

마감선은 벽이나 기둥 등에 모르타르나 타일, 돌 붙임 등을 표현하는 것이다.
보통 1/50 이상의 도면과 같이 상세도면에서 그리게 되고 축척이 작은 도면에서는 그리지 않는다.
내부 벽체의 마감두께 20mm의 마감두께를 사용한다.

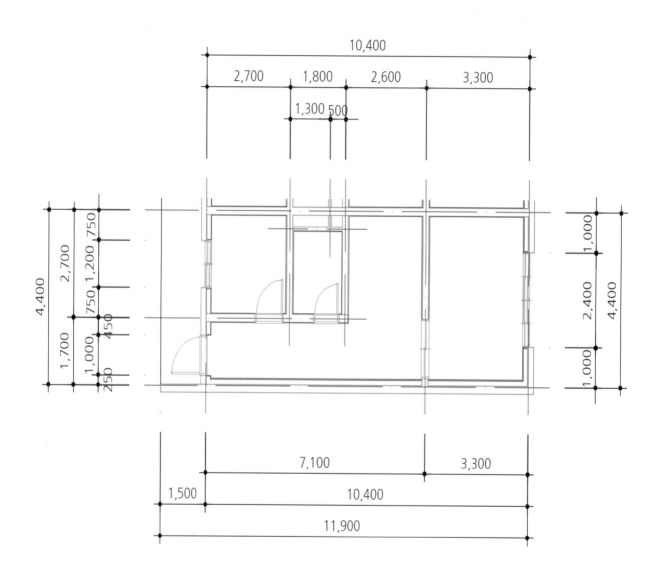

5-1 벽체선 Offset하기

(1) 마감선을 작도할 방(평면도의 왼쪽 윗부분)을 Zoom/Window하여 확대한다.

(2) Offset명령을 실행하여 벽면선을 마감선으로 Offset 한다.   **Offset / O / ⊑**
   ① 현재 도면층을 fin(마감선)으로 변경한다.
   ② 간격띄우기(Offset, 단축키 O) 명령을 실행한다.
   ③ 도면층(L) ▶ 현재(C) 옵션을 선택한 후 20을 입력한다. 벽면선을 선택하고, Offset 방향 선택은 방 안쪽으로 한다.(㉠, ㉡, ㉢)
   ④ 외벽쪽은 이미 내부 마감선이 있으나 단열재를 덮는 석고판 등 마감의 두께를 고려하여 벽쪽으로 20을 Offset 한다.(㉣)

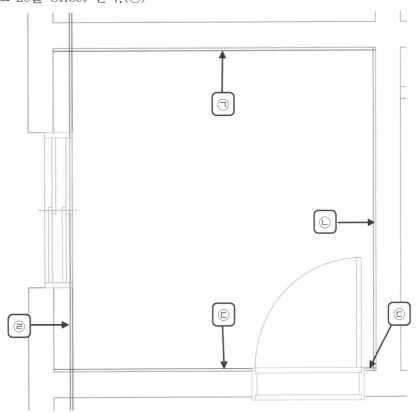

5-2 마감선 정리하기

           Break / BR / ⎁

(1) 끊기(Break) 명령을 실행하여 마감선이 벽체 부위를 가로지르는 부분 잘라낸다.
   벽체 부분과 개구부(창 삽입부분)을 모두 정리한다.

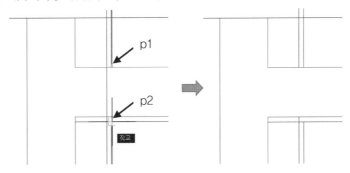

⑵ 모깍기(Fillet) 명령으로 마감선이 만나는 구석 부분을 정리한다.

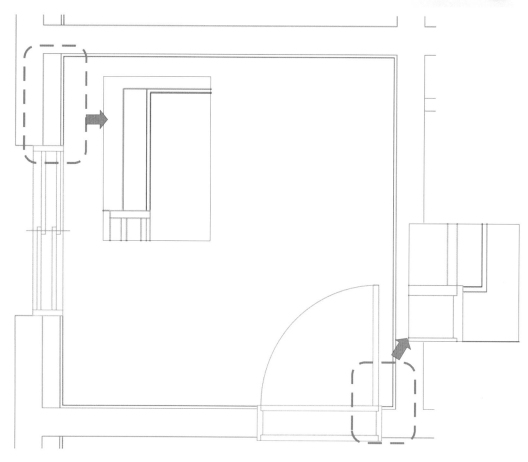

⑶ Line, Offset, Trim 명령으로 외벽 개구부 주변을 정리한다.

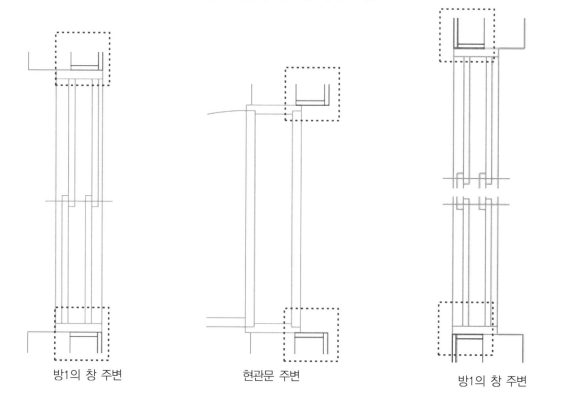

방1의 창 주변   현관문 주변   방1의 창 주변

⑷ 도면의 나머지 부분도 정리한다. 전체 모습은 아래와 같다.

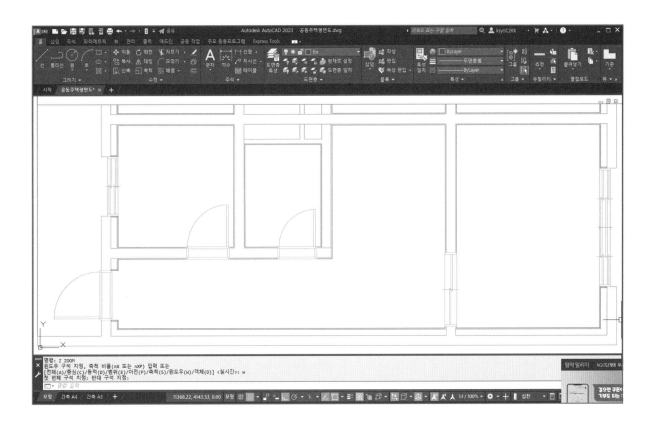

⑸ cen(중심선) 도면층 ON 상태, 벽체선(con, wal) 선두께(0.3mm)를 지정한 상태의 도면의 전체모습이다.

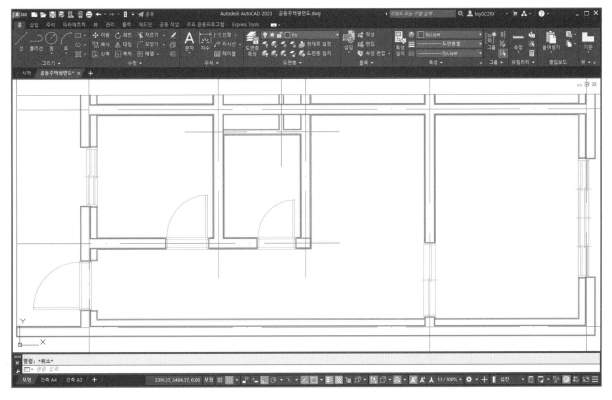

위생기구 배치하기

평면도에서는 구조체 이외에도 내부에 배치해야할 위생기기, 주방기구 및 가구 등이 많이 있다. 그 대표적인 종류를 살펴보면, 침실의 침대와 책상, 거실의 소파와 테이블, 주방 및 식당의 싱크대와 식탁, 그리고 욕실의 세면대, 욕조, 변기 등이 있다. 이 가구들을 그려서 블록(Block) 및 쓰깁블록(Wblock)으로 만들어 놓으면 필요할 때마다 삽입(Insert)하여 사용할 수 있어 편리하다. 다음 기구들이 완성되는 대로 Wblock으로 지정후 평면도에 삽입한다.(이 책 부록에 다양한 가구 등의 도면 참조)

 세면기 그리기(Chamfer 모따기)

Chamfer / CHA /

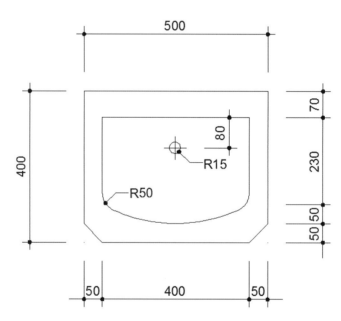

① Rectang 명령으로 직사각형(500×400)을 그린다.
② Explode 명령으로 직사각형을 분해한다.
③ Offet 명령으로 분해된 선을 70, 50, 50, 50 만큼 차례대로 사각형 안쪽에 복사한다.
④ Fillet 명령(r=0)으로 안쪽 사각형 위쪽 모서리를 정리한다.
⑤ Arc 명령으로 안쪽 사각형 아래쪽에 호(arc)를 시작점, 중간점, 끝점 순서로 클릭하여 그린다.

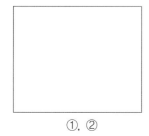

①, ②

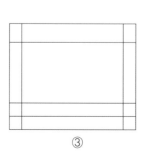

③

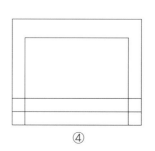

④

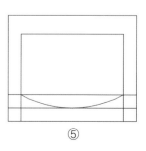

⑤

⑥ Erase 명령으로 세면기 아래쪽 보조선 두선을 지운다.

⑦ Fillet 명령(r=50)으로 안쪽 사각형 아래쪽 모서리를 정리한다.

⑧ Chamfer 명령(d1=50, d2=50)으로 바깥쪽 사각형 모서리를 정리한다.

⑨ Line 명령으로 사각형 안쪽으로 수직선을 그린다.(Osnap Midpoint 이용)

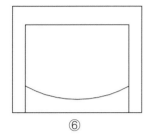 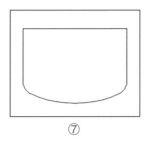 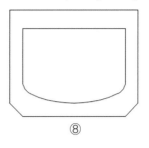 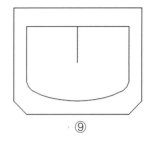

⑥ ⑦ ⑧ ⑨

⑩ Offet 명령으로 안쪽 사각형 윗 변을 80 만큼 사각형 안쪽으로 복사한다.

⑪ Circle 명령으로 원의 중심을 교차점에 두고 반지름은 15를 입력하여 원을 그린다.

⑫ Offet 명령으로 원의 바깥쪽에 15 만큼 떨어져 Circle을 그린다.

⑬ Trim 명령으로 바깥쪽 원 주변을 잘라낸 후 Erase 명령으로 바깥원을 삭제한다.

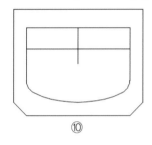 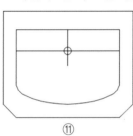 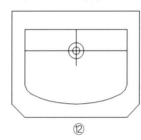 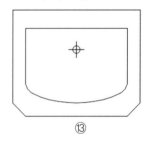

⑩ ⑪ ⑫ ⑬

⑭ Wblock 명령으로 블록을 만든다.(파일명 : basin_500.dwg) 삽입 기준점은 아래 그림을 참조

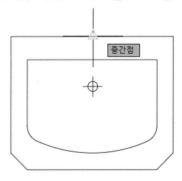

중간점

TIP 모따기 Chamfer, 단축키 CHA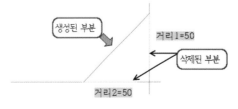

1. 명령행 CHA 입력. 또는 홈탭 ▶ 수정 ▶ ◤ 선택

2. 옵션 중 [거리(D)] 선택(많이 사용함)

3. 거리1, 거리2 입력(같은 값이 Default)

4. 대상선을 차례대로 클릭

※ 거리1, 2의 값이 0이면 Fillet의 반지름 0과 같은 효과

두선이 교차하는 모퉁이를 경사지게 편집하는 명령

생성된 부분

거리1=50

삭제된 부분

거리2=50

```
CHAMFER
(자르기 모드) 현재 모따기 거리1 = 50.0000, 거리2 = 50.0000
▼ CHAMFER 첫 번째 선 선택 또는 [명령 취소(U) 폴리선(P) 거리(D) 각도(A) 자르기(T) 메서드(E) 다중(M)]:
```

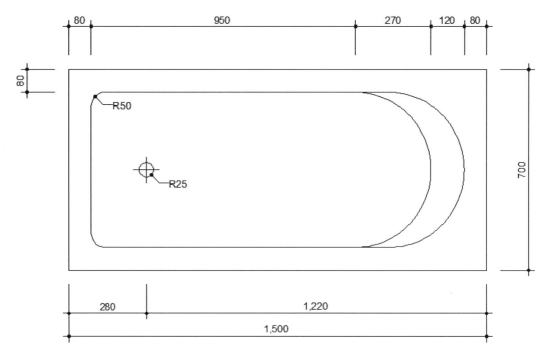

① Rectang 명령으로 직사각형(1,500 × 700)을 그린다.

② Offet 명령으로 80 만큼 사각형 안쪽에 복사한다.

③ Explode 명령으로 직사각형을 분해한다.

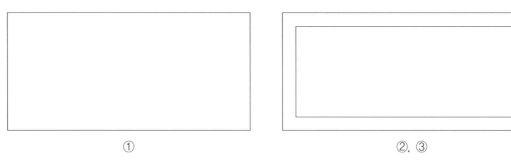

| ① | ②. ③ |

④ Fillet 명령(r=50)으로 안쪽 사각형 왼쪽 모서리를 정리한다.

⑤ Offet 명령으로 120 만큼 사각형 안쪽에 복사한다.

⑥ Circle 명령으로 3p 옵션 [Osnap은 접점(Tan)으로 설정]으로 접점을 이용, 내접원을 2개
　그린다.

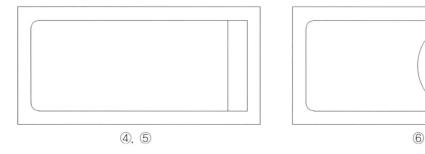

| ④. ⑤ | ⑥ |

⑦ Erase 명령으로 원그릴 때의 보조선 2개를 지운다.

⑧ Trim 명령으로 원의 반쪽을 각각 정리한다.

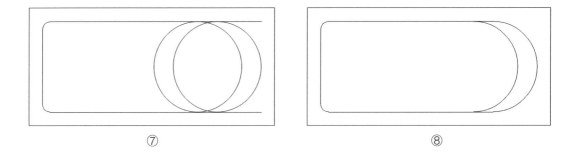

⑨ 배수구를 그리기 위해 Offset 명령으로 안쪽 사각형을 200 만큼 복사한다.
⑩ Line 명령으로 선을 수평으로 그린다.(Osnap Midpoint 이용)

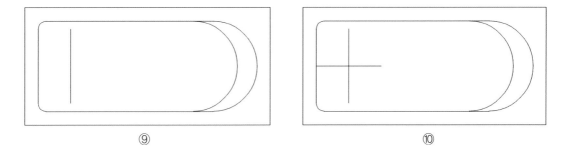

⑪ Circle 명령으로 원의 중심을 교차점에 두고 반지름은 25를 입력하여 원을 그린다.
⑫ Offet 명령으로 원의 바깥쪽에 20 만큼 떨어져 원을 그린다.
⑬ Trim 명령으로 바깥쪽 원 주변을 잘라낸 후 Erase 명령으로 바깥원을 삭제한다.

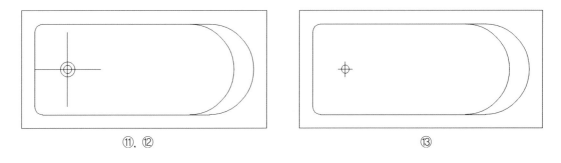

⑭ Wblock 명령으로 블록을 만든다.(파일명 : bath_1500.dwg) 삽입 기준점은 아래 그림을
참조

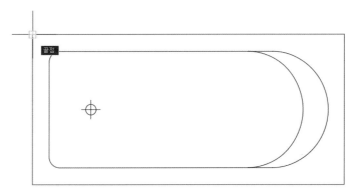

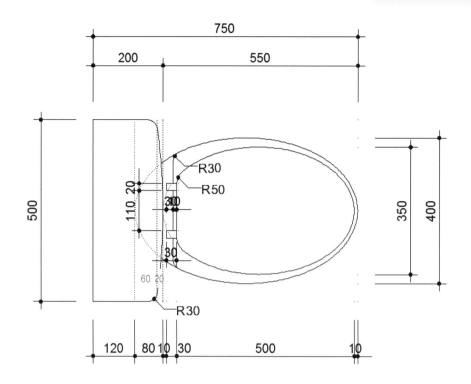

① Rectang 명령으로 직사각형(200×500)을 그린 후, Explode 명령으로 직사각형을 분해한다.

② Offet 명령으로 좌측선을 120, 60 간격으로 사각형 안쪽에 복사하고, 사각형 우측 선을 550 Offset한다.

③ Line 명령으로 수평선을 중간위치에 그린다.[Osnap 중간점(Mid) 이용]

④ Offset명령으로 수평선을 위쪽으로 175, 25 간격으로 위, 아래에 복사하고, 오른쪽 수직선을 왼쪽으로 10만큼 복사한다.

⑤ Ellipse(타원 그리기) 명령으로 그림처럼 큰 타원[중앙의 수평선상의 장축의 두점을 클릭하고 커서를 위쪽으로 드래그한 다음 맨 위 수평선을 클릭(또는 단축 반경 200을 입력)]을 그리고, 큰 타원의 안쪽에 작은 타원(단축 반경 175)을 그린다.

⑥ Erase 명령으로 타원주위 보조선을 지운다.

⑦ Arc 명령으로 사각형과 타원 사이에 첫점, 중간점, 끝점을 선택해서 호를 그린다.

⑧ 변기 뚜껑 경첩을 만들기 위해 사각형의 우측선을 10, 20, 10 간격으로 오른쪽에, 가운데 수평선을 55, 20 간격으로 위, 아래에 Offset한다.

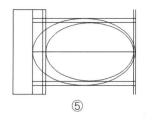 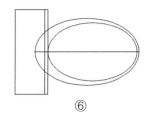 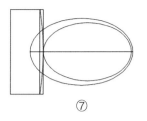 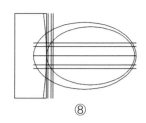

⑤   ⑥   ⑦   ⑧

⑨ Erase 명령으로 수직선 한 개와 중심선을 지운다.

⑩ Trim 명령으로 선을 편집하여 변기 뚜껑 경첩 모양을 만든다.

⑪ Fillet 명령(안쪽 타원 r=50, 바깥쪽 타원 r=30)으로 타원과 직선의 연결부를 둥글게 정리한다.

⑫ Extend 앞 ⑪에서 Fillet 처리로 끊겨진 큰 타원을 변기 물탱크 부분으로 확장시킨다.

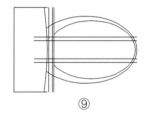 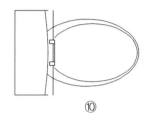 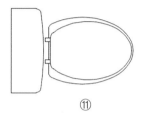 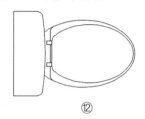

⑨   ⑩   ⑪   ⑫

⑬ Wblock 명령으로 블록을 만든다.(파일명 : wc_750.dwg) 삽입기준점은 아래 그림처럼 중간점(Mid)을 지정한다.

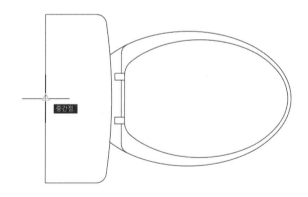

TIP 타원 Ellipse, 단축키 EL ⊙ 중심점, ◯ 축, 끝점

1. 명령행 EL 입력. 또는 홈탭 ▶ 그리기 ▶ ◯ 축, 끝점 선택

2. 축 끝점 p1 선택

3. 축의 다른 끝점 p2 선택

4. 다른 축 끝점 p3 선택

※ Osnap 직교(per), 중간점(mid)

단축, 장축의 값을 지정하여 타원을 그리는 명령

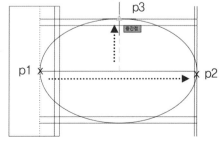

```
명령: _ellipse
타원의 축 끝점 지정 또는 [호(A)/중심(C)]:
축의 다른 끝점 지정:
다른 축으로 거리를 지정 또는 [회전(R)]:
```

대표적인 주방기구는 냉장고, 싱크대, 가스레인지, 작업대와 식탁이다.
여기서는 주방기구들을 종류별로 그려서 Wblock으로 작성한다.

7-1 싱크대 그리기(Array 직사각형배열)

Array / AR / 🔳

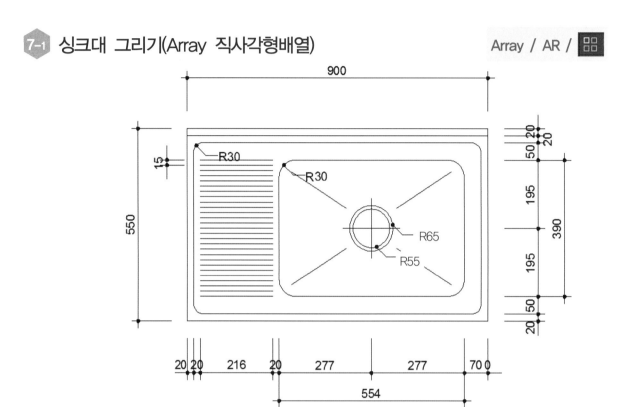

① Rectang 명령으로 직사각형(900×550)을 그린 후, Explode 명령으로 분해한다.
② Offet 명령으로 사각형의 변을 20, 50, 216 거리띄우기를 모두 한다.
③ Fillet 명령(r=30)으로 안쪽 직선들의 교차부분을 둥글게 정리한다.
④ Trim 명령과 Erase 명령으로 선들을 정리한다.

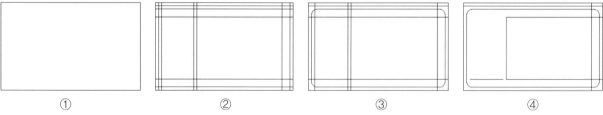

⑤ Fillet 명령(r=50)으로 안쪽 직선이 만나는 부분(물받이대)을 둥글게 정리한다.
⑥ Array 명령으로 왼쪽 아래부분에 선을 위쪽으로 27개를 정렬한다.(간격 15, 행수 27, 열수 1)
⑦ Line 명령으로 싱크대 안쪽 사각형 중심부분에 교차선을 그린다(Osnap 중간점 사용). 또한, Circle 명령(r=55, 65)으로 싱크 안쪽에 위 교차선을 원의 중심으로 하는 원을 2개 그린다.

⑧ Offet 명령으로 큰 원을 20 만큼 원 외부로 복사하고, 왼쪽 위 구석부분 호를 30 만큼 내부로 복사한다. Line 명령으로 물흘림 구배선(왼쪽위 호의 중간점과 원의 중심을 잇는 선)을 임의로 1개 그린다.

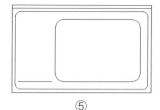 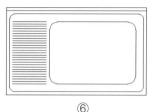 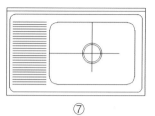 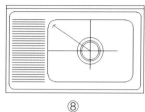

⑤   ⑥   ⑦   ⑧

⑨ Trim 명령으로 가장 큰 원을 기준선으로 하여 보조선의 외부와 구배선은 큰 원의 내부쪽을 잘라낸다.

⑩ Erase 명령으로 구석부분의 호와 기준선으로 사용했던 가장 큰 원을 삭제한다.

⑪ Mirror 명령으로 왼쪽의 구배선을 오른쪽으로 대칭복사하고, 다시 이 두선을 아래쪽에 대칭복사하여 4개의 물흘림 구배선을 완성한다.

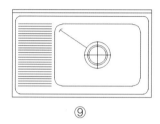 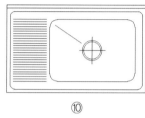 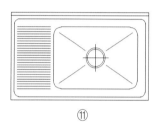

⑨   ⑩   ⑪

⑫ Wblock 명령으로 블록을 만든다.(파일명 : sink_900.dwg) 삽입기준점은 아래 그림처럼 끝점(End)을 지정한다.

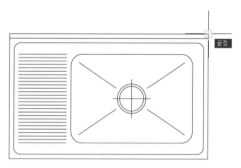

TIP 배열 Array, 단축키 AR ⊞ 직사각형 형태로 객체를 배열하는 명령

1. 명령행 AR 입력. 또는 홈탭 ▶ 그리기 ▶ ⊞ 직사각형 배열
2. 객체(맨 아래 선 1개) 선택
3. 배열유형(명령행 입력의 경우)을 [직사각형(R)]로 선택
4. 작업공간에서 그립 점을 조절, 리본메뉴 [배열 탭] 또는
   명령행에서 열 개수 1, 행 27, 행간격 15로 입력

※ 오른 쪽 그림은 조절점 조절의 예

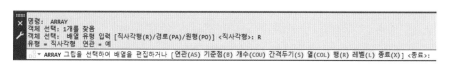

명령: ARRAY
객체 선택: 1개를 찾음
객체 선택: 배열 유형 입력 [직사각형(R)/경로(PA)/원형(PO)] <직사각형>: R
유형 = 직사각형 연관 = 예
ARRAY 그립을 선택하여 배열을 편집하거나 [연관(AS) 기준점(B) 개수(COU) 간격두기(S) 열(COL) 행(R) 레벨(L) 종료(X)] <종료>:

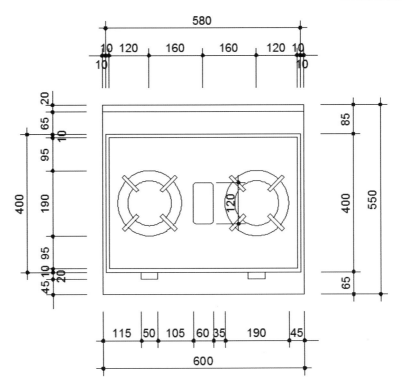

① Rectang 명령으로 직사각형(600×550)을 그리고, Explode 명령으로 직사각형을 분해한다.

② Offet 명령으로 사각형 맨 위변을 아래로 20, 65, 10, 맨 아랫변은 아래서 위로 65, 10, 왼쪽과 오른쪽 변을 10만큼 각각 2번씩 Offset 한다.

③ Fillet 명령(r=0)으로 안쪽 사각형 (가스레인지 외곽선) 직선들의 교차부분을 직각으로 정리한다.

④ Offet 명령으로 원의 중심부분을 수직선을 복사하고, Line 명령으로 왼쪽 변(Osnap 중간점)에서 수평선을 하나 그린다. Circle 명령으로 왼쪽 원(중심의 위치는 서로 같다)을 2개 (r=65, r=95) 그린 후, Offset 명령으로 원의 안과 밖으로 15씩 간격띄우기(Offset)한다.

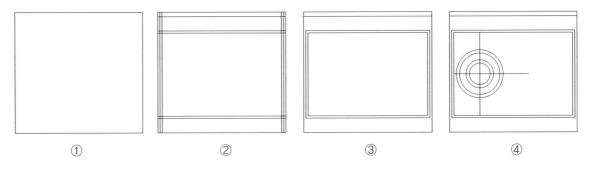

①　　　　　　　②　　　　　　　③　　　　　　　④

⑤ Line 명령(Osnap Center 이용)으로 원의 중심에서 45° 방향의 선을 그린다.
(@200〈45, 상대극좌표 활용) Offet 명령으로 선을 양쪽으로 5 만큼 복사한다.

⑥ Trim 명령으로 선을 정리한다.

⑦ Erase 명령으로 45° 선을 지운다. 받침대(60×10) 하나가 완성되었다.

⑧ 가스레인지 점화 레버(50×20)와 중간 그릴(120×60)을 그리기 위해 Line, Offset 명령으로 선을 작성한다.

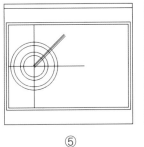 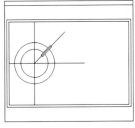 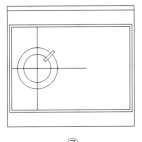 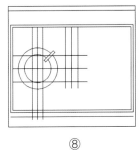

⑤ ⑥ ⑦ ⑧

⑨ Trim 명령과 Fillet 명령(r=0, 그림은 r=10)으로 정리한다.

⑩ Array 명령으로 받침대 4개를 원형배열로 작성한다.

　(기준점 : 원의 중심, 채울 각도 360°)

⑪ Trim 명령으로 새로 생성된 3개의 받침대 내부의 원이 지나간 선을 잘라낸다.

⑫ Mirror 명령으로 완성된 좌측 가스레인지와 점화 레버를 오른쪽에 대칭복사한다.

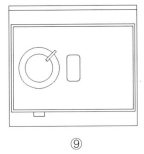 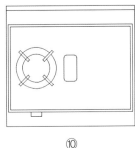 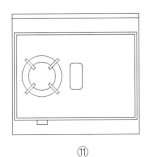 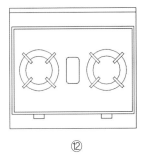

⑨ ⑩ ⑪ ⑫

⑬ Wblock 명령으로 블록을 만든다.(파일명 : gasrange_600.dwg) 삽입기준점은 아래 그림
　처럼 끝점(End)을 지정한다.

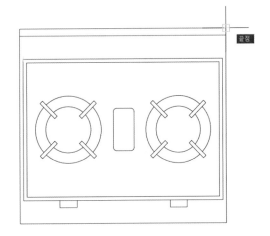

TIP 배열 Array, 단축키 AR

- 명령행 AR 또는 arraypolar 입력.

　(홈탭 ▶그리기 ▶　　원형 배열 선택)

1. 객체(사각형) 선택
2. 배열 중심점 지정(Osnap 중심 cen)
3. 원형 배열의 기본 개수(6개)
4. 갯수를 4로 입력

(명령행이나 화면 상단 [배열작성] 탭에서)

Arraypolar 원형배열　　원형으로 객체를 배열하는 명령

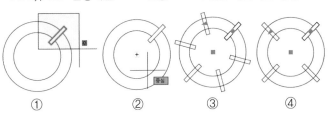

① ② ③ ④

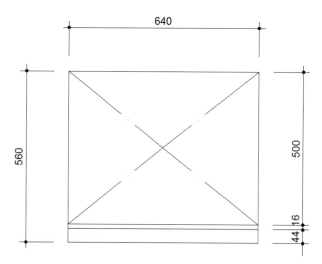

① Rectang 명령으로 직사각형(640×560)을 그리고, Explode 명령으로 직사각형을 분해한다.

② Offet 명령으로 사각형의 아래에서 위로 44, 16 만큼 사각형 안쪽에 복사한다.

③ Line 명령[(Osnap 끝점(End)]으로 대각선을 그린다.

④ 홈 탭 ▶ 특성 ▶ 선종류 조절 창 ▶ 기타...을 눌러 선종류를 등록한 뒤 교차선을 일점
쇄선으로 변경한다.

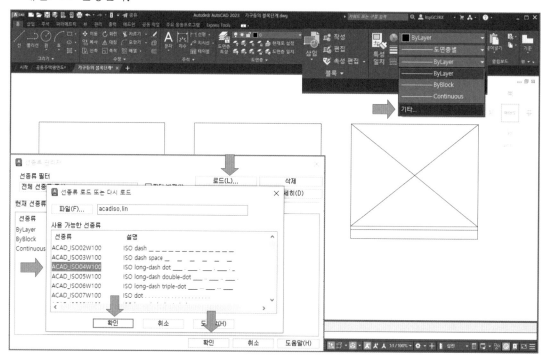

㉠ 대상 선을 선택한다.

㉡ Ctrl+1을 눌러 특성 창을 불러온다. 또는 뷰 탭 ▶ 팔레트 ▶ 특성 아이콘 선택해도 된다.

㉢ 선종류 축척을 변경한다. 여기서는 10을 선택하니 도면과 같이 표현되었다.

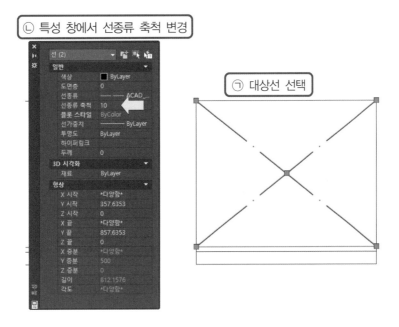

⑤ Wblock 명령으로 블록을 만든다.(파일명 : fridge_640.dwg) 삽입기준점은 아래 그림처럼 끝점(End)을 지정한다.

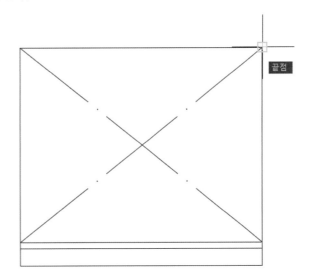

7-4 블록 삽입하기(Insert 삽입) Insert / I / 🖥

앞 **06** **07** 에서 만든 블록을 레이어를 fur(위생, 주방기구) 레이어로 현재 레이어를 설정하고 공동주택평면도에 삽입한다. 완성도는 다음과 같다.

(1) 공동주택 평면도를 불러와서 위생기구를 삽입한다.

① Insert(단축키 I) 명령을 실행한다.

② 블록 팔레트가 나타난다. 최근블록 탭에서 삽입해도 되고, 없을 경우 그동안 작업했던 쓰기블록을 찾아 삽입해도 된다. 한번 사용하게 되면 최근 블록 탭에 자동 등록된다. 자주 사용하는 것은 즐겨찾기 또는 라이브러리 탭에 등록해 놓으면 편리하다.

③ 편의상 cen(중심선) 도면층(Layer)를 동결한다. 삽입순서는 욕조 ⇒ 세면기 ⇒ 변기 순으로 한다.

④ 욕조의 길이에 대한 미세 조정이 필요할 경우 블록삽입옵션에 축척을 선택하면(⌐) 된다. 이 경우는 블록을 분해해서 편집 후 다시 블록 지정을 해야하는 번거로움이 없다. 축척 적용전 블록 삽입될 부분의 치수를 재어본다.(여기서는 1650mm) 블록의 크기는 1500mm이다. 이것을 나누면 길이방향 축척이 된다. 홈 탭 ▶ 유틸리티 ▶ 계산기를 선택해서 계산해도 된다. (길이 방향 축척 1650/1500=1.043333)

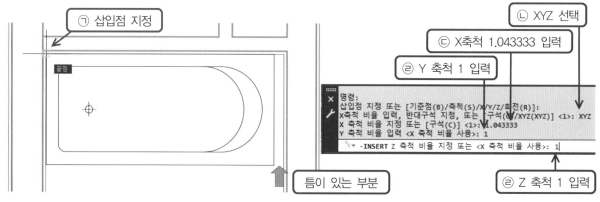

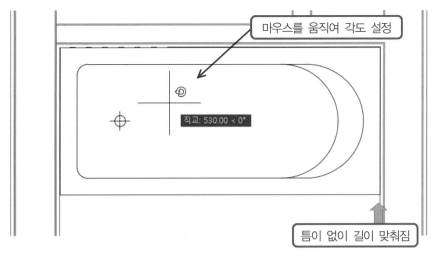

마우스를 움직여 각도 설정

직교: 530.00 < 0°

틈이 없이 길이 맞춰짐

⑤ 세면기 및 변기 삽입하기

우측 블록 팔레트에서 축척을 OFF하고, 세면기를 클릭해서 욕조 옆 근처로 가져간다. 벽 마감선 주변의 임의 점 지정을 위해 객체스냅(Osnap)을 Nea(근처점)을 입력하고 벽체 근처로 가면 근처점 객체스냅이 나타난다. 적당한 벽면 위치에 클릭한다. 그리고 마우스를 움직여 방향을 정한다.(직교 모드 ON) 변기의 경우도 같다.

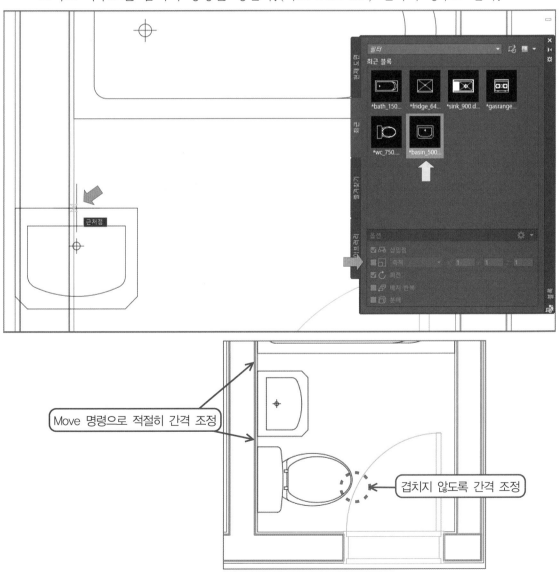

근처점

Move 명령으로 적절히 간격 조정

겹치지 않도록 간격 조정

(2) 주방기구의 삽입방법 또한 (1)과 같은 방법으로 한다.

① 가스레인지의 삽입

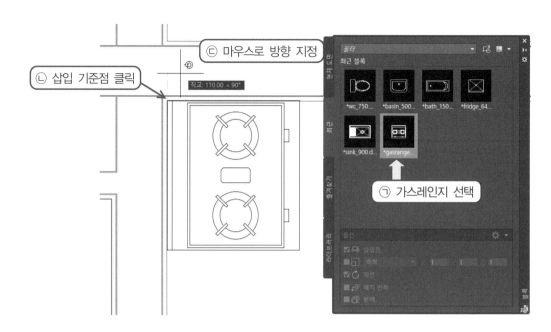

② 싱크대의 삽입(즐겨찾기에 등록해서 사용하는 방법)

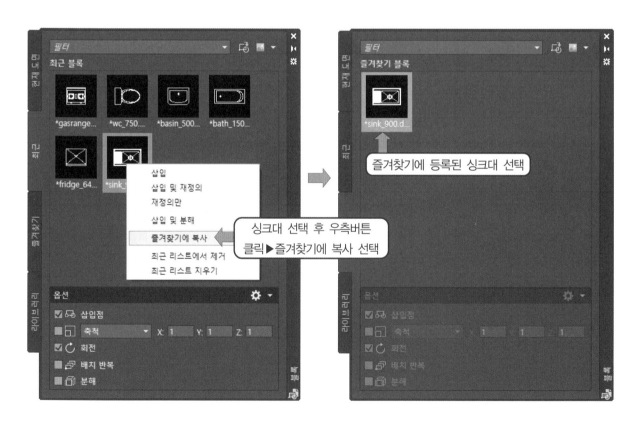

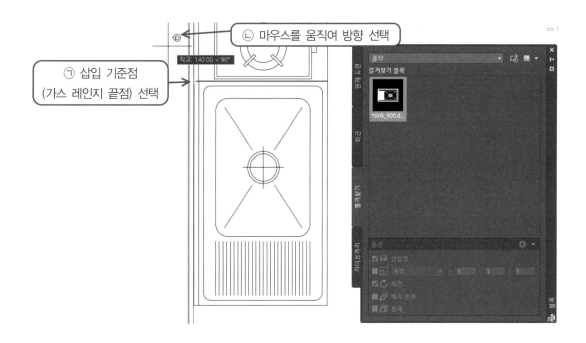

ⓛ 마우스를 움직여 방향 선택

ⓐ 삽입 기준점
(가스 레인지 끝점) 선택

③ 냉장고 삽입하기(라이브러리 활용하기)

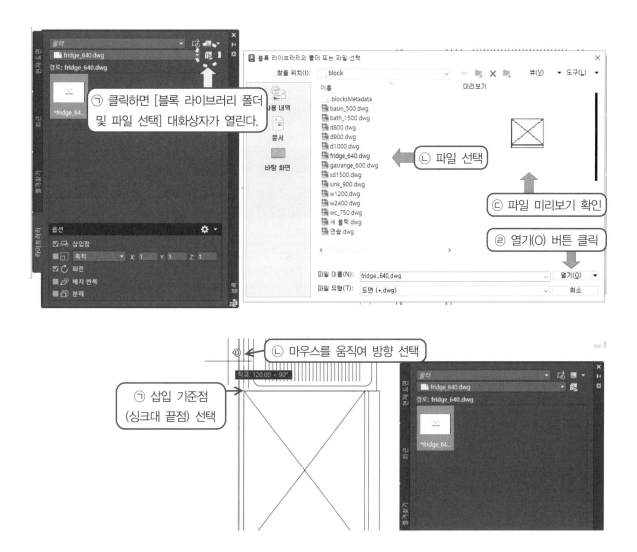

ⓐ 클릭하면 [블록 라이브러리 폴더 및 파일 선택] 대화상자가 열린다.

ⓛ 파일 선택

ⓒ 파일 미리보기 확인

ⓔ 열기(O) 버튼 클릭

ⓛ 마우스를 움직여 방향 선택

ⓐ 삽입 기준점
(싱크대 끝점) 선택

(3) 기타 필요 가구의 삽입

식탁, 신발장 등의 가구를 부록을 참조하거나 임의대로 그려서 블록으로 저장하고 필요한 경우 삽입하면 된다.

여기서는 간단히 부록의 4인 식탁을 참조하여 2인 식탁(800×800)을 블록처리하여 삽입하였다. 신발장(330×1200)은 임의로 작성하였다. 완성된 도면은 아래와 같다.

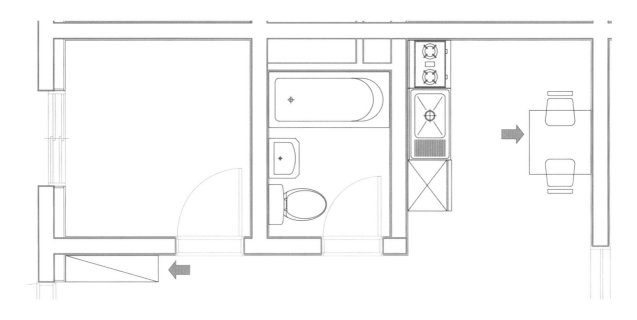

(4) cen(중심선) 도면층을 동결해제한 도면은 아래와 같다.

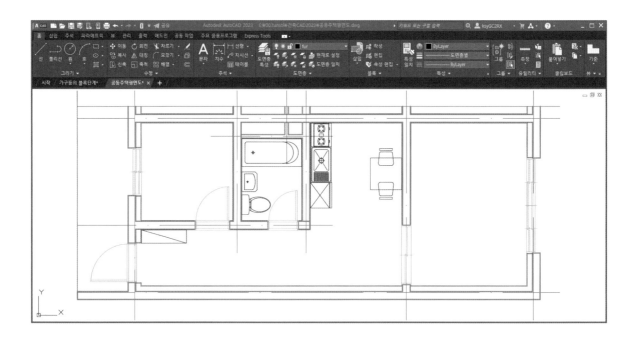

재료 표현하기

벽이나 바닥에 타일, 벽돌, 돌, 바닥재 등의 재료표현은 주로 해치(Hatch)를 명령을 사용하여 할 수 있다.

수작업으로는 재료표현에 많은 시간이 요구되나 CAD에서는 패턴을 선택하고 위치를 지정하는 방법으로 쉽게 재료를 표현할 수 있다. 여기에서는 ① 벽체의 단면 해치선 ② 바닥 타일 및 ③ 외벽의 단열재를 표현한다.

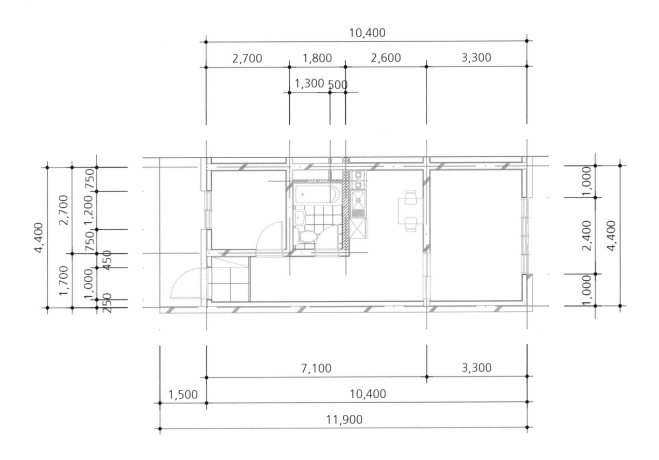

벽돌벽 표현하기(Hatch / H / )

(1) 작업영역(평면도의 왼쪽 윗부분)을 [Zoom 명령 / Window 선택]으로 확대한다.
명령행에서 Z [엔터], W [엔터]한 후 작업영역을 선택한다. 이후 줄여서 [Z/W]로 표현한다.

(2) 도면층 조정창(Layer Control Box)에서 'cen' 도면층(Layer)을 동결(Freeze)하고, 현재 도면층을 'hat'로 변경한다.

(3) Hatch 명령을 실행한다.

Hatch / H /

① 해치(Hatch, 단축키 H) 명령을 입력하고 [엔터] 키를 친다.
② 해치 작성 탭이 열리고 여기서 해치 경계, 패턴, 특성 등을 지정한다. 지정이 끝났으면 닫기✓를 눌러 명령을 종료한다.

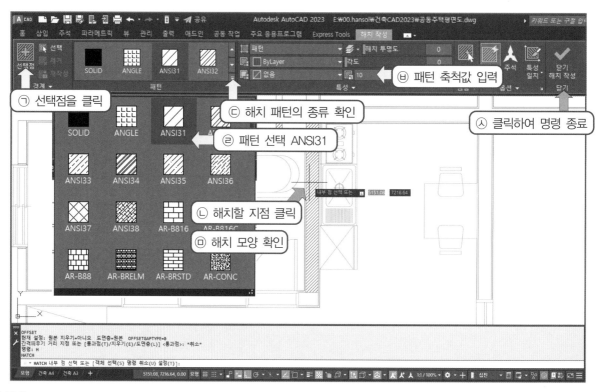

③ 해치를 적용한 결과는 아래와 같다. (선택점: 벽돌벽 내부, 해치패턴: ANSI31, 축척: 20)

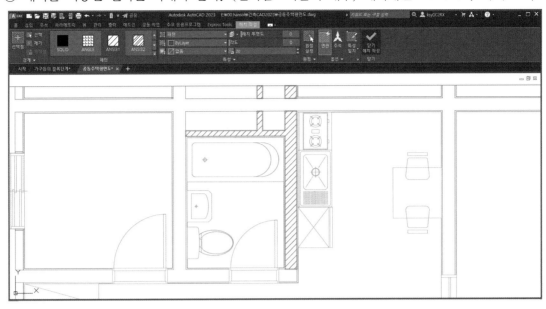

8-2 철근콘크리트 벽체 표현하기

철근콘크리트 벽체의 단면표시는 3개의 가는 실선으로 표현한다. 해치 패턴으로 적당한 것이
JIS_RC_30이다.

(1) 현재레이어가 hat 상태에서 작업을 계속한다.

(2) Hatch 명령을 실행하여 해치패턴(JIS_RC_30)을 선택한다.

① 선택점을 철근콘크리트 벽체 부위를 모두 선택한다. 벽체의 일부가 열려 있으면 영역을
설정할 수 없으므로 해치를 하는데 어려움이 있게된다. 부득이한 경우 선을 그어서 뚫린
부분을 막아야 하는 경우도 있다.

② 해치 패턴의 축척값을 50으로 지정한다. 화면에서 패턴의 적용 상태를 보고 적당한 축척
값을 적용한다.

③ 리본 메뉴에서 닫기✓아이콘을 누르거나 [엔터] 키를 쳐서 명령을 종료한다. 완성도는 다
음과 같다.

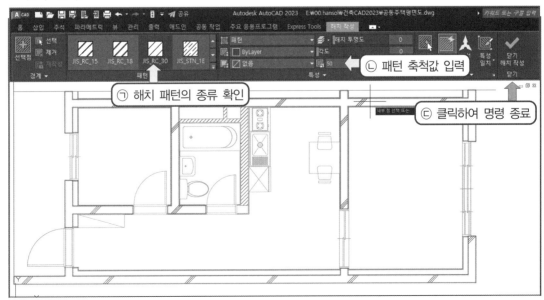

 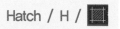

① 욕실 바닥 타일 (타일의 크기 300×300)

(1) 작업영역(욕실부분)을 [Z/W]한다.

(2) Hatch명령을 실행한 후 해치편집기 해치 패턴을 지정한다.

　① Hatch 명령을 입력하고 [엔터] 키를 친다.

　② 해치 패턴은 NET, 축척 100을 입력했다.

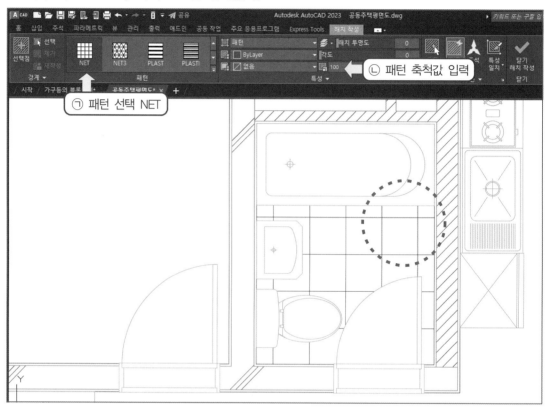

(3) 원점 설정을 변경하여 타일의 모양이 정확히 온장이 되도록 한다.

　① 삽입부분의 오른쪽 위 모서리를 확대해 보면 타일의 줄눈 선이 정확히 일치하지 않는다.
　　 원점설정을 변경하여 원하는 점에서부터 타일을 그릴 수 있다.

　② 해치 부위를 클릭하면 [해치 편집기]가 열린다. 원점설정 아이콘을 클릭한다.

　③ 오른쪽 구석 타일이 시작되는 부분을 클릭한다. 타일이 쪽타일 없이 온장부터 시작한다.

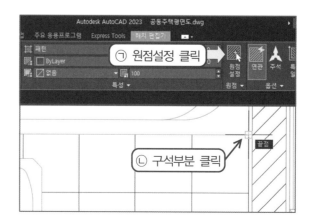

(4) 해치 패턴의 사용자 정의를 이용하여 정확한 크기의 타일 작도하기(이전 버전부터 사용해 오던 방식)

① 명령행에서 Hatch 명령을 실행한다.

② 옵션 중 [설정(T)]를 선택한다. [해치 및 그라데이션] 대화상자가 열린다. [해치 탭] ▶ [유형 및 패턴] ▶ 유형(Y)를 클릭하여 [사용자 정의]를 선택한다.

③ [각도 및 축척] 패널에서 [각도(G)] 0, [이중] 체크(✓), [간격두기] 300(타일의 각 변이 300mm인 경우)

④ [경계] 패널에서 [추가:점 선택(K)]을 클릭 후 화면에서 화장실 바닥 지정

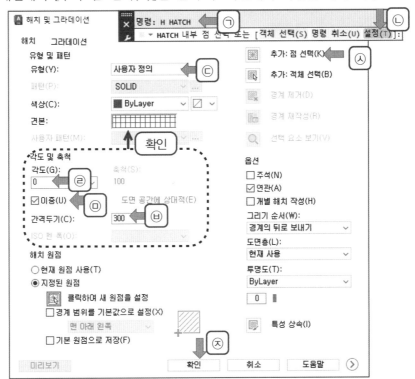

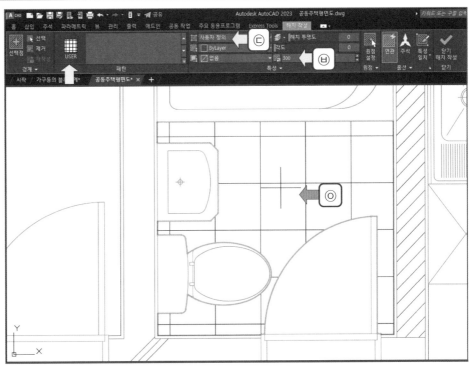

⑤ 타일의 원점을 새로 지정하기 위해 해치편집 명령을 실행한다. Hatchedit / HE / ⧉

객체 선택을 하면 [해치 편집] 대화상자가 나타난다. 앞 (5)의 [해치 및 그라데이션] 대화상자와 같은데 활성 버튼에 차이(㉠)가 있다.

⑥ 대화상자에서 [해치 원점] 패널 ▶ 지정된 원점 ▶ [클릭하여 새 원점을 설정]㉡을 누른후 화면에서 위치(㉢)를 지정한다. [확인] 버튼을 눌러 명령을 종료한다.

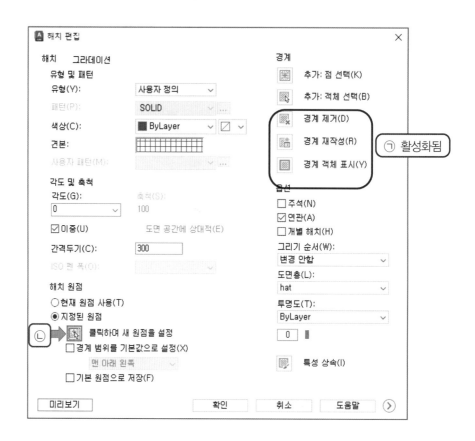

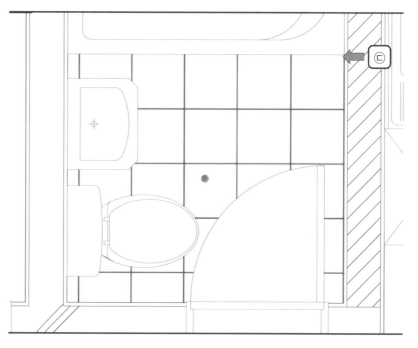

⑦ 완성된 도면은 다음과 같다.

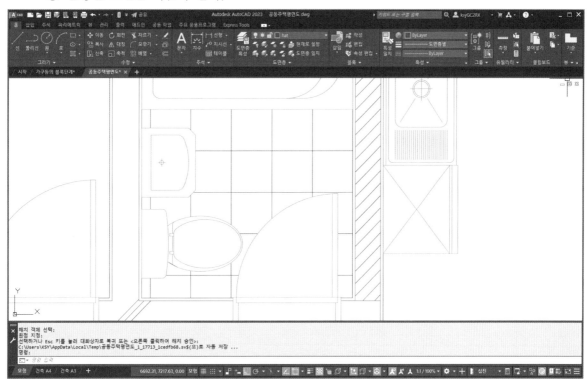

② 현관바닥 타일 (타일의 크기 600×600)

현관 바닥에 타일 해치 작업을 하려면 경계(영역)가 만들어져 있어야 한다. 일반적으로 현관과 실내 복도(또는 거실) 공간과 높이 차이가 있는 턱이 있다. 작업하던 도면은 현관 바닥의 영역이 없으므로 재료분리대를 두선 (간격 50mm)으로 그려 턱을 표현한다.

현관 타일은 큰 타일을 주로 사용하고 배치도 중요하므로 여기서는 600mm×600mm 크기의 타일을 현관 바닥의 중심을 기준으로 대칭적으로 배치하고자 한다.

(1) 현관 영역 표시하기

① 현재 도면층을 ele(입면선)로 변경한다.

② Line 명령으로 신발장 선에 맞추어 외벽 쪽으로 그린다.

Line / L / ◹

Offset / O / ⊑

③ Offset 명령으로 50 실내 쪽으로 복사한다. 완성도면은 다음 ②에서 확인.

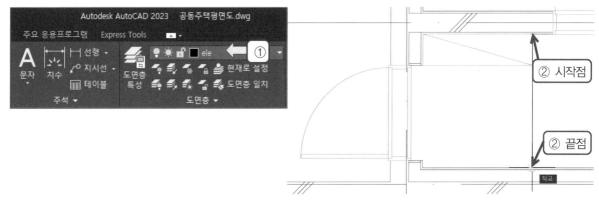

(2) Hatch 명령을 실행하고 선택점을 지정한다.

Hatch / H /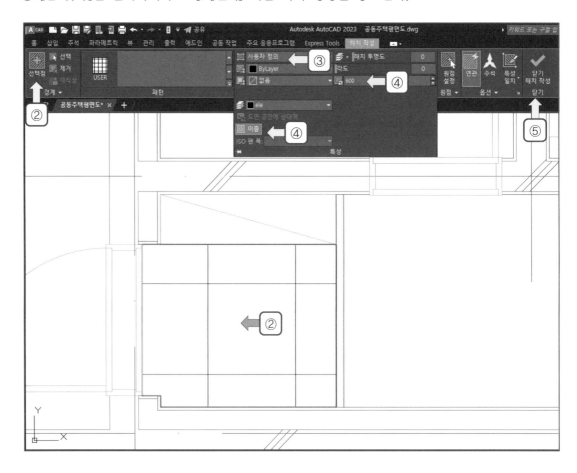

① 현재 도면층을 hat(해치)로 변경하고, Hatch(단축키 H) 명령을 실행한다.

② 선택점 아이콘을 클릭한다. 화면에서 현관을 지정한다.

③ 사용자 정의를 선택한다.

④ 해치 간격을 600으로 입력한다. [특성 ▼]을 눌러 드롭다운 옵션에서 [이중]을 클릭한다.

⑤ [닫기(✓)]를 클릭하거나 그냥 [엔터] 키를 쳐서 명령을 종료한다.

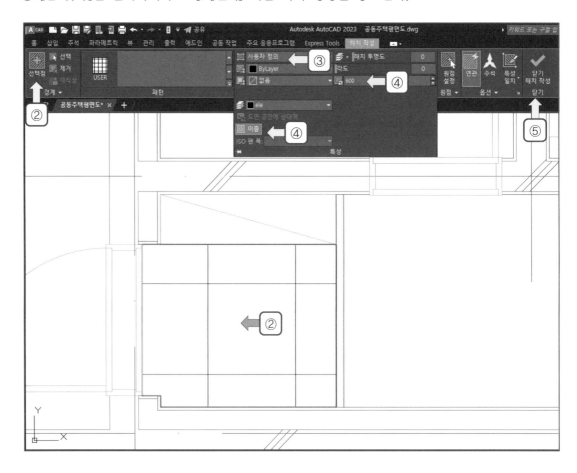

(3) 해치 원점을 변경한다. (방법 1)

① Line 명령으로 현관에 임시로 대각선을 하나 그린다.

② 현관 해치 부분을 클릭한다. [해치 편집기]가 열린다.

③ [원점설정] 아이콘을 클릭하고, 도면에서 임시 대각선 중간점을 클릭한다. 중간점을 원점으로 정리된다.

④ 재 배열된 모습을 확인하고, [해치편집기]의 [닫기(✓)]를 누르거나 [엔터] 키를 쳐서 명령을 종료한다.

⑤ Erase 명령을 실행하여 임시 대각선을 지운다.

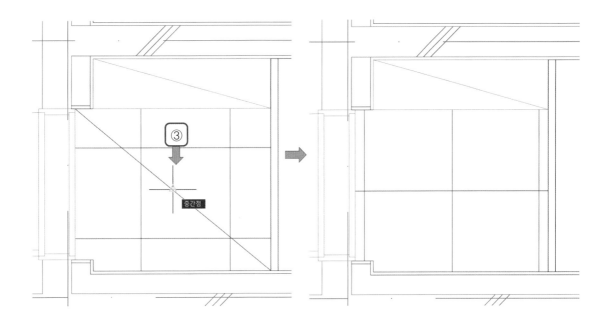

(4) 해치 원점을 변경한다. (방법 2)
  ① 현관 해치 부분을 클릭한다.
  ② [해치 편집기]가 열린다.
  ③ [원점설정] 아이콘을 클릭하고, 신발장의 중간점과 현관문의 중간점에 마우스 포인터를 번
    갈아 가져가면 가운데 부분에 십자선(점선)과 교차점에 × 표시가 나타난다. 이점을 클릭
    하여 원점으로 하면 아래 오른쪽 도면과 같이 정리된다.
  ④ (방법 1)과 (방법 2) 중 선택하면 된다. 여기서는 (방법 2)의 정리된 모습이 좋아 보인다.
    (쪽 타일의 수도 적다)

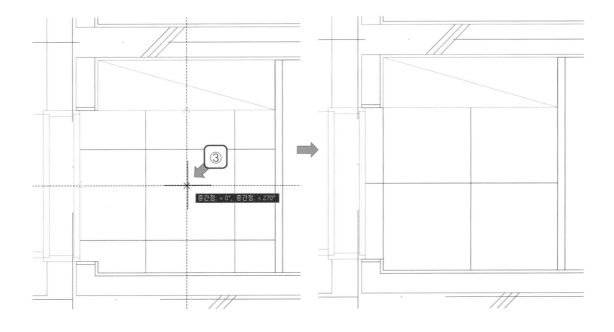

(5) Hatch 명령이 종료된 후 모든 도면층을 동결해제(Thaw)한 화면의 모습은 다음과 같다.

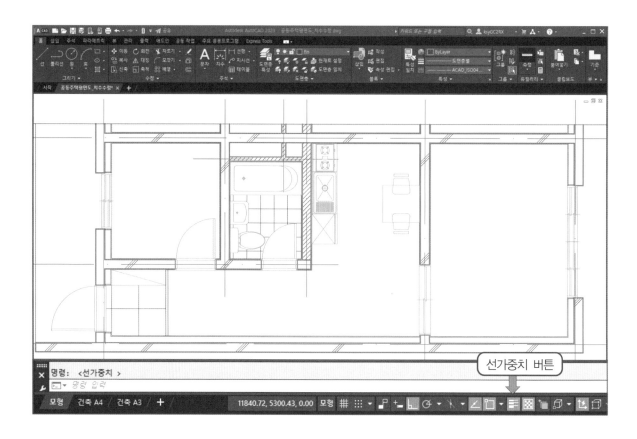

TIP 모니터에서 선두께 조절

1. 홈탭 ▶ [도면층 특성] 버튼을 누른다. 또는 명령행에 LA를 입력한다. [도면층 특성관리자]가 나타난다.

2. 도면층에서 선두께를 조절할 대상 도면층(여기서는 con, wal)을 하나씩 클릭한다.

3. 선가중치를 클릭한다.

4. [선가중치] 대화상자에서 선두께(여기서는 0.3mm를 선택)를 지정한다. [확인] 버튼을 누른다.

5. [도면층 특성관리자]를 닫는다.(왼쪽 위 ✖ 표시를 누른다)

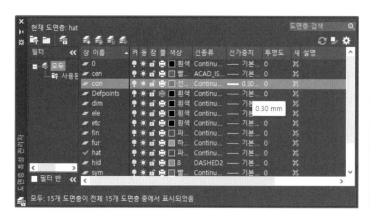
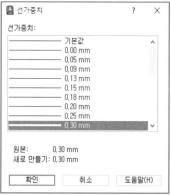

6. 화면 아래의 상태 표시줄에서 [선가중치] 표시 버튼을 눌러 활성화한다.(위 전체화면 참조)

8-4 외벽 단열재 표현하기(Linetype 선종류/LT)

에너지 절약 정책으로 갈수록 단열재의 두께가 두꺼워지는 현실이다. 단열재 재료 표현은 도면의 축척이 작은 경우 하지 않는다. 여기서는 다양한 축척의 도면의 출력을 고려하여 단열재 표현을 다루어 본다.

단열재 표현 방법은 ① 선종류를 지정하여 선의 형태로 표현하는 방법, ② 단열재 표현의 단위 규격을 그린 후 연쇄적으로 표현하여 블록지정하는 방법 또는 Array로 표현하는 방법 등 다양하다.

① 선종류(Linetype)를 활용하는 방법

(1) Layer(단축키 LA) 명령으로 단열재(insulation) 도면층을 새로 만든다. **Layer / LA / ▤**

재료 표현을 위한 것이므로 hat(해치) 도면층을 같이 사용해도 되나, 단열재 도면층을 만드는 것이 관리상 편리하다.

① 명령행에 Layer를 입력하고 [엔터] 키를 친다.

② [도면층 특성 관리자]에서 [새 도면층]을 열고 이름에 ins(단열재)를, 색상은 해치와 같은 색(파란색) 지정

③ 선종류는 [선종류 대화상자] ▶ [로드(L)…] 버튼 ▶ [선종류 로드 또는 다시 로드] ▶ [BATTING] 선택 ▶ [확인] 버튼 ▶ [로드된 선종류] BATTING 선택 ▶ [확인] 버튼

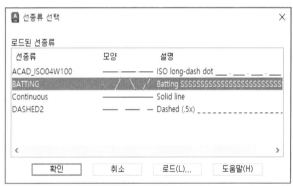

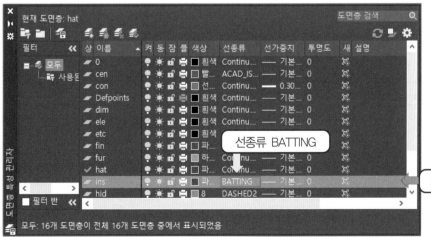

⑵ 폴리선(Pline, 단축키 PL) 명령으로 단열재 부위 가운데 선을 그린다.

① ins 도면층 선종류의 특성상 편집이 어려워 현재 도면층을 '0'으로 변경한 후 선을 그린다.

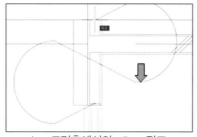

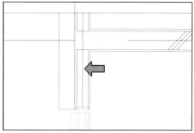

ins 도면층에서의 pline 작도

0 도면층에서의 pline 작도

② 벽체의 단열재 부분을 pline(폴리선)으로 모두 그린다. 일반 선(line)으로 그려도 무방하다. 구분이 편리하도록 아래 도면에서는 con, hat 도면층을 동결(Freeze) 하였다.

폴리선의 시작점은 앞에서 마감선 작도시에 그렸던 짧은 선의 중간점을 선택하고 벽체를 가로질러 끝점은 직교점으로 잡는다. 벽체 가로지르는 부분은 Break 또는 Trim 명령으로 잘라낸다.

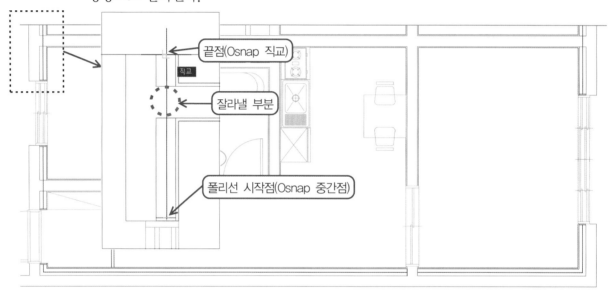

③ 단열재 부위의 중심선을 잡기 어려우면 단열재 폭에 해당하는 짧은 선을 그어 중간점을 시작점으로 하면 편리하다. 작업이 끝나면 짧은 선은 삭제한다. 아래는 현관 부위의 확대도 이다.

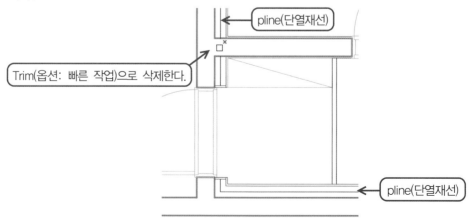

④ 정리를 끝낸 도면은 다음과 같다.

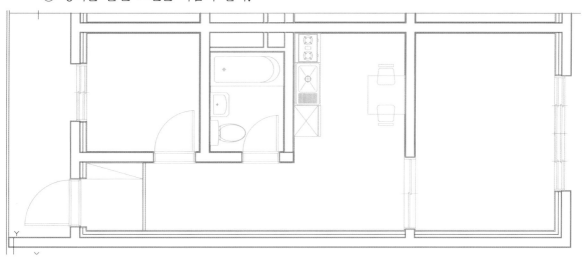

(3) 선종류 축척 적용하기

Ltscale / LTS /

① 현재 도면층을 ins로 변경한다.

② 앞에서 작도한 pline의 도면층을 ins로 변경한다. 효율적으로 작업하기 위해 0번 도면층, 현재 도면층만 남기고 모두 동결한다. 남은 선을 모두 선택하고 도면층을 변경한다.

③ 선택된 상태에서 [ctrl + 1]을 눌러 특성 팔레트를 연다음 선종류 축척을 0.06(축척은 단열재 폭에 맞게 몇 번 값을 변경하면서 찾는다)으로 변경해 본다. 아래 도면은 적용된 형태이다.

④ con(철근콘크리트), fin(마감선), wid(창호) 도면층을 동결해제하면 다음과 같이 된다.

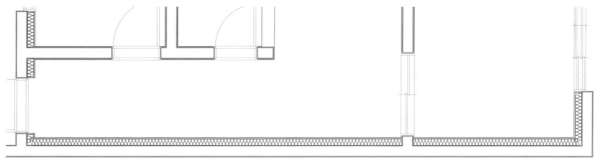

(1) **단열재 단위 개체 만들기**

　① Rectang 명령으로 50mm×100mm 사각형을 그린다.

　② Circle 명령으로 지름 40mm 원을 사각형 위에 2개, 아래에 1개를 그린다.[옵션 2점(2p)
　　을 선택한다]

　③ 원의 접점(Tangent)를 이용해 위 원과 아래 원을 연결하는 접선을 그린다.

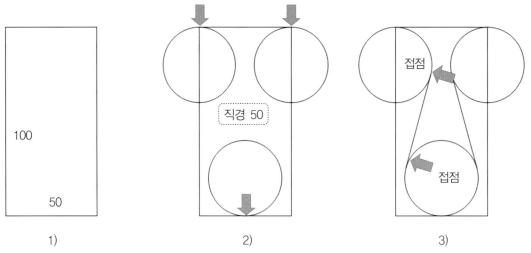

　④ Trim 명령으로 선을 정리한다.

　⑤ Erase 명령으로 사각형을 삭제한다.
　　남은 선(단열재 단위 개체)은 폴리선 편집(Ppedt, 단축키 PE) 명령을 실행하여 폴리
　　선으로 변경한다.

　⑥ Wblock 명령으로 쓰기 블록(Write Block)으로 만든다.(삽입기준점 : 끝점)

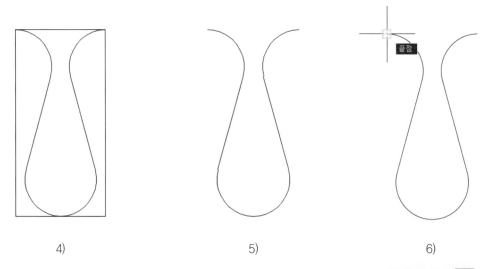

(2) **평면도에 단열재 표현하기 1** [블록(Wbrock, Block)을 삽입 사용]　　　Insert / I / 🔳

　① Z/W 명령으로 외벽 단열재 표현 부위를 확대한다.

　② 삽입(Insert, 단축키 I) 명령을 실행하여 블록 팔레트를 불러온다. 옵션 중 삽입점, 회전,
　　배치 반복에 체크(✓)하고, 축척은 X: 1.3, Y: 1.3, Z:1을 입력(단열재 단위 개체의 높이
　　는 100, 도면의 단열재 두께는 130이므로 130/100=1.3, 평면 작업이므로 X, Y 축만 고
　　려)한다. 회전의 경우 같은 방향이면 체크(✓)하지 않는다.

③ 단열재 단위 개체를 3개, 5개...등 묶어서 블록을 지정하면 편집 시간을 줄일 수 있다.

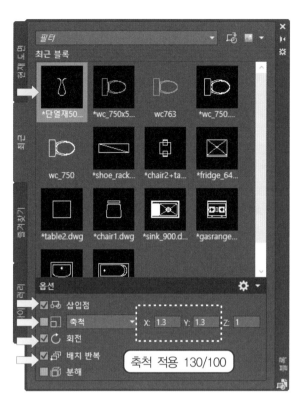

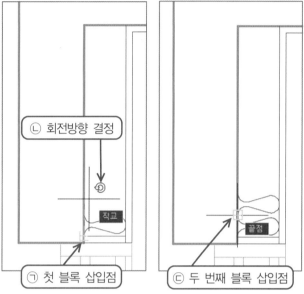

(3) 평면도에 단열재 표현하기 2 [배열(Array) 사용]   **Array / AR /** 🔡

① 최초의 단열재 블록을 삽입한다.

② Array(단축키 AR) 명령을 실행한다. 대상은 삽입된 블록을 선택한다. [직사각형(R)] 옵션
을 선택하면 화면상에 배열의 기본 틀이 나타난다. 여기서 삼각형 조절점을 클릭, 드래그
하여 열은 1개로 줄이고, 행은 늘인다. 행의 간격은 50mm × 1.3 = 65를 입력한다(행의 가
운데 삼각형 조절점을 클릭하고 65를 입력해도 된다). 방향이 반대인 경우는 거리값 앞에
– 부호를 붙인다.

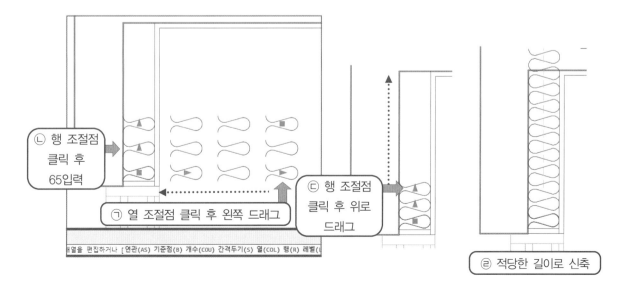

③ 사용하기 편리하고 신속한 방법은 Array가 좋은 편이다. 그러나, 마무리 단계에서 칸안으로 정확하게 위치시키는 것은 다소 어렵다. 미세 조정은 두 번째 조절점을 이용 간격을 다소 융통성 있게 적용하는 것이 편리하다.

⑷ 현재까지 완성된 평면도는 다음과 같다.

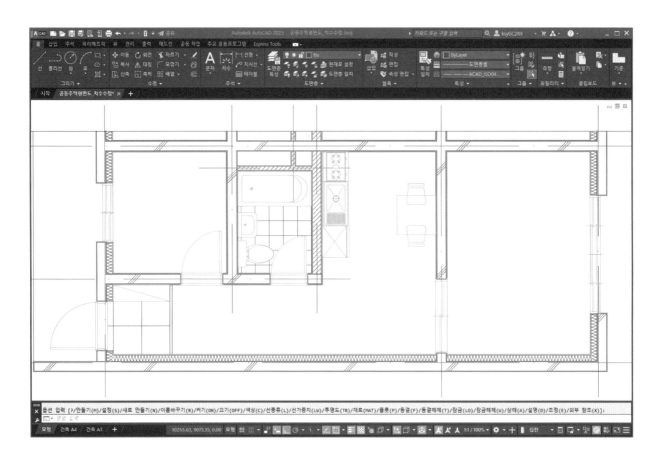

09 입면선 및 기호 작성하기

평면도의 입면선과 기호 표현에 대해 학습한다.

① 입면선 표현

① 창호 삽입부분 개구부 의 창턱 부분에 벽체입면선,

② 현관과 거실 경계턱 부분,

③ 공용복도 난간 벽부분 등은 잘린 선이 아니라 보이는 그대로 그려야 하는 입면선이다.

② 기호 표현

① 파이프 샤프트, 에어 덕트 부분(위 아래가 open된 공간으로 X 표시함),

② 절단선,

③ 방위표시, 출입구 표시, 계단 UP/DN, 단면표시기호 등 다양하다.
　(여기서는 ①, ②를 다루었다)

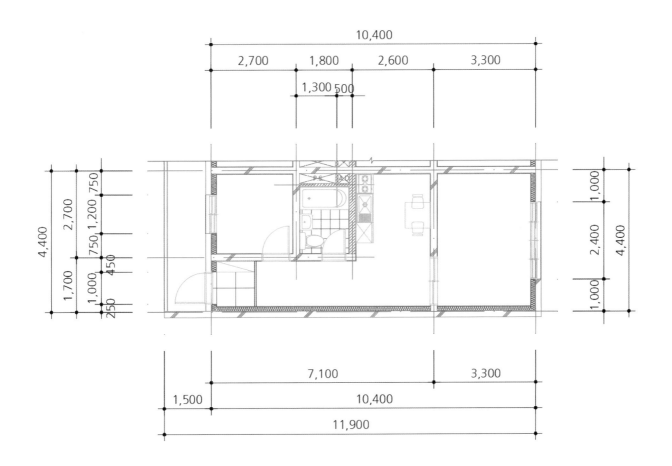

입면선 처리하는 부분

(1) 창 삽입 후 개구부 입면선 처리

① 현재 도면층을 ele(입면선)으로 변경한다.

② 창 삽입한 부분을 Z/A 한다.

③ Line 명령으로 선을 하나 긋는다.

④ 창 마다 모두 같은 방법으로 선을 긋는다.(선택된 선이 입면선이다)

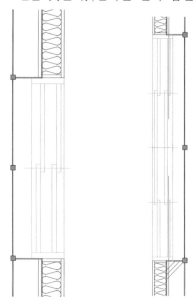

(2) 공용복도 안전난간 그리기

① 난간 부분을 Z/A 한다.(선 하나는 벽체 작성시 미리 작성되었다)

② 기존에 작도한 난간선을 Offset 명령으로 100mm(안전난간의 두께) 간격으로 건축물 내부 쪽으로 복사한다.

③ 맨 위쪽 절단선 경계를 넘는 부분은 Trim 명령으로 잘라낸다. 오른 쪽은 도면층을 동결한 복도의 모습이다.

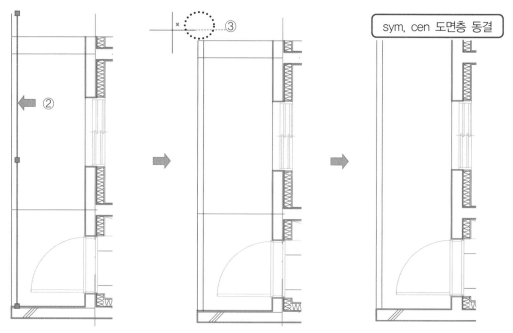

9-2 기호 처리하는 부분

(1) **절단선 표현**

   ① sym을 동결해제(Thaw)하고, 현재 도면층으로 변경한다.

   ② 인접 세대와의 경계벽 중간 부분을 Z/W 한다.

   ③ Break 명령으로 임의 부분을 두점을 찍어 잘라낸다.

   ④ Line 명령으로 절단선의 가운데 부분에 절단표시를 한다.(Ortho 모드 Off)

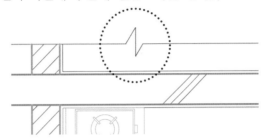

(2) **Pipe Shaft, Air Duct 부분**

   ① Pipe Shaft(P.S.) : 설비배관의 수직 통로, Air Duct(A.D.) : 공기의 수직 통로

   ② 평면도에서는 수직으로 뚫려져(open) 있는 공간은 X 처리하므로 이것을 표현하고, 약어를 기재한다.

   ③ 화장실 인접 세대와의 경계벽 부분을 Z/W 한다.

   ④ 여기에 표현되는 선은 일점쇄선을 일반적으로 많이 사용하므로 홈탭 ▶ [특성] ▶ 선종류 조절창을 클릭하여 일점쇄선을 선택한다. 만약, 일점쇄선이 없으면 [기타…]를 눌러 로드 해야 한다.

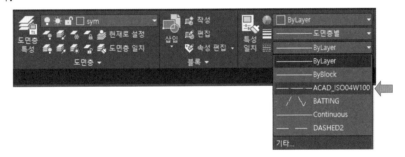

   ⑤ Line 명령으로 벽과 벽사이 사각형 안에 대각선을 2선씩 그린다.(Osnap 끝점)

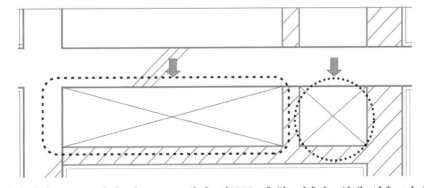

   ⑥ 선이 일점쇄선으로 보이지 않으므로 개별 선종류 축척 적용을 위해 선을 먼저 선택하고 ctrl+1을 눌러 특성 팔레트를 불러온다. 여기서 선종류 축척을 여러 가지 입력해보고 최적의 축척을 찾는다. 여기서는 0.1을 입력했다. 선종류가 일점쇄선으로 변경되었다.적의 축척을 찾는다. 여기서는 0.1을 입력했다. 선종류가 일점쇄선으로 변경되었다.

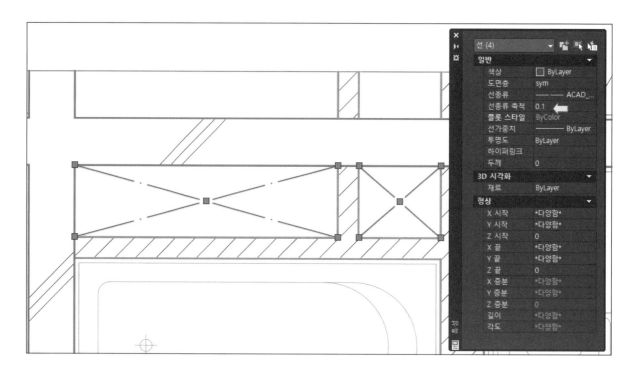

⑦ Dtext(단축키 DT) 명령으로 각각의 대각선 중심에 P.S., A.D.을 기록한다. 문자의 크기 조절도 특성 팔레트를 사용하면 편리하다. 문자선택 ▶ [특성 팔레트] ▶ [문자] ▶ [문자 높이]를 150으로 지정한다.

⑧ Move 명령으로 보기 좋은 위치로 미세 이동한다. 문자는 P.S. 을 처음에 쓰고, 이후 Copy 명령으로 복사하고 문자를 더블 클릭하여 편집한다.

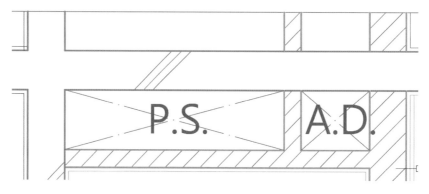

⑨ 인접세대 부분을 마무리 하기 위해 대각선 두 곳을 Copy 또는 Mirror 명령으로 복사한다. 절단선 이후 부분은 Trim 명령으로 삭제한다.

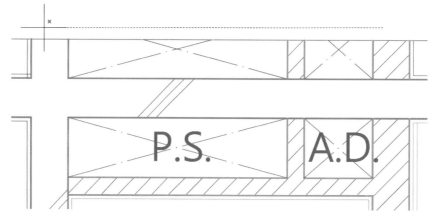

치수 기입하기

평면도의 작도가 끝나면 치수를 기입한다. 치수기입은 환경만 잘 설정해 놓으면 편리하게 활용할 수 있다. 치수환경은 앞부분에서 이미 설정해 놓았으므로 여기에서는 치수기입에 대해서 설명하기로 한다.

치수의 기입은 명령행에 입력하는 방식과 리본 메뉴를 이용하는 방식 등이 있으나, 리본 메뉴를 이용하는 것이 작업에 편리하다. 여기서는 리본메뉴 홈탭 ▶ [주석] ▶ 치수 아이콘을 클릭하여 치수기입하는 방식을 설명한다.

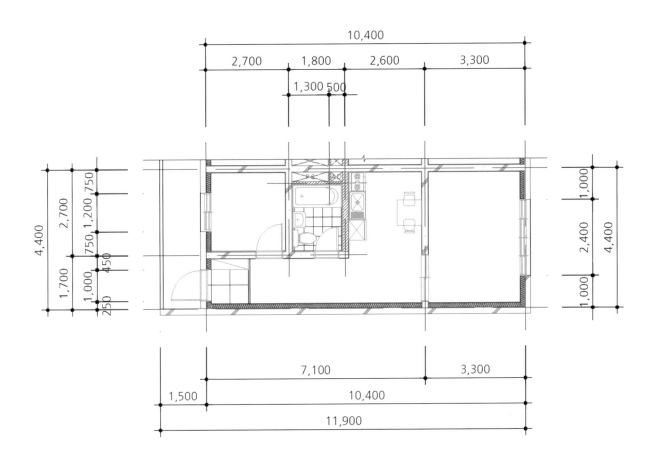

(1) 치수 기입전 준비사항

① 치수유형 설정을 위한 환경설정(이미 템플리트 파일만들 때 설명하였다. 앞 2장 참조)을 한다.

② 현재 도면층(Layer)을 dim으로 변경한다.

③ 중심선이 벽체 외곽에서 돌출된 길이(525mm)를 확인하여 균형을 맞춘다. 여기서는 도면의 위 부분과 왼쪽부분의 길이가 다르므로 전체적으로 균형있게 조절해 본다.

ㄱ Offset 명령으로 도면 위쪽의 절단선을 525만큼 Offset 한다.

ㄴ 같은 명령으로 도면 왼쪽 계단 바깥쪽 난간선을 525만큼 Offset 한다.

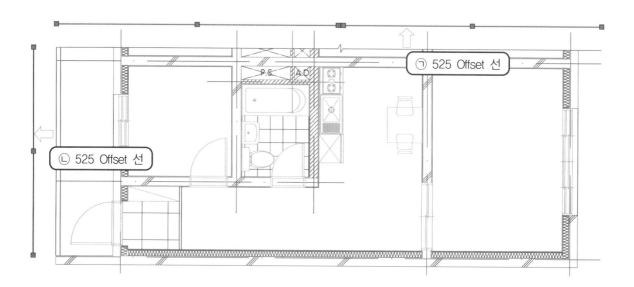

ㄷ Extend(단축키 EX) 명령으로 Offset한 선까지 연장(아래 도면에서는 걸쳐진 선들이 목표선까지 연장된다)

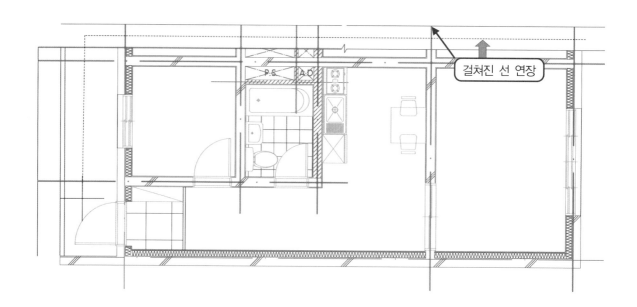

㉣ Erase 명령으로 Offset한 선을 지운다. 이제 중심선, 절단선이 벽체 면에서 돌출된 길이가 같아 졌다.

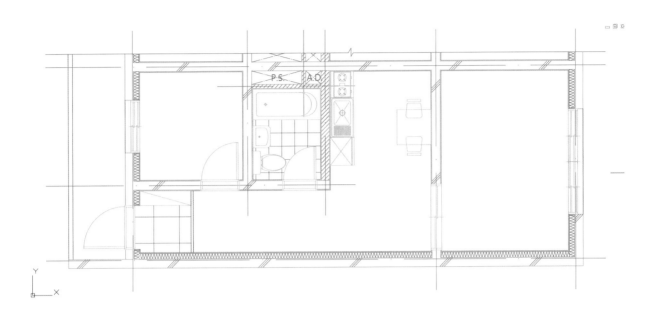

(2) **치수 기입하기**

① 치수유형 설정을 위한 환경설정(이미 템플리트 파일만들 때 설명하였다. 앞 2장 참조)을 한다.

② 치수기입을 할 때 치수보조선의 시작점을 클릭하는데 선택에 오류가 없도록 치수기입에 방해될 도면층을 정리한다. 여기서는 fin, hat, ins, wid 레이어를 동결(Freeze)한다.

③ 홈탭 ▶ [주석▼]을 클릭한다.

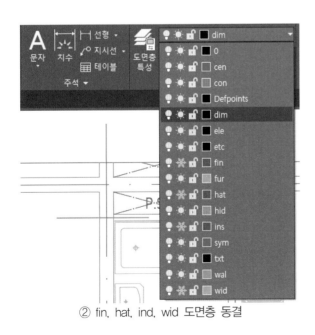

② fin, hat, ind, wid 도면층 동결

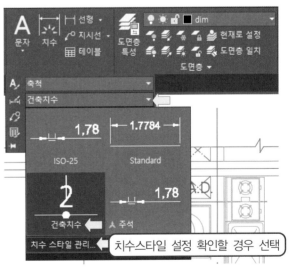

③ [주석▼]을 클릭하여 건축치수 확인

④ 치수기입을 위한 중심선의 선택이 쉽도록 Osnap(Endpoint)을 On한다.

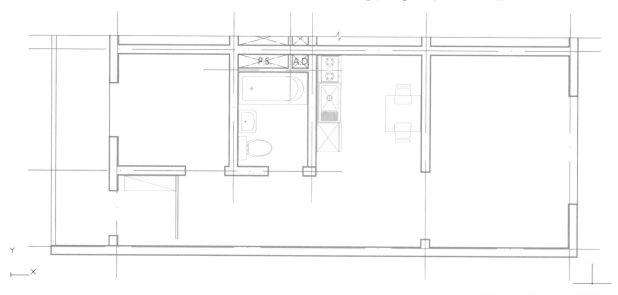

(3) 선형치수(Dimlinear) 아이콘을 클릭하여 수평치수를 기입한다.　　　　DimLinear / DLI / ▣

치수 기입은 도면 내부쪽은 작은 치수, 바깥 쪽으로는 합계치수를 기재한다.

① 상태표시줄의 동적입력 버튼을 ON 상태로 하면 편리하다.

② 선형치수 아이콘을 클릭한다.

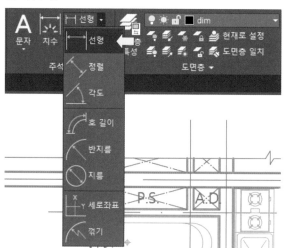

③ 중심선 끝 두점을 클릭 후 위 방향으로 드래그하여 거리값 1500(중심선 끝에서 치수보조선까지 길이)입력한다.

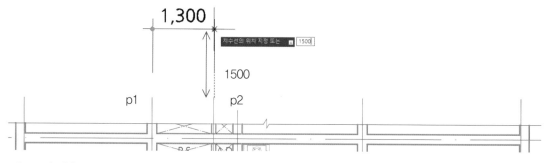

(4) 선형치수(Dimlinear) 아이콘을 클릭하여 수직치수를 기입한다. **DimLinear / DLI /** ⊢⊣

이 도면의 경우 왼쪽과 오른쪽의 경우 개구부가 있으므로 최초의 수직치수 기입은 중심선과 개구부 사이가 된다.

① 선형치수 아이콘을 클릭한다.

② 왼쪽 위의 중심선 끝(p1)을 먼저 클릭한다.

③ 트래킹 기능을 활용하여 두 번째 점(p2)은 개구부의 끝점과 ②의 중심선 끝(p1)을 왔다 갔다 하면 나타나는 교차점을 클릭하면 된다.

④ 왼쪽으로 드래그 하고 1500(치수보조선 길이)을 입력한뒤 [엔터] 키를 친다.

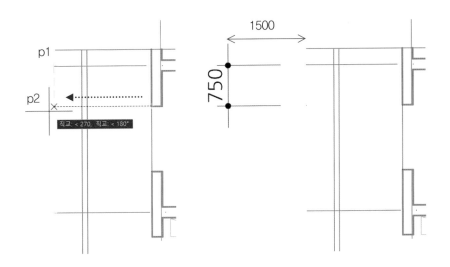

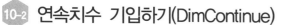 
(1) 수평방향으로 연속 기입하기

① 앞에서 작업했던 것에 이어서 진행된다.

Dim /

② 오른쪽 치수를 연속해서 기재하기 위해 치수 아이콘을 누른다.(또는 명령행에서 Dim 입력)

③ 명령행에서 [계속(C)] 옵션을 선택한다. (또는 C를 입력한다)

④ 이전의 치수보조선을 클릭하고, 두 번째점은 다음 중심선 끝점을 클릭한다. 다음 중심선의 끝을 차례로 클릭하면 계속적으로 수평치수를 기입할 수 있다.

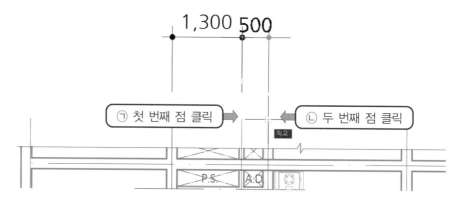

⑤ 만약, 작업의 방향을 변경하려면 옵션에서 [선택(S)]을 선택하고 다시 시작하고자 하는 치수선보조선을 클릭하면 된다.

⑥ 다음은 도면 아래부분의 연속 수평치수의 완성모습이다.

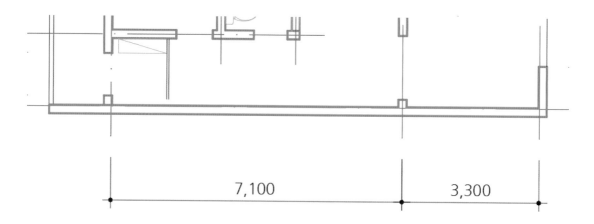

(2) **수직방향으로 연속 기입하기**

① 연속치수 아이콘을 클릭한다.

② 앞에서 작업했던 것을 이어서 작업한다. 시작점의 변경은 선택(Select) 옵션 지정 후 다음 점 클릭하면 된다.

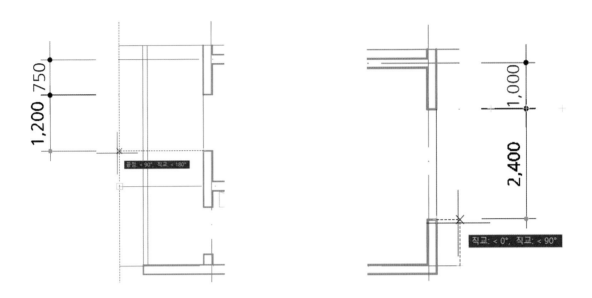

③ 완성된 모습은 다음과 같다.

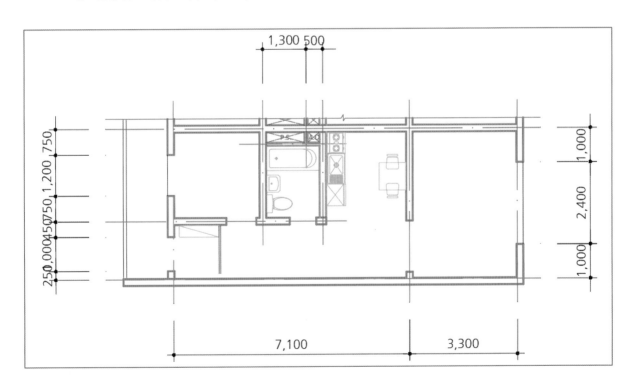

(1) 수평방향으로 합계치수(기준치수) 기입하기

① 명령행에서 Dimbaseline(기준치수, 단축키 DBA) 명령을 입력하고 [엔터] 키를 친다.

② [기준 치수 선택] 에 기존의 치수 보조선 원점을 지정한다. 이 후부터 [두 번째 치수 보조선 원점]을 클릭하면 된다. 만약, 다른 기준치수를 기재하고자 하면 기준치수 시작점 변경을 위해 [선택(S)] 옵션을 선택하고, 다시 [기준 치수 선택]을 화면에서 클릭하면 된다.

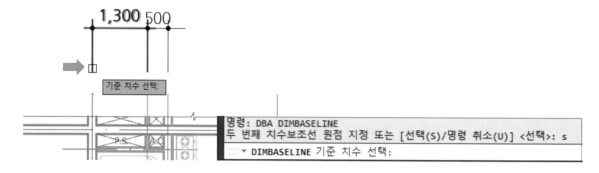

③ [두 번째 치수 보조선 원점 지정]은 다음 중심선의 끝을 클릭한다.

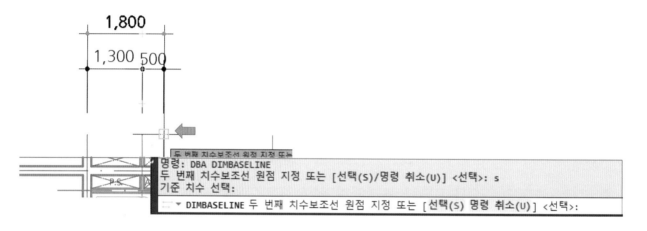

④ 1,800 치수선에서 연속치수로 해야 하므로 [두 번째 치수 보조선 원점 지정]에서 [엔터] 키 쳐서 명령 종료.

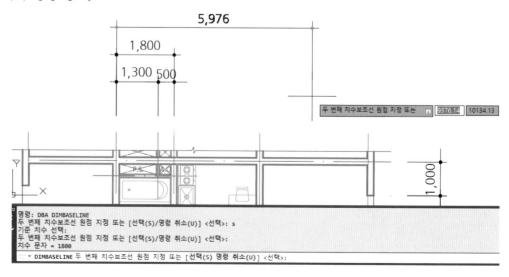

① 명령행에서 Dimcontinue(연속치수, 단축키 DCO)를 입력하고 [엔터] 키를 친다.

② [연속된 치수 선택]을 치수보조선 끝을 선택한다.

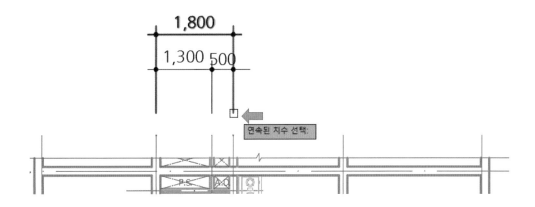

③ [두 번째 치수 보조선 원점 지정]은 다음 중심선의 끝을 클릭한다.

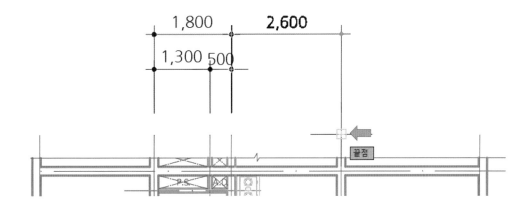

④ 계속해서 차례대로 중심선 끝을 클릭한다. 위치를 변경할 경우 [선택(S)] 옵션 선택 후 시작점을 선택하여 진행을 계속한다.

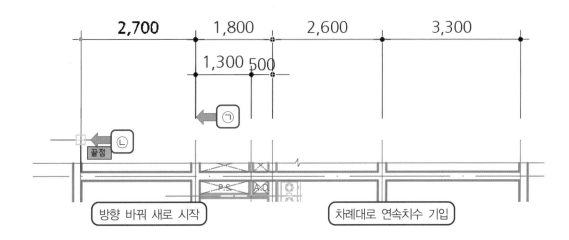

(2) 수직방향으로 기준치수 기입하기

여기서는 주석 탭 ▶ [치수] 패널에 있는 [기준선], [연속] 아이콘 명령을 활용해서 한다.

① [기준선] 아이콘을 클릭한다.

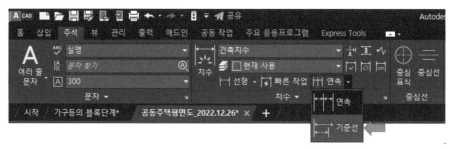

② 기준치수 구간을 정하기 위해 시작점 위치 조정을 위해 명령행의 [선택(S)] 옵션을 선택한다.

③ 시작점(치수보조선의 끝, p1)을 클릭한 후, 구간의 끝점(p2)를 클릭한다.

④ 다음 바로 연속치수로 기입하기 위해 [치수] 패널에서 [연속] 아이콘을 클릭한 후, 작업 공간에서 다음 중심선 끝점을 선택한다.

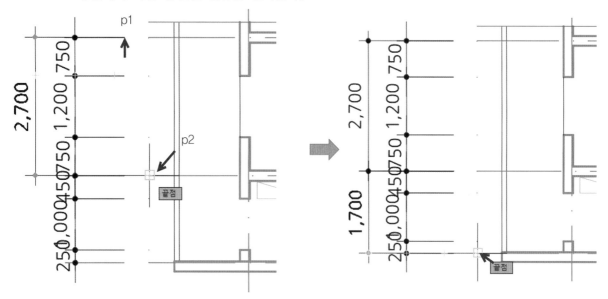

(3) 치수문자 크기 조정 치수스타일

DimStyle / D / 📐

이 도면의 왼쪽 치수는 개구부 부분의 간격과 치수문자의 크기가 불균형 하므로, 치수문자가 겹쳐 보이는 부분이 있다. 여기서는 이미 작성된 치수문자의 크기를 줄이는 방법을 알아보도록 한다.

① 치수문자 크기 변경하기 위해 Dimstyle (단축키 D) 명령을 실행한다. 메뉴에서 [치수스타일 관리자] 선택.

② [치수스타일 관리자] 대화상자에서 [수정(M)...] 버튼을 누른다.

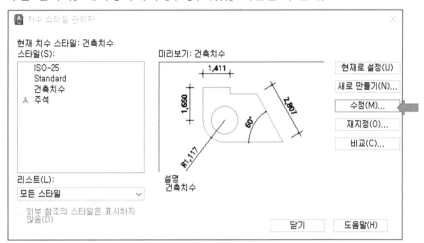

③ [문자] 패널에서 문자 높이 2.5를 2로 변경한 후 [확인] 버튼을 누른다. 다시 [치수스타일 관리자] 대화상에서 [닫기] 버튼을 누른다.

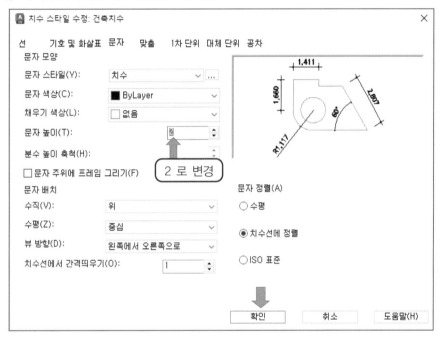

(4) **치수문자 배치 조정**

이 도면의 왼쪽 치수문자의 겹침현상은 특정 문자의 위치를 변경함으로써 해결할 수 있다. 여기서는 이미 작성된 치수문자의 위치를 변경하는 방법을 알아보도록 한다. 450을 클릭하고 [문자만 이동]선택 후 위치 이동한다.

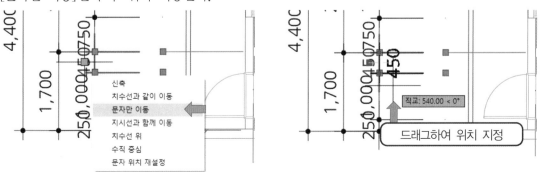

(5) 완성된 도면은 다음과 같다.

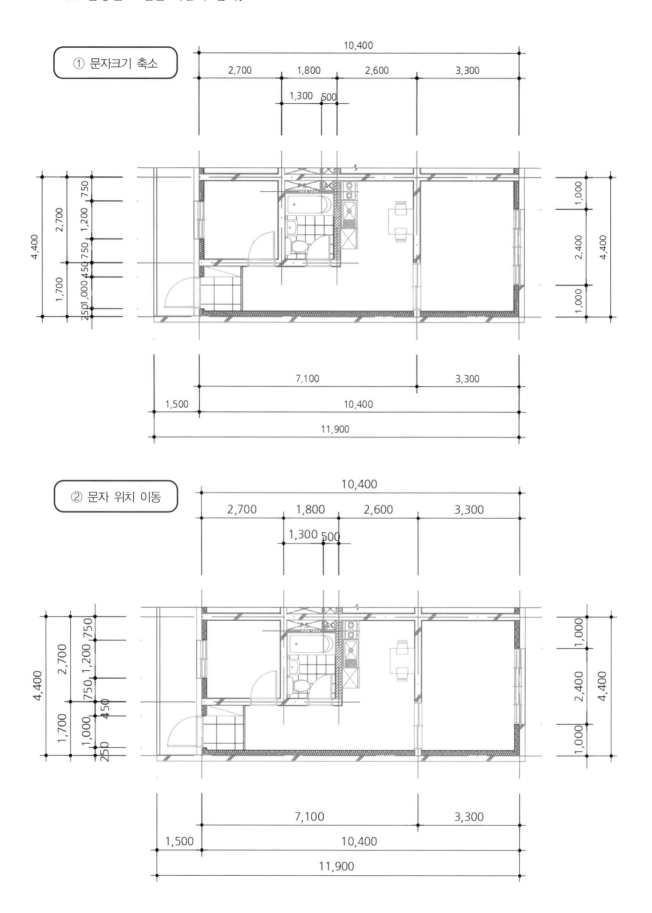

① 문자크기 축소

② 문자 위치 이동

문자 쓰기

도면내의 문자는 도면의 내용을 결정짓는 요소로서 정확하고 명료하게 써야한다. 제2장에서 환경 설정한 것을 활용하여 도면명, 실명 등 문자를 기입하는 방법을 익힌다.

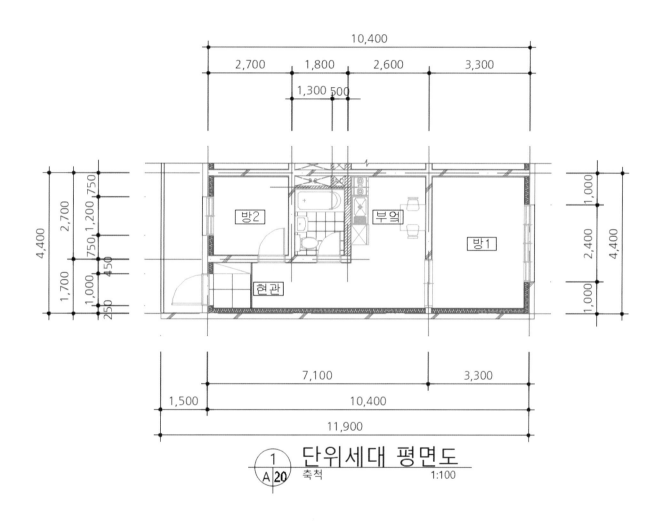

도면명 쓰기

(1) 현재 도면층(Layer)을 txt 로 변경한다.

(2) Pan(단축키 P) 명령으로 도면 아랫부분이 잘 보이도록 한다.

Pan / P /

(3) 선그리기(Line)을 실행하여 도면 아랫부분에 수평선과 수직선을 그린다.

① Line 명령으로 도면 아래쪽에 적당한 길이의 수평선을 하나 그린다.(직교모드 ON 상태)

② 명령을 반복하여 선의 왼쪽 부분에 짧은 수직선을 그린다.

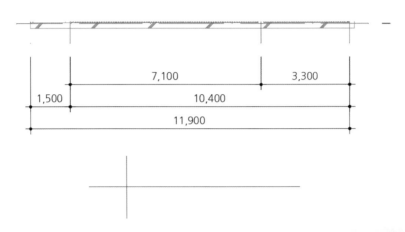

(4) 원그리기 명령을 실행하여 선의 교차점에 원을 그린다.

Circle / C /

① Circle(단축키 C) 명령을 입력하고 [엔터] 키를 친다. 홈탭 ▶ 그리기 패널 ▶ 원 아이콘 선택

② 원의 중심점을 선의 교차점으로 지정 [Osnap 교차점(Int)]하여 반지름 600 인 원을 다음과 같이 그린다.

(5) 간격띄우기 명령을 실행하여 원을 하나 더 그린다.

Offset / O /

① Offset(단축키 O) 명령 입력 후 [엔터] 키를 친다. 또는 홈탭 ▶ 수정 패널 ▶ 간격띄우기 아이콘 선택

② Offset 거리값을 거리값 200을 입력 하고 [엔터] 키를 친다. 한번 더 [엔터] 키를 쳐서 명령을 종료한다.

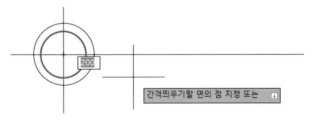

(6) 자르기 명령을 실행하여 선 정리를 한다.

Trim / TR /

① Trim (단축키 TR)명령 입력후 [엔터] 키를 친다.

② 기준선을 수평선과 큰 원을 선택하고 자를 선을 정리[선택옵션 울타리(F)]한다.

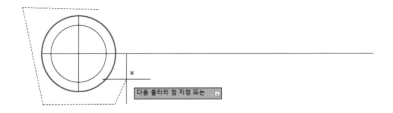

(7) 지우기 명령을 실행하여 보조선(외부원)을 지운다.   Erase / E / ◢

Erase 명령(단축키 E) 실행하여 외부 원을 지운다. 그려진 모습은 다음과 같다.

Dtext / DT / A

(8) 단일행 문자(Dtext) 명령을 실행한후 도면명 '단위세대 평면도'를 기재한다.

① 문자 스타일(Text Style) 창을 클릭하여 문자 유형을 '도면명'으로 변경한다.

② Dtext(단축키 DT) 명령을 실행하여 문자를 입력한다. 또는 주석탭 ▶ 문자 ▶ 단일행 아이콘을 선택해도 됨.

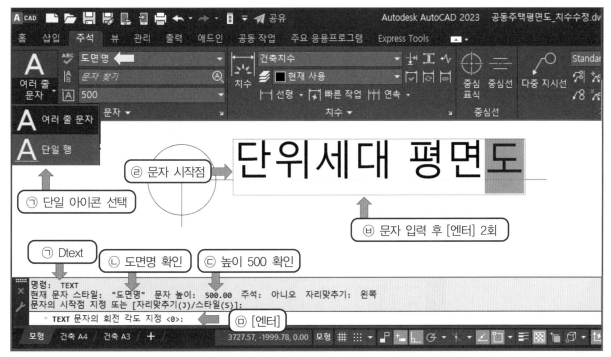

③ 문자쓰기가 완료된 모습은 아래와 같다.

(9) 이동 명령을 실행하여 문자를 적절히 배치한다.　　　　　　　　　　Move / M / ⊕

　　문자의 위치가 적절히 않은 경우 Move 명령(단축키 M)으로 이동 배치한다.

11-2 축척 쓰기

등록된 문자유형에서 축척을 지정한 후 앞의 도면명과 같은 방법으로 문자를 기록할 수 있고, 기존의 문자를 복사하여 편집할 수도 있다. 여기서는 앞의 도면명을 복사해서 "축척 1:100"으로 편집한다.

(1) 복사(Copy) 명령을 실행하여 앞의 '도면명'을 복사해서 편집한다.　　Copy / CO / ⿴

　　① Copy 명령(단축키 CO)을 실행하여 위에서 작성한 "단위세대 평면도"를 복사한다.
　　② 완료후의 모양은 아래와 같다.

(2) 축척(Scale) 명령을 실행하여 앞의 문자의 크기를 줄인다.　　　　　Scale / SC / ▣

　　① 명령행에 Scale(단축키 SC)명령을 입력하고 [엔터] 키를 친다.
　　② 대상선택을 하고 [엔터] 키를 친다.(여기서는 아랫부분 글씨를 선택한다)
　　③ 기준점은 글자 왼쪽 위부분 p점을 클릭한다.

　　④ Scale factor를 0.5를 입력하고 엔터키를 친다.(해당 문자가 50% 작아졌다)

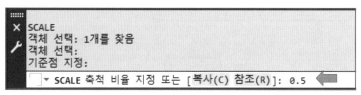

단위세대 평면도

(3) 문자편집(Ddedit) 명령을 실행하여 문자를 '축척 1:100'으로 변경한다. **Scale / SC /** 🗗

  ① 해당 문자를 더블 클릭하거나, 명령행에 Ddedit(단축키 ED)를 입력한 후 문자를 클릭한다.

  ② 문자를 편집할 수 있도록 기존 문자가 선택된다.

  ③ 문자(단위세대 평면도)를 '축척 1:100'으로 변경한다. '축척'과 '1:100' 사이는 위 문자의 폭과 맞추기 위해 Space bar를 눌러 간격을 조절한다. 아래는 변경된 모습이다.

(4) 문자의 크기를 변경하는 것은 문자 선택 후 특성 팔레트(ctrl+1)를 열어 문자 높이를 변경하는 방법도 사용된다.

(5) 도면명의 문자(단위세대 평면도, 축척 1:100) 이외에 작도한 원과 선은 sym(기호) 도면층으로 변경하여 사용하기도 한다.

11-3 '실명' 등 도면에 문자 쓰기

(1) Dtext 명령을 실행하여 실명을 기록한다.

  ① 작업공간의 적정한 곳(방, 주방 등)이 잘 보이도록 Z/W한다.

  ② 도면명 기입과 같은 방법으로 문자 스타일 '실명'을 확인하고, Dtext 명령을 실행하여 '방1'을 쓴다.

(2) 직사각형(Rectang) 명령을 실행하여 "방1" 주변에 그린다.

(3) Copy 명령으로 사각형과 방1을 복사하여 4개를 만든다. (Osnap 끝점)

(4) 복사된 문자를 더블 클릭하여 방2, 부엌, 현관으로 변경한다.

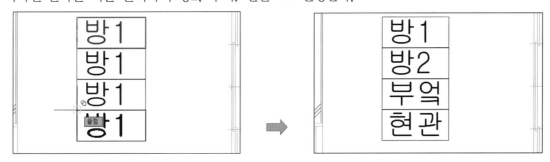

(5) 문자를 Move하여 적당한 위치로 이동한다.

(6) 완성된 도면을 Qsave 명령으로 저장한다. (파일명 : 공동주택평면도.dwg)

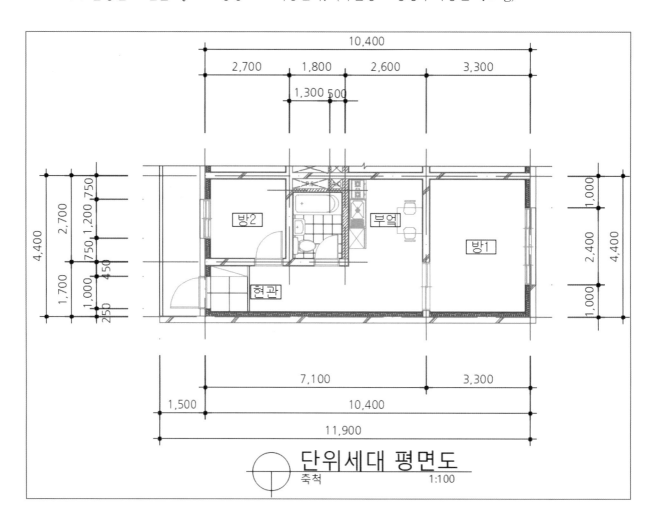

단위세대 평면도
축척   1:100

TIP 도면명 기호의 활용

1. A : 건축도면(Architecture)

2. 20 : 20쪽

3. 1 : 1번(첫번째) 도면

1 / A 20

단위세대 평면도
축척   1:100

04 단면도 그리기

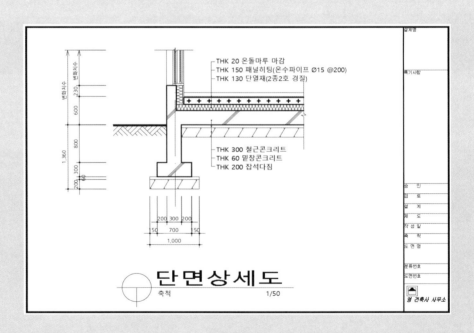

도면 시작하기 01

중심선 및 기준선 그리기 02

기초 그리기 03

바닥 그리기 04

벽체 그리기 05

재료 표현하기 06

치수 기재하기 07

문자 기재하기 08

도면 시작하기

단면도는 건축물을 수직으로 절단하여 수평방향으로 본 상태를 표현한 것으로 건물 전체를 자르는 방향에 따라 종단면도와 횡단면도로 나누어진다. 여기서는 건물전체의 단면도를 다루기에는 작업양이 너무 많게 되어 건축물에서 가장 중요한 기초부분, 외벽일부와 난방배관이 표현되는 바닥부분단면 등을 다루고자 한다.

1-1 도면양식 활용 및 환경설정하기

부분단면도를 그릴 때도 앞의 평면도에서와 같이 도면양식을 삽입하여 작성한다. 그러나 부분단면도의 경우에 있어서 축척을 1/100으로 같게 적용하면 출력시 양식에 도면이 작게 나올 수 있으며, 출력용지의 크기를 고려하여 도면의 배치 및 도면의 축척도 고려되어야 한다. 여기서는 부분단면도의 축척을 1/50으로 하였다.

따라서 2장에서 도면양식을 만들 때 적용했던 축척에 관한 환경의 설정을 일부 조정할 필요가 있다. Dimscale치수 스타일의 전체 축척) 50을 적용하고, 문자의 크기는 출력도면에서 문자의 높이가 2mm를 원할 경우 100(2mm×50)으로 변경하고, limits 명령으로 작업영역도 적당히 줄인다.

(1) New(새로 만들기) 명령을 실행하여 양식(Templete)파일을 연다.　　　　　　New / ▢

① New 명령을 실행하여 건축양식.dwt 파일을 연다.
② Drawing1.dwg 파일이 열리면 상태표시줄의 왼쪽 아래 모형 탭을 눌러서 모형공간을 연다.

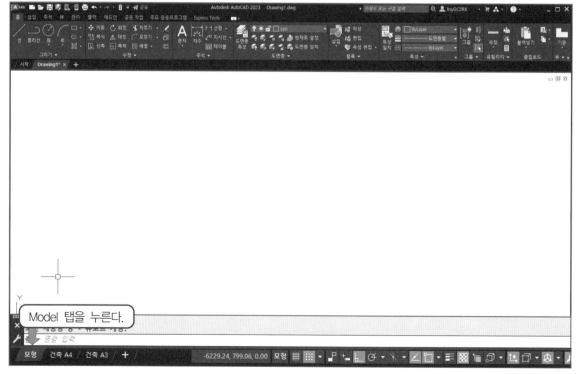

Model 탭을 누른다.

(2) 치수유형의 축척(DimScale)을 50으로 변경한다.

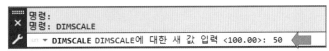

① 명령행에서 Dimscale을 입력하고 엔터키를 친다.

② 새로운 축척값 50을 입력하고 엔터키를 친다.

```
명령:
명령: DIMSCALE
DIMSCALE DIMSCALE에 대한 새 값 입력 <100.00>: 50
```

③ [치수스타일 관리자]에서 그 값을 변경해도 된다. [치수스타일 관리자] ▶ [수정] ▶ [맞춤 탭] ▶ [전체 축척 사용(S)] 100을 50으로 변경한다.

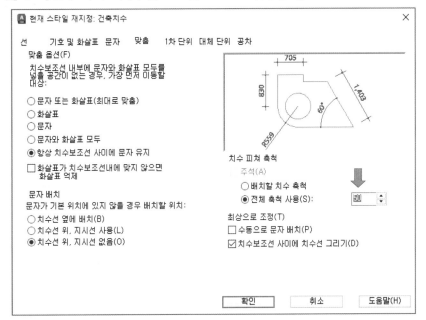

(3) 문자의 크기를 조정한다.

Style / St /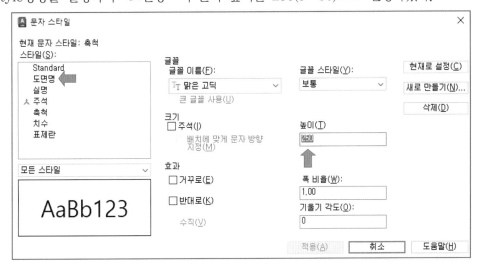

문자 스타일을 지정하는 Style명령을 실행하여 해당 문자체에 높이값이 지정되어 있는 경우 출력물 기준의 문자크기(보통 2~3mm)에 scale 1/50의 역수인 50배를 곱한 값을 그 문자체의 높이값으로 한다.

① Style명령을 실행하여 '도면명'의 문자 높이를 250(5×50)으로 변경하였다.

② 같은 방법으로 '실명' 은 150(3×50)으로, '축척' 등은 100(2×50)으로 변경한다.

TIP 문자의 높이 지정

Style 대화상자에서 특정 문자체의 문자 높이값을 '0' 으로 한 경우 도면글씨를 기록할 때 높이값을 위의 원칙(출력물에 원하는 크기 × 축척의 역수)에 따라 지정하면 된다.

---

③ 필요한 경우 재료명, 마감재 등 새로운 문자 스타일을 추가 지정해도 된다.

⑷ Limits 명령으로 작업공간의 크기를 조절하자.　　　　　　　　　　　**Limits / ▦**

① 단면도의 크기가 평면도의 작업공간에 비해 많이 작으므로 1/2나 1/3 크기로 줄여보자. 여기서는 1/3의 크기로 줄여 작업한다.(10000×7000)
② Zoom 명령, All 옵션으로 작업공간 전체를 보이도록 한다.
③ 아래는 명령의 진행상황이 명령행에 표시된 것이다.

```
명령: LIMITS ◀
모형 공간 한계 재설정:
왼쪽 아래 구석 지정 또는 [켜기(ON)/끄기(OFF)] <0.00,0.00>:
오른쪽 위 구석 지정 <29700.00,21000.00>: 10000,7000 ◀
명령: ZOOM ◀
윈도우 구석 지정, 축척 비율(nX 또는 nXP) 입력 또는
[전체(A)/중심(C)/동적(D)/범위(E)/이전(P)/축척(S)/윈도우(W)/객체(O)] <실시간>: A ◀
```

⑸ LineTypeScale(선종류 축척 비율)을 변경하자.　　　　　　　　**Ltscale / LTS / ▨**

① Ltscale(단축키 LTS) 명령을 명령행에 입력하고 [엔터] 키를 친다.
② 변경하려는 선종류 축척값을 입력한다. 50을 입력한다.(기존의 양식은 1/100 출력을 고려해서 선종류 축척을 100으로 한 것임)

```
명령: LTSCALE
새 선종류 축척 비율 입력 <100.0000>: 50
```

⑹ 이제 환경설정이 완료되었다. 파일명을 단면도.dwg로 하여 저장한다.

중심선 및 기준선 그리기

2-1 중심선 그리기

(1) 현재 도면층(Layer)이 cen(중심선)인 상태에서 직교모드(Ortho mode)를 ON으로 한다.

(2) Line을 실행하여 수직, 수평으로 중심선을 그린다.　　　　　　　　　　Line / L /

　　① line 명령을 입력하고 엔터키를 친다.

　　② 작업영역에 위(p1)에서 아래(p2)로 임의로 수직선을 그린다.

　　③ 왼쪽에서 오른쪽으로 수평선을 그린다. 이것이 지반선이다.

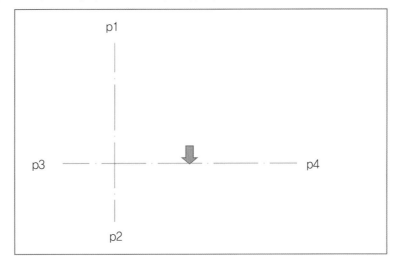

2-2 기초 기준선 그리기

수평기준선(지반선, 위 p3-p4 선)을 Offset하여 기초의 수평 보조선을 만든다.

■ 지반선을 Offset하여 기초 수평선 그리기　　　　　　　　　　　　　　Offset / O / ▣

(1) Offset 명령(단축키 O)을 실행하여 지반선으로부터 기초 수평선의 간격 800, 300, 60, 200
으로 복사한다.

(2) 작업결과를 확인하고 명령을 종료한다.

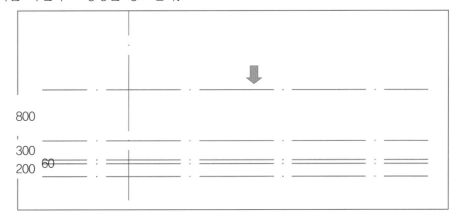

기초 그리기

200mm의 잡석지정을 한 후 그 위에 밑창 콘크리트를 60mm 두께로 깔고 그 위에 기초를 하게 된다. 여기에서는 기초(두께 300mm)를 먼저 그리고, 밑창 콘크리트와 잡석을 그린다.

3-1 기초 그리기

(1) 현재 레이어를 con 레이어로 변경한다.

(2) Offset명령을 실행한 후 중심선을 복사하여 벽체선을 만든다.　　　Offset / O / ⊑

① Offset 명령을 입력하고 [엔터] 키를 친다. 옵션을 [도면층(L)] 〉 [현재(C)]로 선택한다.
② 벽체의 두께(200mm)의 1/2인 100을 명령행에 입력하고 [엔터] 키를 친다.
③ 중심선의 양옆으로 Offset 하고, 실 내부로는 100만큼 Offset 한번 더 한다.
　　(기초벽 두께: 300mm이므로)

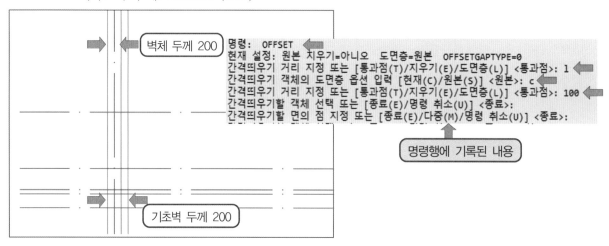

(3) Trim 명령을 실행하여 벽체선을 다음과 같이 정리한다.　　　Trim / TR / ✂

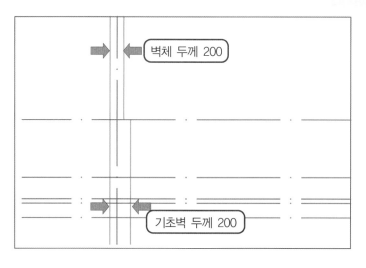

⑷ 다시 Offset 명령을 실행하여 기초판, 잡석의 폭을 확보한다.   **Offset / O /**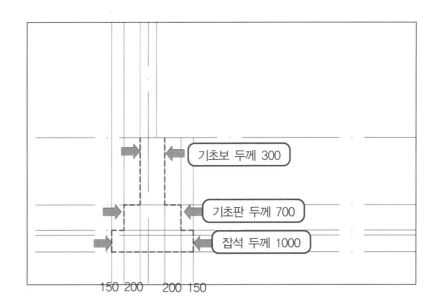
   여기서는 벽체외곽선을 양쪽으로 200과 150씩 offset한다.

기초보 두께 300

기초판 두께 700

잡석 두께 1000

150 200　200 150

Trim / TR /

⑸ Trim 명령으로 아래 도면처럼 교차된 선을 삭제한다. 정리 후의 모습은 다음과 같다.

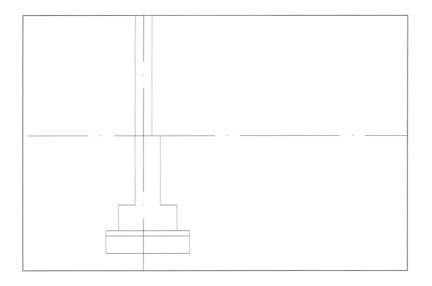

3-2 잡석 및 밑창콘크리트 도면층(Layer) 정리하기

(1) 위에서 작성한 밑창콘크리트와 잡석을 "잡석" 도면층을 만들어 정리한다. Layer / LA /

① Layer명령을 입력하고 엔터키를 친다. 또는 도면층 특성 관리자 아이콘을 누른다.

② Layer Properties Manager 대화상자에서 New Layer 버튼을 눌러 잡석 Layer를 신규로 등록한다.

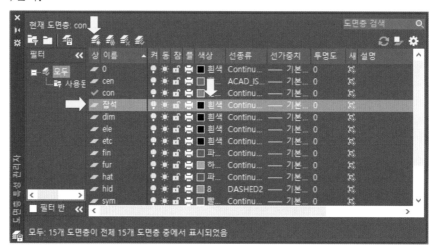

(2) 이전에 작업했던 철근콘크리트, 밑창콘크리트와 잡석의 도면층을 변경한다.
　① 철근콘크리트에 해당하는 벽체, 기초판을 'con' 도면층으로 변경한다.
　② 밑창콘크리트와 잡석을 잡석 '도면층'으로 변경한다.
　③ 기초판 밑면과 밑창콘크리트 윗면에 기초판 선을 하나 더 그린다.
　④ 겹쳐지는 선의 경우 중요도가 높은 선이 앞으로 보이도록 설정한다.(객체선택 ➡ 마우스 우측버튼 ➡ [그리기순서(W)] ➡ [맨앞으로 가져오기(F)]

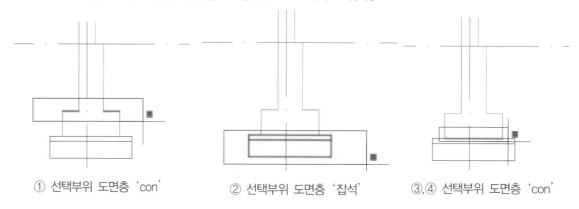

① 선택부위 도면층 'con'　　② 선택부위 도면층 '잡석'　　③,④ 선택부위 도면층 'con'

바닥 그리기

바닥도 기초와 마찬가지로 두께 200mm의 잡석지정 후 60mm의 버림(밑창)콘크리트를 깔아 어느 정도 수평을 맞추고 그 위에 두께 300mm의 철근콘크리트 층을 만든다. 이렇게 만든 층 위에 단열재, 온수온돌(축열층), 마루, 타일, 장판 등 각 실에 맞는 재료를 깔게 된다. 여기서는 온수온돌을 그린다.

4-1 철근콘크리트 바닥판 및 잡석층 그리기

Trim / TR / ✂

(1) Trim 명령으로 G.L.(지반선)과 벽체선이 만나는 부분을 자른다. G.L.선은 'hat', 오른쪽 선은 'con'으로 도면층을 변경한다.

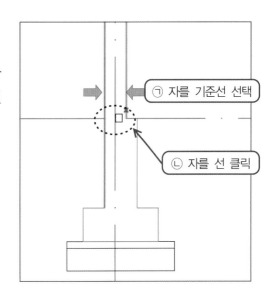

ⓐ 자를 기준선 선택

ⓑ 자를 선 클릭

(2) 오른쪽 선을 Offset하여 바닥 아래구조를 만든다.

Offset / O / ⊏

① 아래쪽으로 60(밑창콘크리트), 200(잡석) Offset 하고, 위쪽으로 철근콘크리트 바닥(300), 단열재(130), 난방단열층(150), 100(걸레받이 입면선)을 Offset한다.

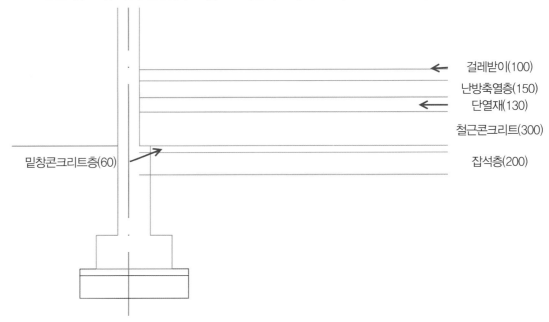

걸레받이(100)
난방축열층(150)
단열재(130)
철근콘크리트(300)
잡석층(200)

밑창콘크리트층(60)

⑶ Layer를 다음과 같이 정리한다. 그리고 콘크리트 바닥과 벽의 연결되는 부분과 주변을 Trim 명령으로 제거(점선부분)한다.

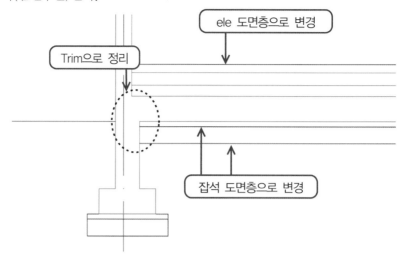

4-2 온돌층의 난방관 그리기

온돌은 콘크리트 위에 단열층(130mm)을 깔고 콩자갈층을 만들어 지름 15mm의 온수파이프를 간격 200~250mm정도로 설치하고 모르타르 마감을 한 다음 장판지를 깐다.

⑴ 출력을 고려한 도면의 영역을 만든다.
  ① Rectang 명령을 실행하여 임의의 사각형을 아래처럼 그린다.

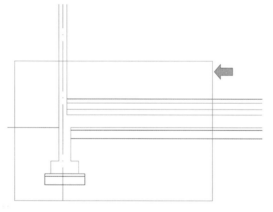

  ② 사각형의 외부 쪽은 Trim이나 Stretch 등의 명령으로 사각형 선안에 도면을 정리한다.
  ③ Explode명령으로 선을 해체한 후 불필요한 선을 제거(Erase)하고 길이를 줄인다. 결과는 다음과 같다.

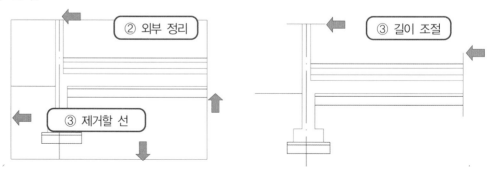

(2) Offset명령으로 축열층의 중간선(75)과 벽체선을 우측으로 250만큼 복사해서 배관의 단면을 그리기 위한 자리를 정한다.

Offset / O /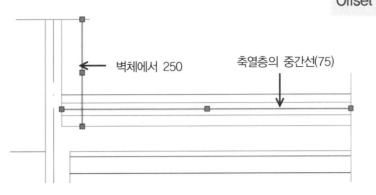

벽체에서 250

축열층의 중간선(75)

(3) Circle 명령으로 지름 25인 원을 그린다.

Circle / C /

① 원의 중심은 앞에서 그린 두선의 교차점(P1)을 지정한다[직교모드 교차점(int)].
　원의 지름은 형태의 확인이 편리하도록 25로 한다(실제는 ∅15를 많이 사용한다)
② 원의 외부로 20만큼 Offset 한다.
③ Trim 명령으로 큰 원 외부를 자른다.
④ Erase 명령으로 큰 원을 지운다. 난방관 단면의 모습이 완성되었다.

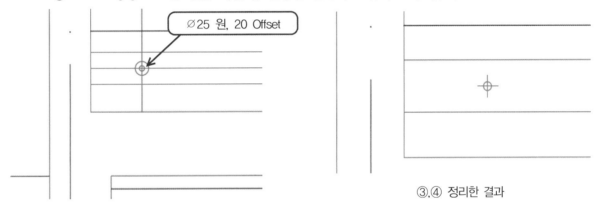

∅25 원, 20 Offset

③,④ 정리한 결과

(3) 완성된 도면은 아래와 같다. [Zoom/범위(E)로 확인]

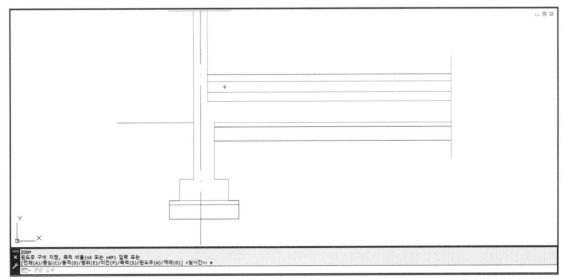

4-3 온돌층의 난방관 복사하기

(1) 완성된 난방관을 오른쪽으로 간격(200)을 일정하게 하여 계속 복사한다.

일반적으로 거실, 부엌의 난방관의 간격은 250mm, 방 200mm 간격으로 배치한다.

Copy 명령을 활용하는 방법이 있으나, 여기서는 Array 명령을 활용하도록 한다.

① Array 명령을 실행하고, 난방관 단면을 선택하고 엔터키를 친다.

② 배열 타입을 R로 입력하여 직사각형배열(R)을 선택한다.

Array / AR /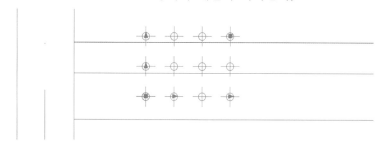

③ 아래와 같이 그립점을 포함한 단순한 형태의 배열이 나타난다.

④ 행(R)의 위 삼각형(그립점)을 클릭, 아래쪽으로 원점(사각형 그립점)까지 드래그하여 1행으로 만든다.

⑤ 열(C)의 가운데 삼각형 그립점을 클릭하고, 열간격 200을 입력한다.

⑥ 열(C)의 오른쪽 삼각형 그립점을 클릭하여 오른쪽으로 드래그하여 적절한 개수를 조절한다.

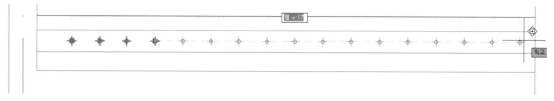

⑦ 위 개수나 간격 조절은 Array명령 중 자동적으로 [배열 탭]이 열리므로 이곳에서 입력해도 된다.

(2) Array 명령이 종료된 후의 도면은 아래와 같다.

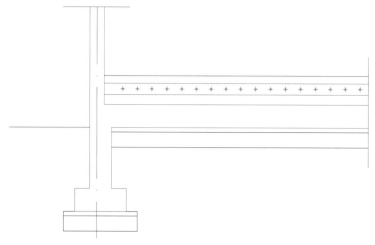

벽체 그리기

앞서 기초를 그리며 철근콘크리트의 단면선은 작도되었다. 여기에서는 철근콘크리트의 절단 위치 편집과 창호의 삽입 및 편집, 단열재와 석고보드의 마감재 위치 등을 작도한다.

5-1 철근콘크리트 벽체의 편집

(1) 현재 레이어를 con(콘크리트) 레이어로 변경한다.

(2) Offset 명령으로 창호 삽입 하부의 위치를 잡는다.　　　　Offset / O / ⊑

 ① 방의 바닥 마감선을 250 Offset(옵션: 도면층 ➜ 현재)하여 창의 하부 삽입선이 Offset과 동시에 현재 도면층(con)으로 되도록 그린다.

 ② Extend 명령으로 벽체 외부선까지 확장한다.

 ③ Trim 명령으로 잘라낸다.

 ④ 정리된 모습이다.

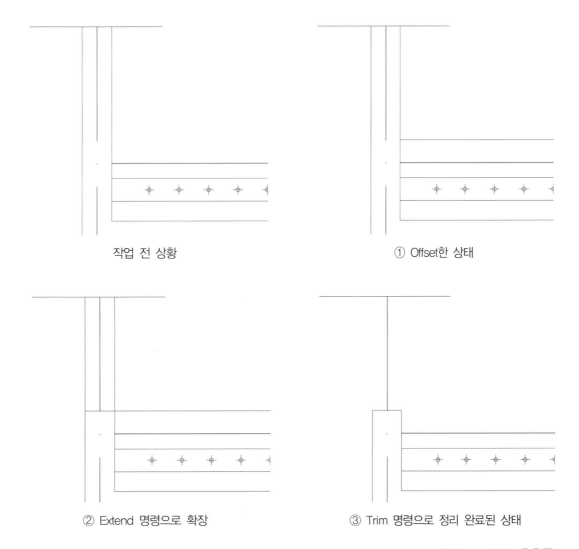

작업 전 상황   ① Offset한 상태

② Extend 명령으로 확장   ③ Trim 명령으로 정리 완료된 상태

단열재 및 석고보드 등 마감선의 작도

(1) 현재 레이어를 fin (마감선) 레이어로 변경한다.

선의 두께를 고려해서 색상이나 도면층 선정을 잘 고려해서 정리한다. 또는 별도의 도면층을 생성할 수 있다.

(2) Offset 명령으로 단열재와 석고보드 마감선 작도　　　　　　　Offset / O / ⊏

① Offset 명령을 실행하여 콘크리트 벽체 내부선을 오른 쪽으로 130, 20　Offset한다.

단열재(두께 130mm), 석고보드(20mm). 석고보드의 경우 9.5mm, 12.5mm 정도를 많이 사용하나 표현의 편의상 20mm로 작도한다.

② Line 명령으로 짧은 선 두 개를 그리고 왼쪽의 선은 도면층을 ins(단열재)로 변경한다. ins가 없으면 평면도의 경우처럼 Layer 명령으로 만들면 된다.

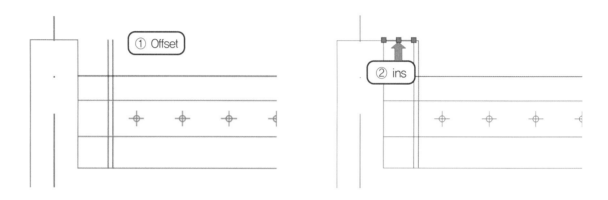

③ Trim 명령으로 바닥의 재료 선과 교차되는 부분을 자른다.

④ 축열층선과 석고보드 선이 만나는 부분은 선두께가 더 두꺼운 축열층 선을 별도로 그려주는 것이 좋다(출력물에서 선두께 확인). 여기서는 선택된 우측선은 con, 아래 짧은 선은 Break로 자른 후 fin 도면층으로 정리하였다.

⑤ 방의 바닥 마감선을 20mm Offset하고 fin 도면층으로 정리하였다.

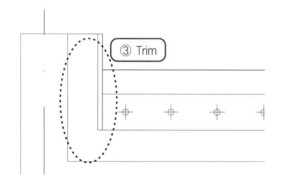
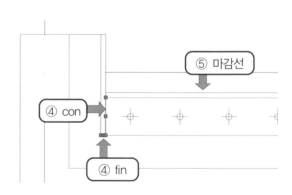

5-3 창호의 삽입 및 편집

(1) 현재 도면층을 wid(창호)로 변경한다.

(2) 창호의 단면 Write Block을 작성하여 삽입한다.　WBlock / W / 　　　Insert / I /

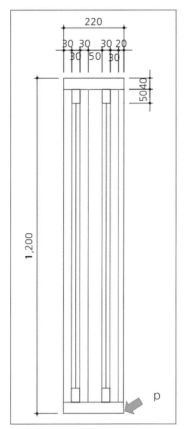

1. 왼쪽에 단면 모양의 창을 그려서 WBlock 을 작성한다.
2. 삽입 기준점은 왼쪽 그림의 p점으로 한다.
3. 파일명은 w1200단면.dwg로 한다.
4. Insert 명령으로 창을 삽입한다.

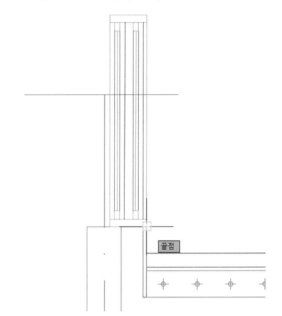

(3) 창호의 윗면의 편집을 위해 Explode 명령으로 블록을 분해하여 편집한다.
　　Insert 명령을 실행하면 블록 팔레트가 나타나는데, 이때 옵션 중 분해를 클릭하면 도면에 삽입될 때 분해되어 삽입되므로 별도의 Explode 명령을 할 필요가 없다.

① Trim 명령으로 한꺼번에 삭제(Crossing 또는 Fence 옵션)한다.

② 다 지워지지 않는 것은 Erase 명령으로 지운다.

③ 분해된 블록은 다시 블록으로 지정하거나, wid(창호)로 도면층을 정리한다.

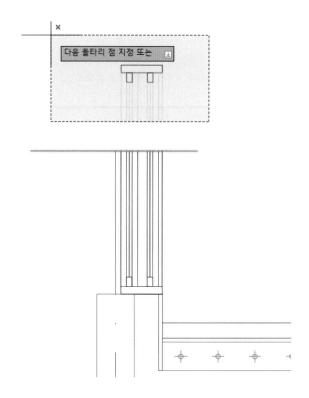

(4) 완성된 전체 도면은 다음과 같다.

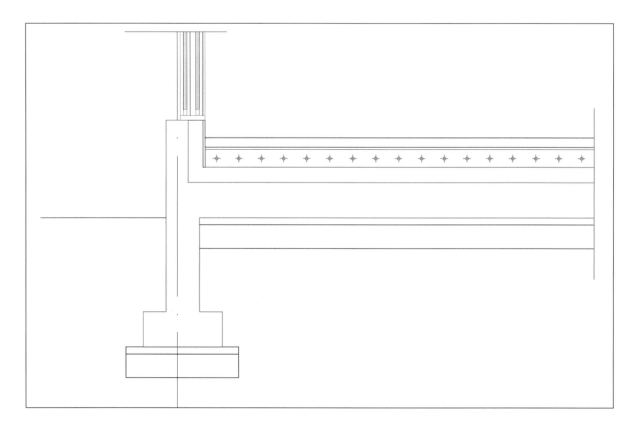

재료 표현하기

도면이 상세해질수록 재료의 표현도 상세해진다.
여기에서는 벽체, 콘크리트, 잡석과 단열재의 재료 표현을 한다.

6-1 지반선 강조하기

(1) 현재 도면층을 hat(해치)로 변경하고, 지반선 부분을 Z/W한다.

(2) Offset 명령을 실행하여 선을 아래로 복사한다.　　　　　　　　Offset / O / ⊑

　　처음에 그려놨던 선(GL선)을 30mm아래로 복사하고, 왼 쪽 끝을 짧은 선(○부분)을 그려 막는다.

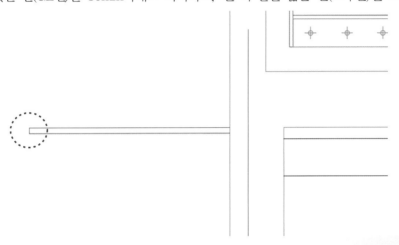

Hatch / H / ▨

(3) Hatch명령을 실행한다. 아래와 같이 Hatch and Gradient 대화상자가 나타난다.

　① Hatch 명령을 실행하고, 작도한 긴 사각형의 내부를 클릭하면 [해치작성 탭]이 열린다.

　② 해치 패턴을 SOLID를 선택하면 도형을 꽉 채우게 된다. [닫기]를 눌러 명령을 종료한다.

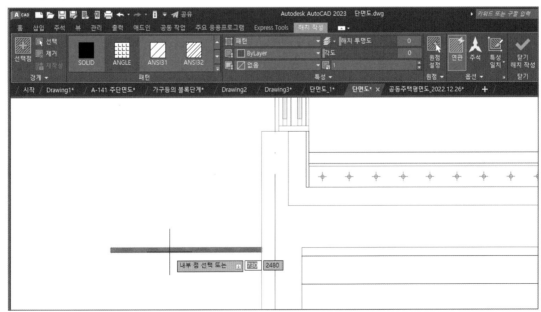

지반단면 표현하기

(1) 해치(SOLID) 아래선을 200mm Offset 한다.

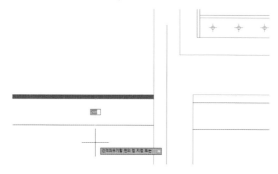

(2) 두선을 선택하여 잡석 도면층으로 변경하고, hat 도면층은 동결한다.

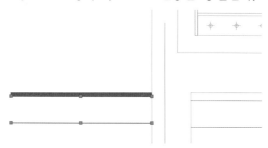

(3) Line 명령으로 길이 300mm, 각도 45°의 선을 그린 후 잡석 도면층으로 변경한다.

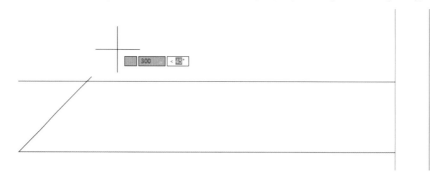

Mirror / MI /

(4) Mirror 명령으로 선을 대칭복사한 후 위에 삐져나온 부분은 Trim 명령으로 자른다.

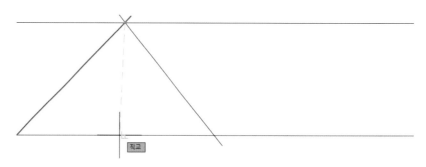

(5) Divide 명령으로 왼쪽 경사선을 4등분하여 경사선에 직각인 선을 그린다.

먼저 선의 유형을 Ddptype(점스타일) 명령을 입력하여 등록한다.

① Ddptype 명령을 입력하고 [엔터] 키를 친다. Ddptype /

② [점 스타일] 대화상자가 나타난다. 스타일을 '+'모양을 지정하고, [확인] 버튼을 누른다.

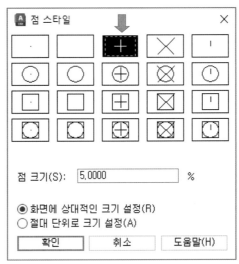

③ Divide 명령을 입력하고 [엔터] 키를 친다. 대상을 선택한 후 4등분하기 위해 명령행에 4를 입력하고 [엔터]키를 친다. 경사선이 4등분 되었다. 4등분 점은 +선으로 표시된다.

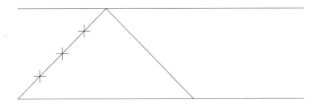

(6) Copy명령을 실행하여 다중 복사한다. Copy / CO /

이 때 다중 복사는 기본점(기준점)은 복사할 선의 끝점, 목표점(복사위치점)은 4등분 점의 위치를 잡게 된다[Osnap은 노드(nod)를 지정]. 아랫부분을 삐져나온 선을 Trim으로 자른다.

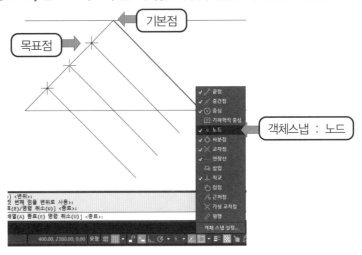

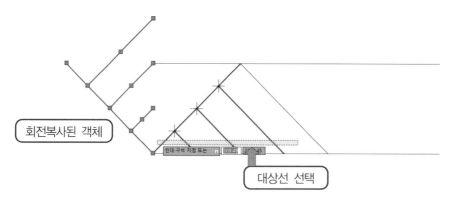

(7) 회전(Rotate, 단축키 RO) 명령을 실행하여 90° 시계반대방향으로 회전한다.

이 때 옵션은 복사(C)를 선택한다. 복사(C) 옵션은 원본을 사라지지 않게 한다.

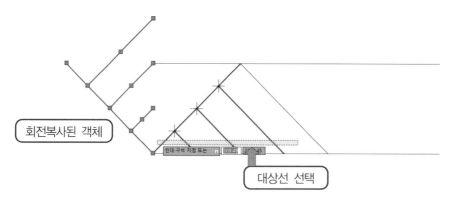

(8) 회전 복사된 객체를 복사한다.

Copy / CO /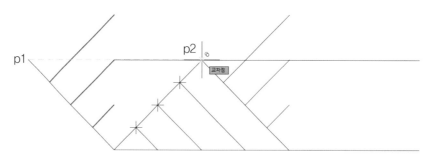

① 복사 대상 객체는 선 3개이고, 복사 기준점은 선택되지 않은 선 끝점 p1 복사할 곳은 p2 이다.

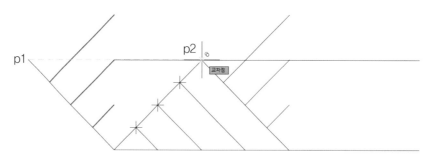

(9) EXtend 명령으로 짧은 선들을 연장한다.

Extend / EX /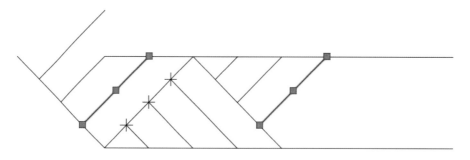

(10) Trim 명령으로 교차되어 돌출된 선들을 잘라낸다.

Trim / TR /

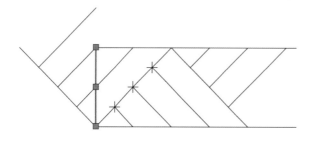

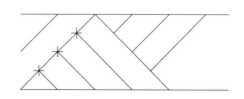

⑾ Copy명령으로 나머지 선을 복사한다.

 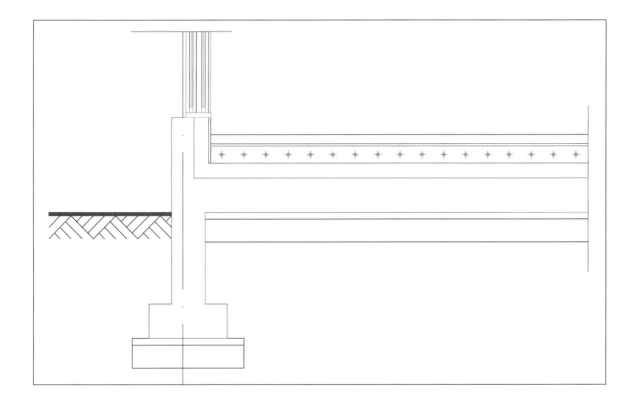

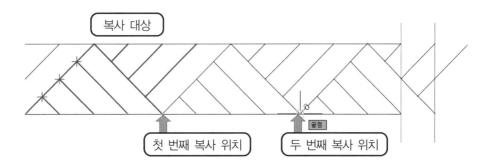

⑿ Erase 명령으로 선택된 점과 선을 지운다.

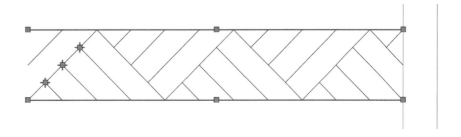

⒀ hat 도면층을 동결해제(Thaw)한다. 화면을 Zoom Extent(Z/E) 한다. 완료된 도면은 아래와
같다.

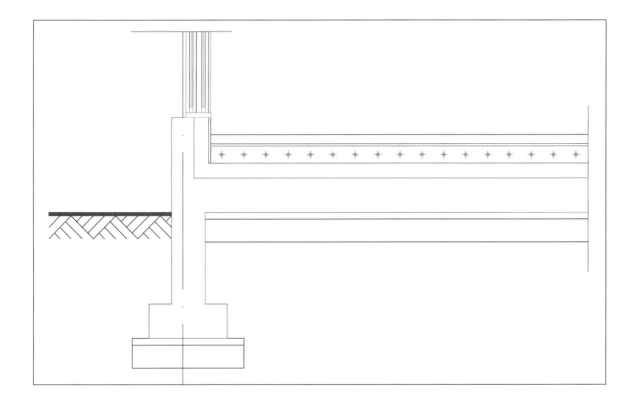

6-3 철근콘크리트 재료 표현하기

철근콘크리트(Reinforced Concrete, RC) 벽체나 기둥 등 작도된 부재의 내부를 45°선을 세줄 그려서 철근콘크리트 재료를 표현한다. 그리는 방법은 ① Line 명령으로 선을 직접 그리기 ② Hatch 명령으로 일괄적으로 표현하기 등이 있다. ②의 경우는 평면도에서 자세히 다루었다. 여기서는 간단히 두가지 방법을 소개한다.

(1) 선으로 표현하기

① 현재 도면층을 hat로 변경하고, cen(중심선) 도면층을 동결(Thaw)한다.

② Line 명령으로 임의 점에서 p에서 45°선(상대극좌표를 이용해 45° 방향으로 600mm 길이 ⇒ @600〈45)을 그린다.

③ Offset 명령으로 선을 3개 그린다.(Offset 간격 20mm)

④ Trim 명령으로 영역 밖의 부분을 잘라낸다.

⑤ Copy 명령으로 RC 표현을 해야 하는 곳에 복사한다. 복사 후 길이가 짧거나, 길면 적절히 편집한다.
복사할 곳은 임의의 위치로 옮겨야 하므로 이 경우 객체스냅(Osnap)은 근처점(Nea, Nearest)이 편리하다.

⑥ 다음은 완성된 모습이다.

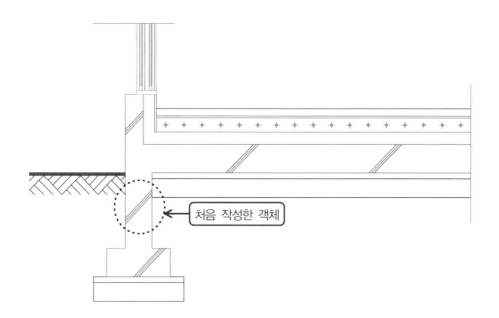

처음 작성한 객체

(2) **Hatch 명령으로 일괄적으로 처리하기** Hatch / H /

① 현재 도면층을 hat로 변경하고, cen(중심선) 도면층을 동결(Thaw)한다.

② Hatch 명령을 실행하면 [해치작성 탭]이 열린다.

③ 패턴 중에서 JIS_RC_30을 선택하고, 해치패턴 축척을 30으로 입력한다.

④ RC 처리해야할 영역(경계)의 내부를 클릭한다. 작도상태를 확인하고 [엔터] 키를 치거나 [해치작성 탭]에서 [닫기]를 클릭한다.

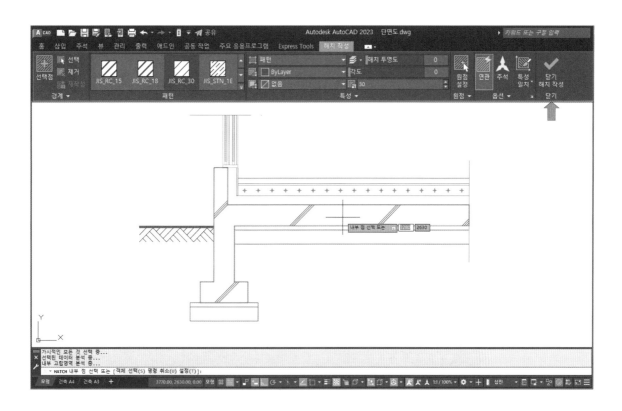

HatchEdit / HE /

⑤ 해치를 수정할 경우 기존의 해치부분을 클릭하면 [해치편집기 탭]이 나타난다.
수정 방법은 [해치작성 탭]의 경우와 유사하다.

6-4 잡석 표시하기

기초의 잡석지정에 재료 표시를 한다.

(1) 현재 도면층을 hat로 변경하고, 기초의 아랫부분을 Zoom/Window한다.　Zoom / Z / 🔍

(2) Line 명령과　Trim 명령으로 첫 형태를 만든다.　Trim / TR / ✂️

　　① Line 명령으로 선그리기 ➡ 시작점(p1) ➡ 두번째 점(@300⟨60) ➡ [엔터] 명령 종료
　　② Line 명령으로 선그리기 ➡ 임의점(p1) ➡ 두번째 점(p2) ➡ [엔터] 명령 종료
　　③ Trim 명령으로 선 정리

 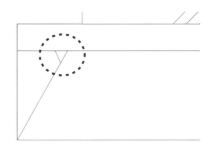

(3) Rotate(회전) 명령으로 짧은 선을 반대 쪽에 회전 복사한다.　Rotate / RO / ↻

　　Rotate 명령실행 ➡ 객체선택(짧은 선) ➡기준점 지정(긴 선의 중간점 p) ➡ [복사(C)] 옵션
　　➡ 회전 각도 180 입력

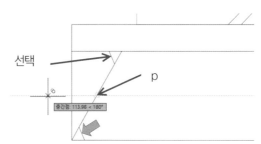

(4) Array 명령으로 필요한 양을 복사한다.　Array / AR / ⊞

　　Array 명령 ➡ 객체 선택(아래 점선 사각형 내) ➡ 직사각형(R) 옵션 ➡ 행수 1로 줄임 ➡
　　열 간격(적당히) ➡ 열 개수(적당히) ➡ [엔터] 명령 종료
　　※ [배열 작성] 탭에서도 지정 가능

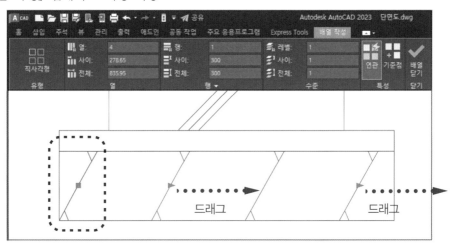

(5) Copy 명령으로 바닥 밑 잡석을 복사한다.　　　　　　　Copy / CO /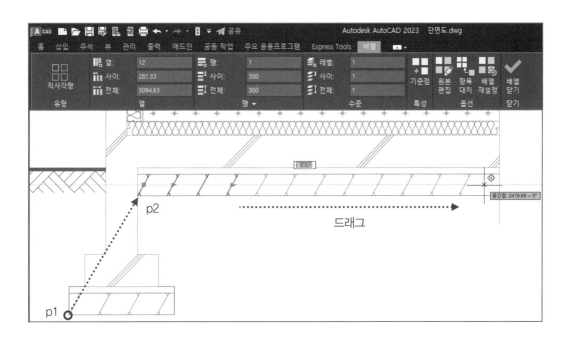

　　Copy 명령 ➜ 객체선택 ➜ 기준점 지정(p1) ➜ 두 번째점 지정(p2)

(6) 배열(Array) 편집을 하여 필요한 개수와 간격을 정한다.　　Array / AR /

　　Array된 객체선택 ➜ 열 간격(적당히) ➜ 열 개수(적당히) ➜ [엔터] 키를 쳐서 명령 종료

　　※ (적당히) : 마우스로 그립점을 드래그하며 지정 가능

　　※ Array 객체를 선택하면 [배열] 탭이 열리고 여기서도 편집 가능

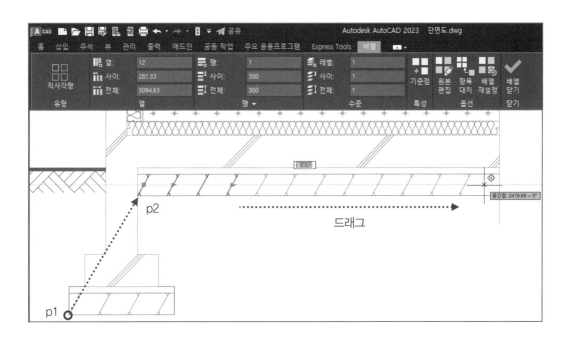

6-5 단열재 재료 표현하기

철근콘크리트(RC) 벽체 내부에 단열재 130mm와 석고보드 등 마감 두께 20mm를 고려하여 작성한다. 평면도와 같은 두께로 하였으며, 작성방법 또한 같다. 바닥 단열재 역시 작도의 편리성을 고려 130mm로 맞추었다. (건축물의 에너지절약 설계기준, 실무 현실 등과 다를 수 있음을 양해 바람)

(1) **벽체내부 단열재 표현하기**

　　선종류를 batting로 설정해서 Line 명령으로 그리는 방법으로 적용하고자 한다.(다른 방법은 평면도 단열재 작도법 참고)

　　① 현재 도면층을 ins(단열재)으로 변경한다. ins 도면층의 선종류가 Batting인지 확인한다. (필요시 선종류를 로드해서 변경 지정한다)

　　② 벽 단열재와 바닥 단열재가 만나는 부분에 선을 하나 긋는다.

　　③ Line 명령으로 영역의 중간에 선을 그린다.[시작점은 중간점(Mid), 끝나는 점은 직교(Per) 지정]

　　④ 작업화면에서 선의 유형의 크기를 확인하고, 축척값을 변경한다.(선 선택후 Ctrl+1번 키, 선종류 축척:0.125 입력)

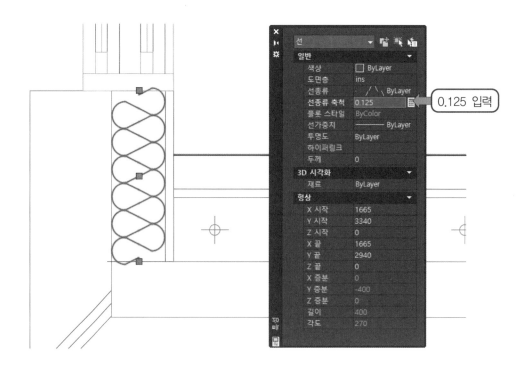

 0.125 입력

(2) **바닥 단열재 표현하기**

　① 작도의 편의성을 위해 단열재 삽입부분에 짧은 보조선을 그린다.

　　[선그리기 시작점을 선의 중간점(객체스냅) 잡기위한 용도]

　② Line 명령으로 영역의 중간에 선을 그린다. 같은 방법으로 축척값을 적용한다.

　　완성된 모습은 아래와 같다.

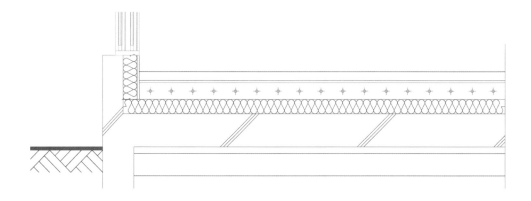

절단선 및 입면선 표시하기

벽체 상부와 바닥 우측부분에 절단 부분에 대한 표시이다. 평면도에서도 인접세대와의 경계 부분을 처리 절단선으로 처리하였다. 일반적으로 도면 작도시 생략하기도 한다. 여기서는 sym(기호) 도면층에 작성하다.

(1) 현재 도면층을 sym으로 변경하고, 작업영역(벽체위 창호 부분)을 Z/W 한다.
(2) Line 명령으로 창 부근의 콘크리트 벽체의 입면선을 하나 그린 후 ele 도면층으로 변경한다.

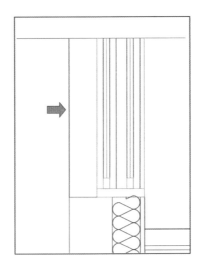

(3) wid 도면층 동결, Line 명령으로 임의선을 화면상에서 직접 작도한다.
   [(Osnap 근처점(Nea)이 편리]
   이미 선은 앞선 작업에서 그려 놓았으므로 절단 부분만 작업하면 된다.

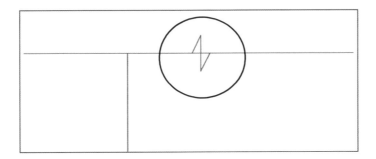

(4) 선 주변을 Trim 명령으로 정리한다.

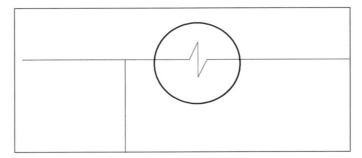

⑤ wid 도면층 동결해제, Trim, Extend 명령으로 창문 선과 교차 부위 정리

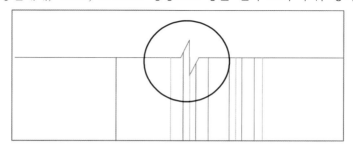

⑥ 도면의 오른 쪽도 같은 방법으로 정리. 완성된 도면은 아래와 같다.

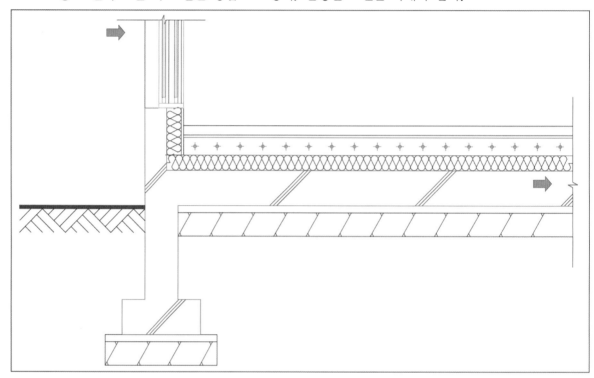

6-7 심선 정리 및 제도한 도면의 크기 축소

단면도를 작도할 때 벽체의 중심선을 벽체 전체의 중심선이 아닌 콘크리트 벽체부분의 중심선으로 하였다. 이는 작도의 편의성을 고려한 것이다. 여기서는 중심선을 정상적인 기준으로 다시 정리한다.

또한 도면의 배치나 비례 등을 고려하여 작도된 부분의 크기를 적절하게 변경할 수 있다.

(1) 벽체 중심선의 복귀

① cen 도면층을 동결해제(Thaw)한다.

② 이동 거리는 콘크리트 벽체(200mm) 의 중심(100mm)에서 마감을 포함한 벽체 전체 두께(350mm)의 중심(175mm)으로 옮기는 것이므로 현재의 중심선 위치에서 실내 쪽으로 75mm만큼 이동하면 된다.

③ Move 명령으로 현재 콘크리트 벽체의 중심선의 위치를 75만큼 실내로 이동한다.

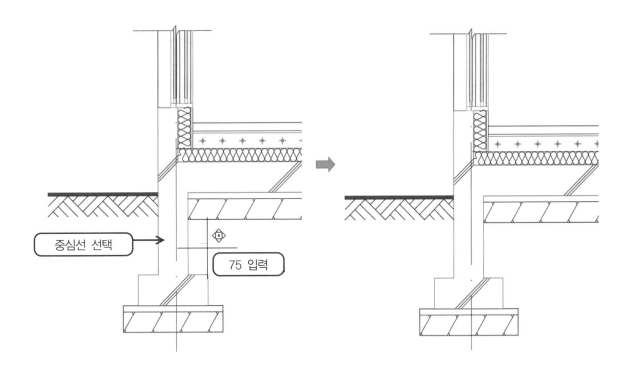

중심선 선택

75 입력

(2) **작도한 부분의 크기 변경**

　① 도면 작업하다 보면 크기를 줄이거나, 늘리고 싶은 경우가 있다.

　　여기서는 바닥의 길이를 1000mm 줄이고자 한다.

　② Stretch(단축키 S) 명령을 실행하여 도면의 길이를 줄여보자.

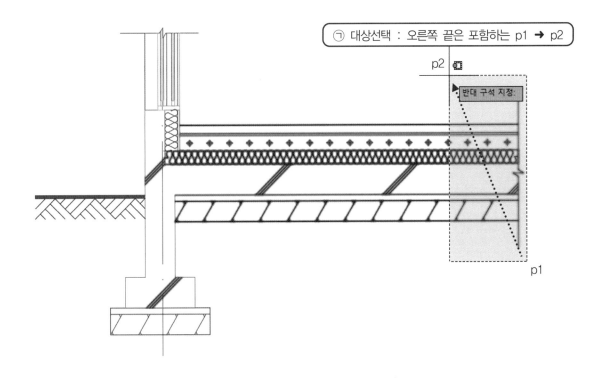

㉠ 대상선택 : 오른쪽 끝은 포함하는 p1 ➜ p2

p2

반대 구석 지정:

p1

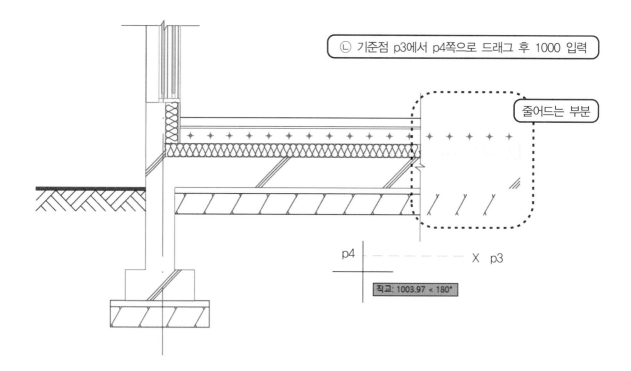

ⓛ 기준점 p3에서 p4쪽으로 드래그 후 1000 입력

줄어드는 부분

p4   X   p3

직교: 1003.97 < 180°

③ Array 했던 부분의 길이 조절은 해당 부분을 클릭하면 조절점이 다시 나타나므로 오른쪽 끝 삼각형을 클릭을 한번 더하고 드래그해서 길이를 조절하면 된다. 여기에서는 난방관, 잡석이 해당된다. 단열재의 경우는 본래가 선이었으므로 선길이 조절에 따라 같이 조절된다.

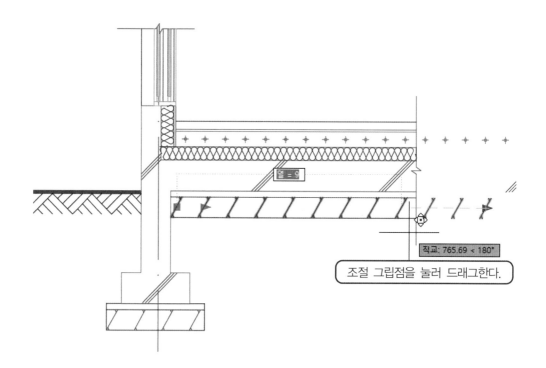

길 = 9

직교: 765.69 < 180°

조절 그립점을 눌러 드래그한다.

④ Hatch 했던 부분도 클릭하면 해치 편집 조절점이 나타나므로 길이 조절이 가능하다. 여기서는 철근콘크리트 해치 부분이 해당된다.

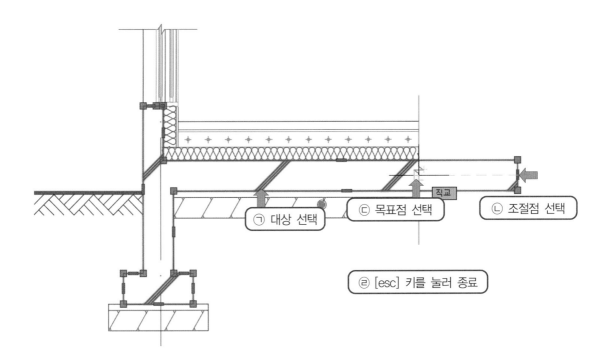

ⓐ 대상 선택   ⓒ 목표점 선택   ⓑ 조절점 선택

ⓓ [esc] 키를 눌러 종료

⑤ 완성된 도면은 다음과 같다.

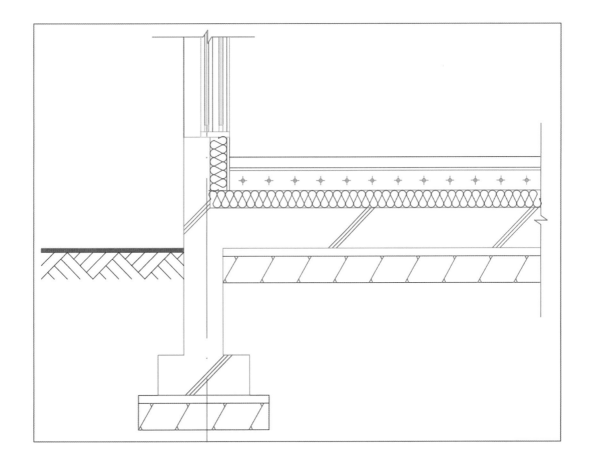

치수 기재하기

부분단면도의 작도가 끝나면 치수를 기입한다. 치수표현은 이미 제3장. 평면도에서 연습하였다.
여기서는 치수기입 순서와 3장에서 다룬 내용과 다른 부분에 대해 설명한다.

7-1 치수 환경 조절하기

(1) Z/W 로 치수 기재할 화면을 확대한다.

(2) 현재 도면층을 dim(치수) Layer로 변경하고, 치수표기에 방해가 되는 도면층을 동결(Freeze)
한다.

여기서는 hat(해치), ins(단열재) 도면층을 동결한다.

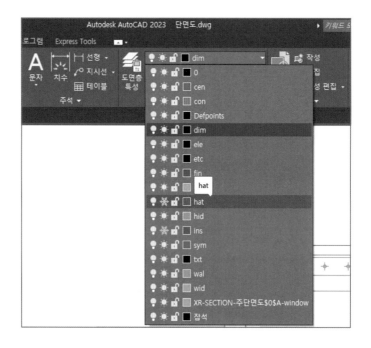

(2) 주석 탭을 눌러 치수환경을 검토한다.

필요한 경우 [치수 스타일 관리자] 대화상자를 열어 치수 스타일을 확인한다.

7-2 수직치수 기입하기

(1) 주석 탭 ▶ [치수] 패널에서 각 종 치수 입력 아이콘을 선택하여 작업한다.

선형, 연속, 기준선 등을 많이 사용한다.

또한 오른쪽 구석 화살표를 누르면 [치수 스타일 관리자]가 열린다.

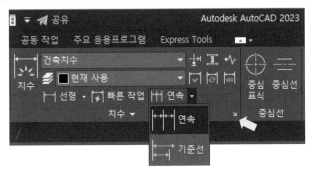

(2) **최초의 수직 치수선 작성**

① 선형 치수 명령 아이콘을 눌러 지반선(G.L.)을 기준으로 바닥판까지의 높이를 작성한다.

② 치수 보조선 시작점 p1과 p2(트래킹 기능을 활용하여 p3점과 p1점을 마우스 포인터로 왕래하면 십자선에 x 자가 뜨는 점)를 클릭한다.

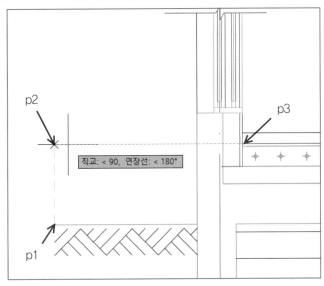

③ 치수 보조선을 왼쪽으로 드래그 한 후 700정도를 입력한다.

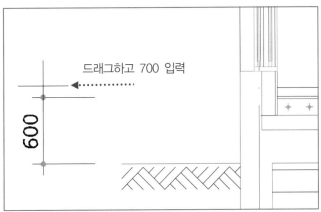

(3) Dimstyle(단축키 D) 명령으로 치수 축척을 변경시켜보자.　　　　　DimStyle / D /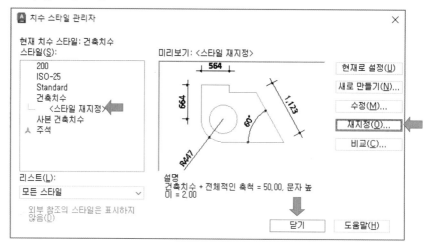

① 도면 그린 것에 비해 상대적으로 치수 문자가 너무 커보인다. 치수 유형관리자 대화상자에서 ㉠ 문자 크기를 변경하던지 ㉡ 전체 치수 축척을 줄이는 방법이 있다.

② D 명령을 실행하면 [치수 스타일 관리자] 대화상자가 나타난다. 건축치수 〈스타일 재지정〉 ▶ [재지정...] 버튼 ▶ [문자] 탭 ▶ [문자 높이(T):]를 2로 변경 ▶ [확인] ▶ 다시 [치수 스타일 관리자]▶ [닫기]

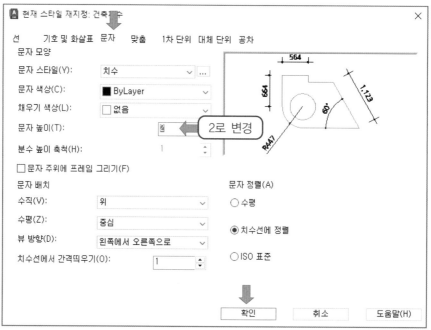

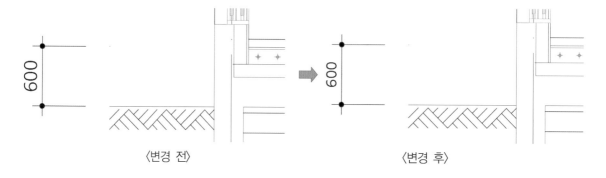

〈변경 전〉　　　　　　　　　　　　　　　　〈변경 후〉

③ [맞춤] 탭 ▶[전체 축척 사용(S):] 50 ➡ 30으로 변경.
  (시스템 변수 Dimscale을 50에서 30으로)

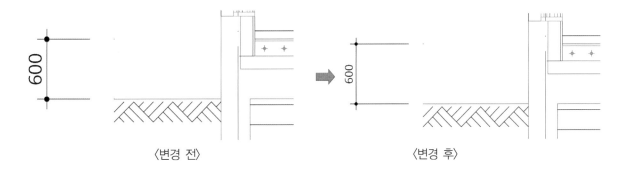

〈변경 전〉　　　　　　　　　　　〈변경 후〉

⑷ **치수 문자 크기 변경에 대한 두 유형의 비교**
　②의 경우는 문자 크기만 변경, ③의 경우는 화살표(작은 점)의 크기도 같이 변경된다.
　여기서는 ③ 방법을 선택한다.

⑸ **치수 스타일(Dimstyle)의 업데이트(update)**　　　　　　　　　　-DimStyle / 🔃

　① 치수 스타일을 변경하였음에도 변경된 값이 적용되지 않을 경우 업데이트 명령
　　(-DIMSTYLE)을 하면 된다.
　② 명령행에서의 옵션 [적용(A)] 선택 후 객체(여기서는 치수선과 치수문자 등)를 선택하면 된다.

⑹ 연속치수(DimContinue) 아이콘을 눌러 연속치수 표기를 한다. DimContinue / DCO / ▦

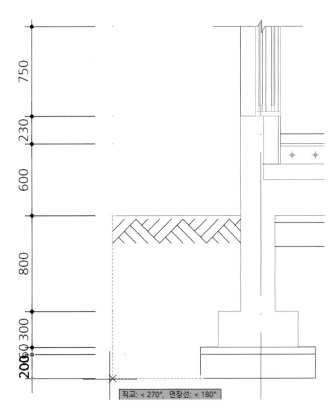

⑺ 기준치수(DimBaseline) 명령으로 합계치수를 기록한다.　　　DimBaseline / DBA /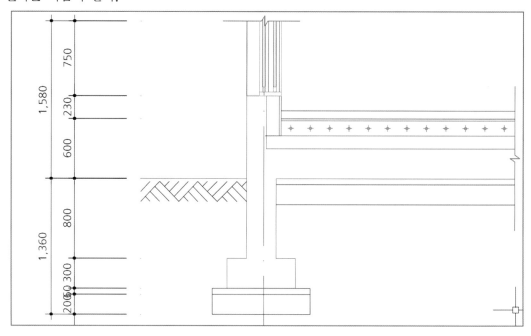

그 결과는 다음과 같다.

⑻ 창호 윗부분은 임의의 절단선이며, 치수는 정해지지 않았으므로 '변화치수' 로 표현한다.

① 치수문자를 더블클릭하면 글자편집 대화상자가 나타난다.

② 치수값을 지우고 '변화치수' 를 입력하고, 화면의 빈 여백을 클릭하면 문자가 치수 자리에 앉는다.

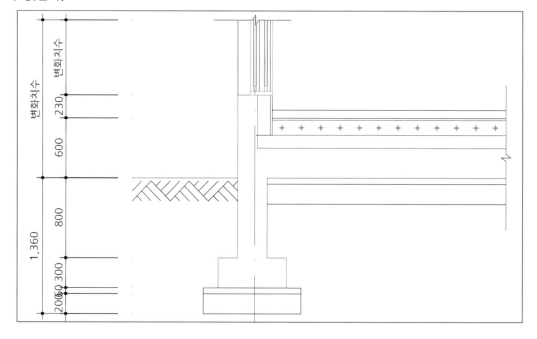

⑼ 변화치수 부분은 치수구간이 있는 것이 아니므로 화살표를 변경한다.

① 변경할 부위(해당 치수선)를 선택한 후 [ctrl] 키와 [1번] 키를 동시에 누른다.

② 특성 팔레트가 나타났다.

③ [선 및 화살표] ▶ 화살표2 ▶[선 및 화살표] 패널에서 [화살표 2]를 열기 30으로 선택한다.

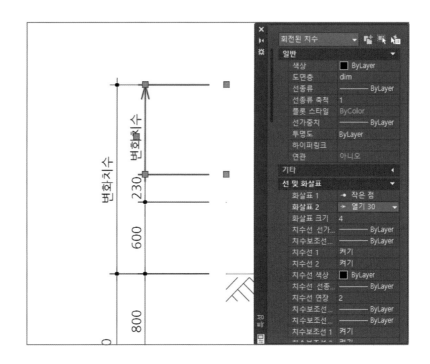

④ 윗부분 화살표가 [작은 점]에서 [열기 30] 화살표 모양으로 변경되었다.

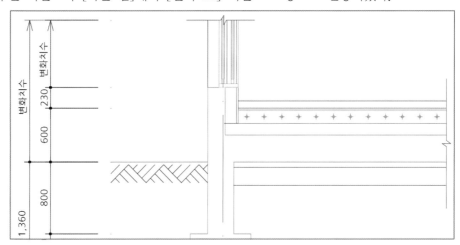

⑽ **치수문자 위치 정렬**

　　기초 밑부분 밑창콘크리트 두께 60mm의 치수문자는 폭이 좁아 숫자가 겹쳐보인다. 치수를
분해하지 않고 문자만 이동한다(평면도의 사례 참조). 치수문자를 클릭하고 문자의 그립점을
드래그하여 위치이동을 하면 된다. 여기서는 오른쪽 치수선 아래로 이동하였다.

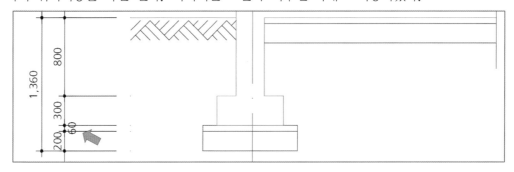

수평치수 기입하기

(1) 기초부분의 치수를 표현하기 위해 Z/W 명령으로 주변을 확대한다. DimLinear / DLI /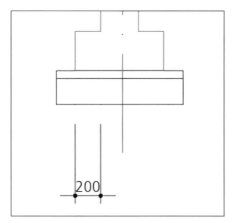

(2) 선형치수(DimLinear, 단축키 DLI) 아이콘을 클릭하여 최초의 수평치수를 기입한다.
이 때, 치수보조선의 길이를 같게 하기 위해 객체스냅(Osnap) 기능과 객체 트래킹(Otrack)
기능을 활용한다.

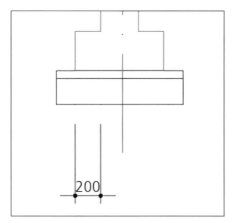

(3) 연속치수 아이콘을 클릭하여 오른쪽으로 치수를 기록한다.   DimContinue / DCO /

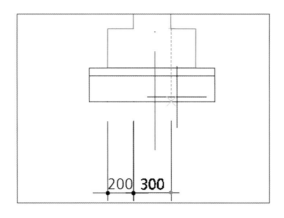
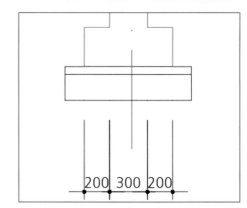

(4) 기준치수와 연속치수를 번갈아 하며 치수를 기록한다.   DimBaseline / DBA /

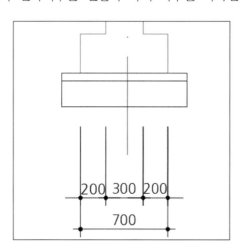

(5) 기준치수를 한번 더하면 다음과 같이 된다.

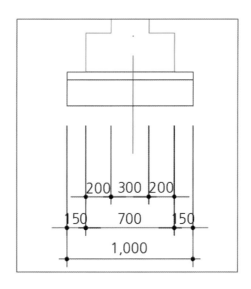

(6) 도면층(Layer)을 모두 동결해제(Thaw)한다. 전체 도면은 다음과 같다.

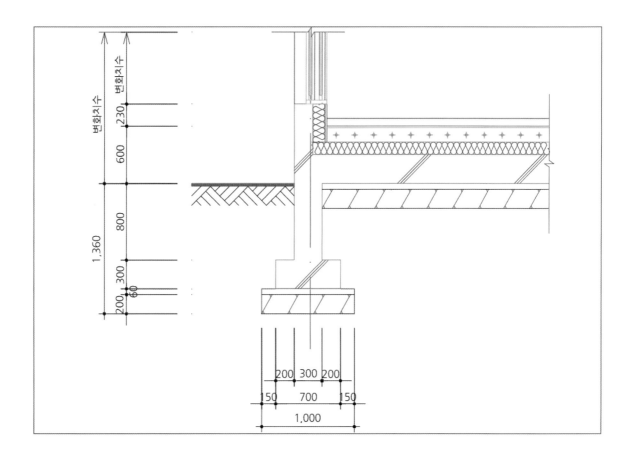

문자 기재하기

도면내의 문자는 도면내용을 결정짓는 요소로서 정확하고 명료하게 써야한다. 문자표현도 이미 제3장. 평면도에서 연습하였다. 여기서는 3장에서 다룬 내용과 다른 부분에 대해 설명한다.

8-1 도면명쓰기

(1) 기초부분의 치수를 표현하기 위해 Zoom/Window, 실시간 Pan 등의 명령을 활용한다.

(2) 현재 도면층을 txt(문자)로 변경하고, Line 명령과 Circle 명령을 사용하여 아래와 점선부분같이 작도한다.(선의 길이 임의, Circle의 지름 250)

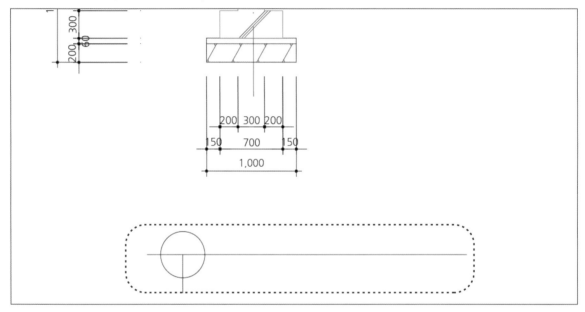

(3) 단일행 문자(Dtext) 명령으로 단면상세도를 입력한다.(문자 높이 200)   Dtext / DT / A

(4) 문자를 선택하고, ctrl+1을 누른다. 여기서 문자의 폭비율을 1에서 1.5로 입력하면 문자의 길이가 길어진다.

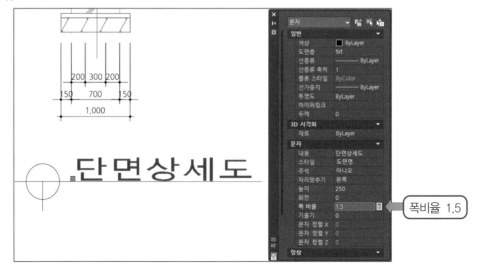

(5) 주석 탭에서 문자 스타일을 '축척' 으로 변경한다. Dtext 명령으로 '축척 1/50' 을 입력한다.

(6) **원의 크기 변경**

도면명의 원의 크기도 변경해보자.

① 특성팔레트 이용방법 : 원 선택 ➔ [ctrl+1] ➔ 특설 팔레트 ➔ 지름 또는 반지름 변경

② scale 명령 방법 : 명령실행 ➔ 대상 선택 ➔ 배수 등 입력

③ 그립점 편집 : 원 선택 ➔ 그립점 클릭 ➔ 드래그+값 입력

구체적 값을 입력하여 크기를 정확히 변경할 수 있다. 여기서는 반지름 250인 원을 300으로 변경해 보았다.

(7) 전체적인 결과는 아래와 같다.

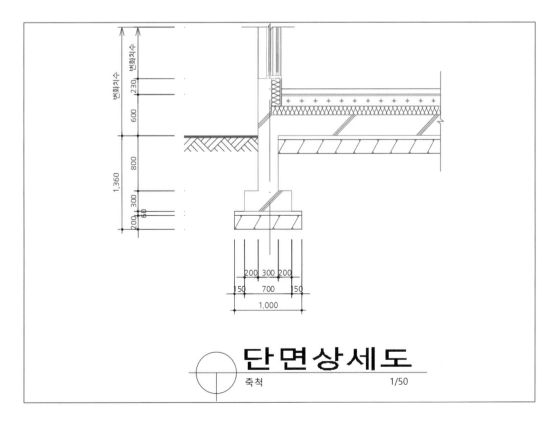

(1) 여러줄 문자(Mtext, 단축키 T) 명령을 실행하여 다음과 같이 입력한다.   Mtext / T / A

   ① [주석] 탭 ▶ [문자] 패널 ▶[여러줄 문자] 아이콘 선택하여 명령을 실행한다. 또는 명령행
      에서 T 입력.

   ② 문자체와 문자높이를 지정한다.

   ③ 작업화면에서 문자 쓸 영역을 사각형 형태로 지정한다.(첫 번째 구석 p1 ➔ 반대 구석 p2)

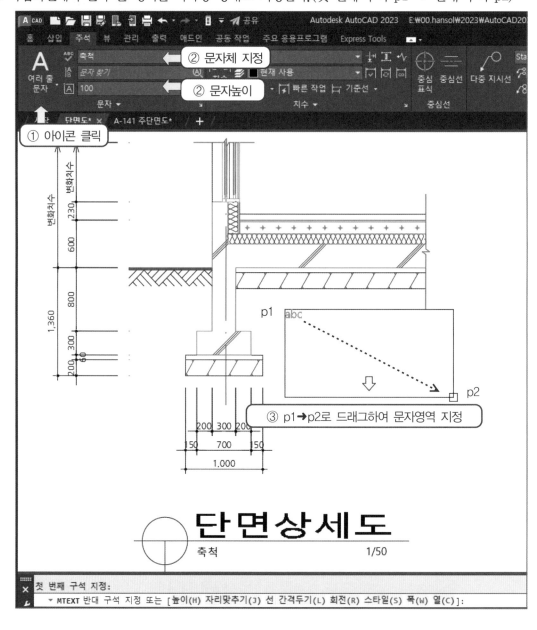

(2) 재료명을 기입한다.

   ① THK 300 철근콘크리트, THK 60 밑창콘크리트, THK 200 잡석다짐을 순서대로 입력
      한다.(THK = Thickness, 두께)

   ② 문자 입력 시 줄 바꿀 때마다 [엔터] 키를 친다. 커서가 다음 줄로 이동한다.

   ③ 문자 입력이 끝나면 작업공간의 빈 여백을 클릭하여 명령을 종료한다.

(3) **문자상자의 이동 및 복사**

① 문자 부분을 클릭하면 조절점이 3개 나타난다. (■ 문자상자의 위치 이동, ▶ 문자상자 좌, 우 길이 조절, ▼ 문자상자 위, 아래 길이 조절)

② 기록이 끝난 문자상자 클릭 ➜ ■ 파란색 그립점 클릭 ➜ ■ 빨간색으로 변한 그립점을 이동해 본다.

③ 문자상자를 클릭한 후, 문자행의 옵션 중 [복사(C)]를 선택하여 바닥 위쪽의 임의점을 클릭하여 문자를 복사한다.

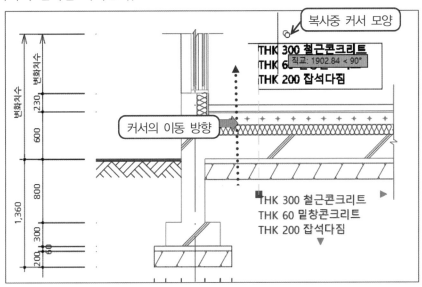

(4) **문자의 변경**

① 문자를 더블 클릭하면 [문자 편집기] 탭이 열리고, 작업화면 문자 부위는 변경이 가능하도록 창이 열린다.

② 위에서 아래로, THK 20 온돌마루, THK 150 패널히팅(온수파이프 ø15 @200), THK 130 단열재(2종2호 경질) 순으로 변경한다. (5) 그림 참조

(5) **특수기호의 기입**

① 도면에는 ø, °, @, % 등 특수기호를 사용하는 경우가 많이 있다.

② 키보드에 있는 특수기호야 문제될 것이 없지만 직경(ø), 각도(°) 등의 경우는 %%C, %%D 등을 입력해야 한다. 또는 [문자 편집기] ▶ [삽입] ▶[@기호] 아이콘을 누르면 드롭 다운되는 많은 특수기호 리스트가 있다.

③ 여기서는 온수파이프의 직경 ø의 경우 %%C를 입력한다.

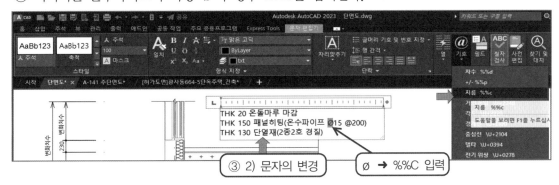

⑹ 문자가 정리된 후의 결과는 다음과 같다.

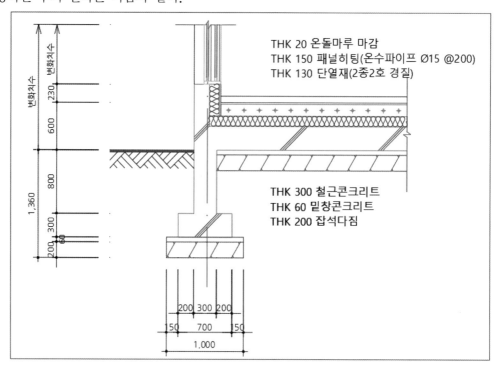

⑺ Line명령으로 재료의 위치를 알려주는 지시선을 적당한 위치에 그린다.

　① 객체스냅(Osnap)을 OFF 한다.

　② line 명령으로 선을 p1 ➜ p2 ➜ p3 순서로 그린다.

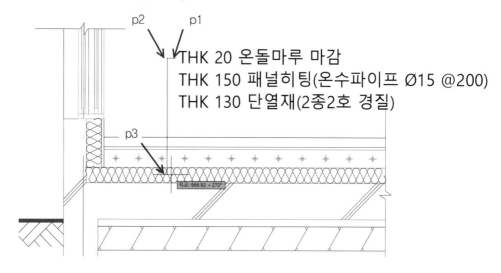

　③ 처음에 그린 짧은 선을 복사해서 다음과 같이 선배치를 완료한다.(Osnap 끝점)

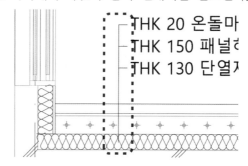

④ 작성된 지시선을 대칭복사(Mirror)한다.

Mirror / MI /

대칭복사된 선의 위치를 이동시켜 아래처럼 적절한 위치에 놓는다.

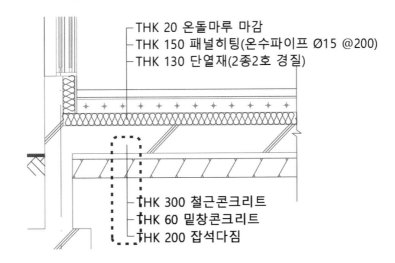

(8) Donut 명령으로 선과 재료가 만나는 부분의 위치를 표현한다.

Donut / DO / 🔘

① Donut(단축키 DO) 명령을 실행하고 내부지름 0, 외부지름 20을 입력한다.
② 도넛 위치를 클릭한다. (Osnap 끝점, 근처점)

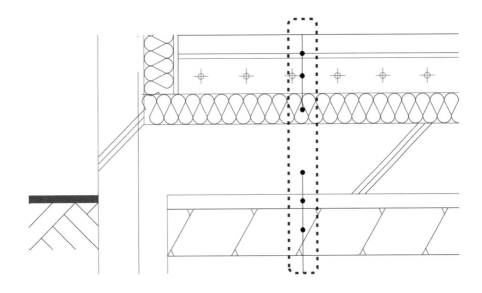

(9) 다음은 완성된 도면이다.

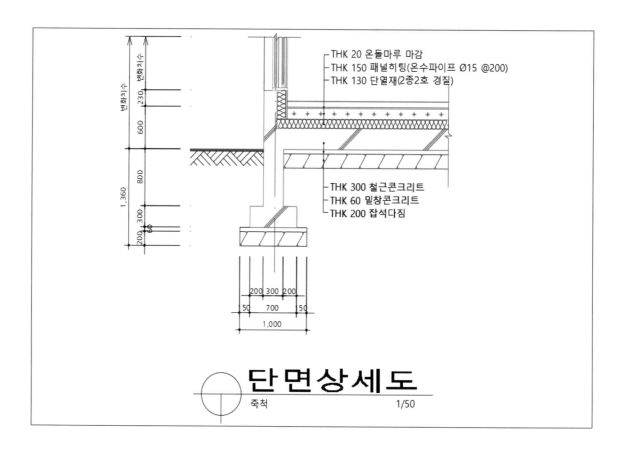

THK 20 온돌마루 마감
THK 150 패널히팅(온수파이프 Ø15 @200)
THK 130 단열재(2종2호 경질)

THK 300 철근콘크리트
THK 60 밑창콘크리트
THK 200 잡석다짐

200 300 200
50 700 50
1,000

변화치수
230
600
변화치수
800
1,360
300
200 60

단면상세도
축척   1/50

05 인쇄하기

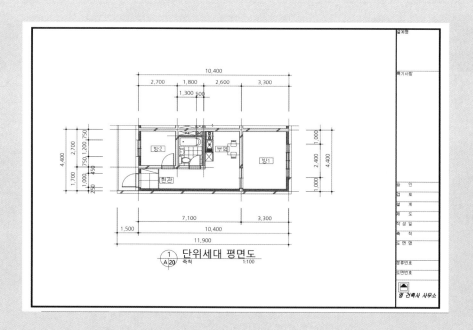

도면공간에서 인쇄하기   01

모델공간에서 인쇄하기   02

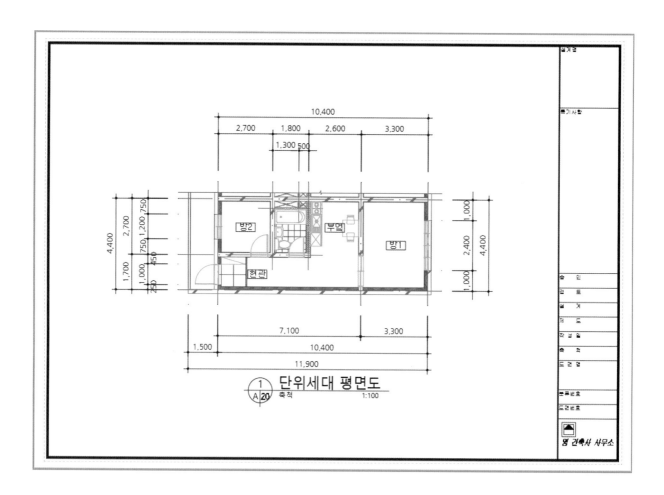

01 도면공간에서 인쇄하기

1-1 모형공간의 도면을 도면공간으로 불러들여 배치하기

도면을 처음 작도할 때 양식파일(Template File)을 사용한 경우 배치(Layout)탭 중 도면양식을 삽입한 탭을 선택하면, 쉽게 도면양식이 도면과 같이 인쇄된다. 여기서는 앞에서 작업한 공동주택평면도.dwg 파일을 불러와서 출력하도록 한다.

(1) Open 명령을 실행하여 공동주택평면도.dwg 파일을 불러온다.
작업공간 왼쪽 아래의 [건축 A4] 탭을 누른다. 또는 상태표시줄의 [모형] 버튼을 눌러 [도면]으로 전환한다.

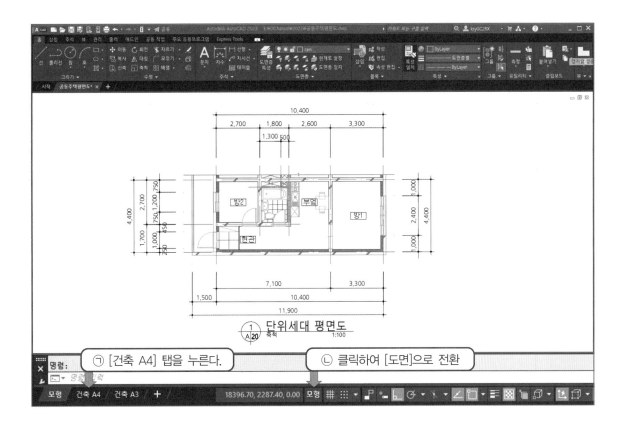

ㄱ [건축 A4] 탭을 누른다.

ㄴ 클릭하여 [도면]으로 전환

(2) 건축 A4 도면 안에 평면도가 나타난다.

① 평면도가 보이지 않을 경우 상태표시줄의 [도면] 버튼을 누르거나 뷰포트안의 화면 안을 더블클릭하면 [도면]이 [모형]으로 변경된다.(이 상태에서 도면 양식의 뷰포트가 열리고, 모형공간의 편집이 가능해진다)

② Zoom/All을 실행한다. 작업영역(모형공간)이 다 보이게 된다.

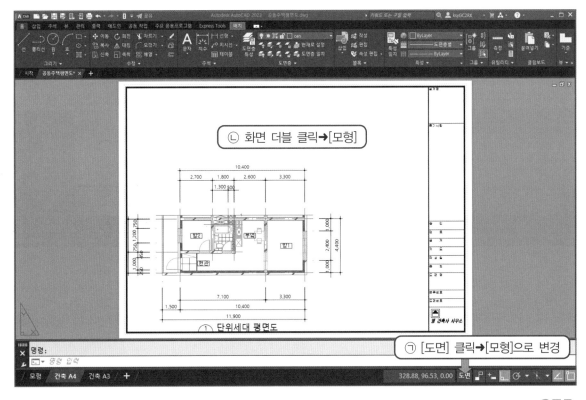

ㄴ 화면 더블 클릭➡[모형]

ㄱ [도면] 클릭➡[모형]으로 변경

③ 나타난 도면의 위치가 어느 한 쪽으로 치우쳐 보일 경우 마우스 휠을 꾹 눌러 적절히 움직여 배치한다.(휠을 꾹 누르면 실시간 pan 명령이 실행된다)

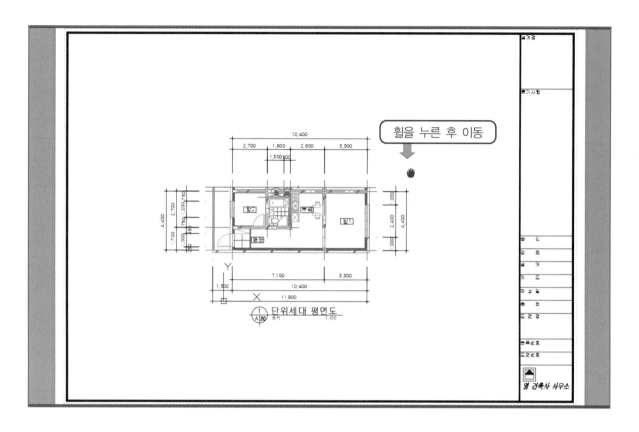

(3) 양식안 평면도의 축척을 변경한다.
   ① 앞의 Zoom/All명령 또는 실시간 pan 명령등으로 도면의 축척이 변경될 수 있으므로 축척을 확인한다.
   ② 상태표시줄의 [모형] 버튼이 눌려진 상태이거나, [도면]버튼 상태에서 뷰포트를 선택하면 상태표시줄 [선택한 뷰포트 축척]에서 축척을 1 : 100으로 지정한다.
   ③ 축척을 1:100을 유지하고 싶으면 자물통을 눌러 잠그면 된다.

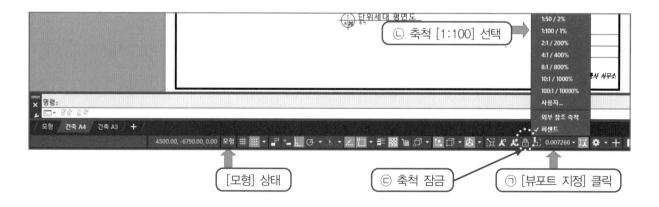

   ④ {다른 방법}
      ㉠ [도면]버튼 상태에서 ㉡ 뷰포트 선택➜ [특성 팔레트] ➜ ㉢ 선택창에 뷰포트 확인 ➜ [기타] ➜ ㉣ [표준 축척] ➜ ㉤ [1:100] 선택

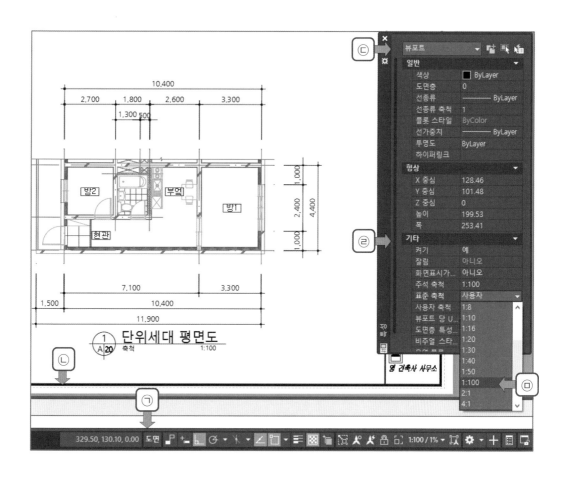

(4) 양식안의 도면이 1:100축척으로 변경되었다. 다음은 중앙에 정리된 후의 평면도이다.

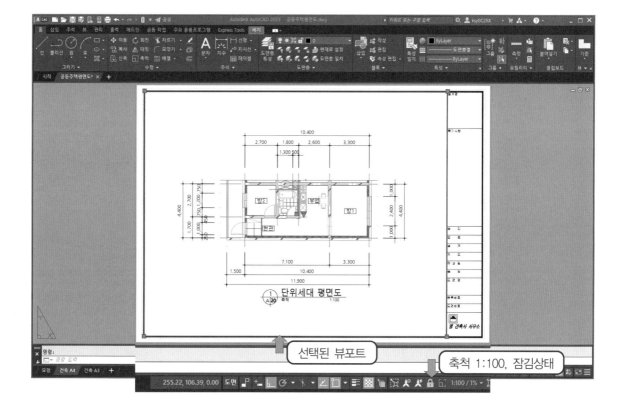

선택된 뷰포트

축척 1:100, 잠김상태

① 도면 배치가 1개만 있는 경우

(1) 플롯(Plot) 명령을 실행(Crtl + 1) 한다.

Plot / Crtl +1 / 🖶

Plot 명령을 실행하면 [플롯] 대화상자가 열린다. 여기서는 [플롯-건축 A4]: '건축 A4' 배치 탭의 이름 [플롯] 대화상자에서 다음 사항을 지정한다.

① [페이지 설정] 클릭해서 기존 설정했던 이름을 찾는다. 없으면 [추가(.)] 버튼을 클릭하고 새로 만든다.

여기서는 '건축 A4_1'를 새로 만들어 추가하였다.

② [플롯 스타일 테이블(펜지정)(G)]을 클릭하여 플롯 스타일 파일 중에서 원하는 파일을 선택한다(여기서는 건축캐드.ctb 선택).

※ 플롯 스타일 파일 : 선두께, 출력용 선 색상 등을 지정한 파일. 확장자 *.ctb

기존 파일의 내용을 편집하거나, 새로 만들기는 ③에서 설명한다.

③ [프린터/플로터] ▶ [이름(M):]은 컴퓨터에 연결되어 있는 프린터 등을 선택한다. 만약, 리스트에 프린터 이름이 없으면, 우측 [등록정보(R)...] 버튼을 눌러 등록하면 된다.

④ 용지 크기 A4로 한다.(프린터나 플로터를 등록하면 기본값이 등록되어 있음)

⑤ 축척은 1:1로 지정한다.

모형공간의 도면이 뷰포트를 통해서 도면공간에 넘어오면서 축척이 적용되기 때문에 별도의 축척을 적용하지 않는다. 여기서 1:1은 A4용지에 그린 양식의 축척으로 생각하면 된다.

⑥ 도면용지의 인쇄방향은 가로방향으로 한다.

⑦ [미리보기(P)...] 버튼을 눌러 설정된 출력용 도면을 검토한다.

⑧ 도면 검토 결과 양호하면 복사 매수를 입력하고 [확인] 버튼을 누른다. 도면이 인쇄된다.

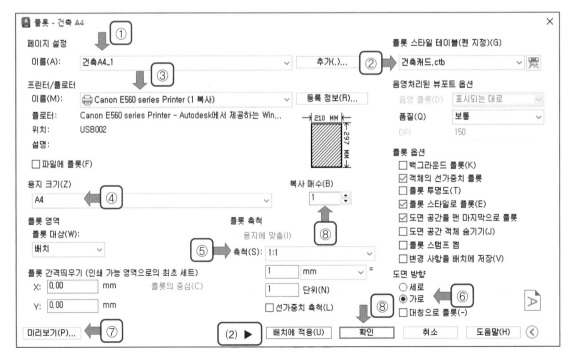

(2) 위 대화상자에서 [배치에 적용(U)] 버튼을 누르면 위 설정 내용이 배치에 적용된다.
다음 [확인]버튼을 누르면 출력된다.

② 도면 배치가 2개 이상인 경우

(1) 배치플롯(Publish) 명령을 실행한다.   Publish / 🖶

① 출력 탭의 [배치플롯] 아이콘을 누른다. 또는 Publish 명령을 실행한다.

② 설명을 위하여 여기서는 단독주택 도면을 예시로 들었다.

아래 [배치] 탭에 [설계개요], [배치도], [평면도], [단면도], [입면도]를 배치했다.

(2) [게시] 대화상자 ▶ [시트이름]에서 출력대상만 남기고 모두 제거한다. [게시(P)] 버튼을 누른다.

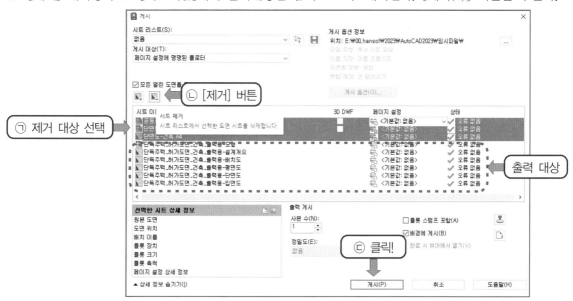

(3) [게시-시트 리스트 저장]에서 시트 저장여부를 선택한다.

　① 저장여부를 묻는 질문에 [예(Y)], [아니요(N)]를 선택한다.

　② [예(Y)]를 누르면 [다른 이름으로 리스트 저장] 대화상자에서 저장 위치와 파일이름을 입력한다. 확장자 dsd 파일로 저장된다. [아니요(N)]의 경우에는 출력(→(4))이 바로 진행된다.

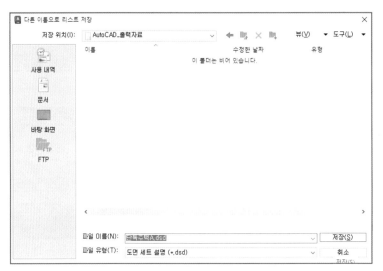

(4) [플롯-배경 작업 처리 중] 글 상자에서 작업 처리에 대한 현황을 알려준다. 인쇄가 진행된다. 상태 표시줄(상태 막대)의 오른쪽 끝부분에 프린터 모양의 아이콘이 작동되는 것을 볼 수 있다. 출력 처리 진행 상황을 알려준다. 작동이 멈추면 인쇄가 완료된다. 닫기(C) 버튼을 누르면 출력이 진행된다.

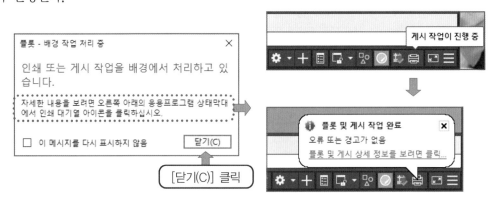

TIP 작업중인 다수 파일의 도면 배치를 출력하는 방법

파일 탭에 파일들은 [배치플롯] 명령을 실행할 경우 [게시] ▶ [시트이름]에 전부 등록된다. 여기서 출력을 원하는 파일만 남겨두고 지우면 된다. 각각의 파일별로 단일 [배치]만 있더라도 파일이 복수이면 유효하다.

1-3 인쇄스타일 지정

(1) 플롯(Plot) 명령을 실행한다.

Plot / 🖫

(2) 플롯(Plot) 대화상자에서 [플롯 스타일 테이블(펜지정)(G)]에서 [새로 만들기....]를 클릭한다.

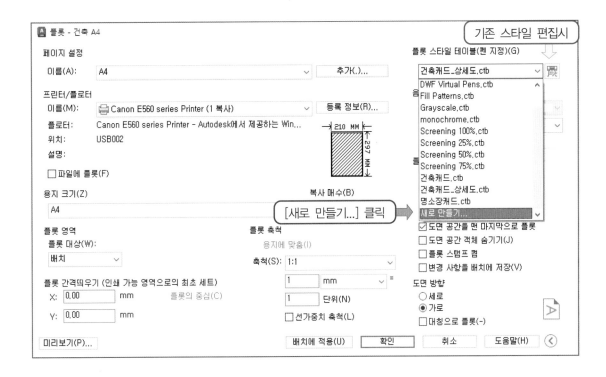

(3) [페이지 설정 관리자] ▶ [새로 만들기(N)...] ▶ [새페이지 설정] ▶ [새 플롯 설정 이름(N):] '건축 A4' 입력 ▶ [확인(O)]

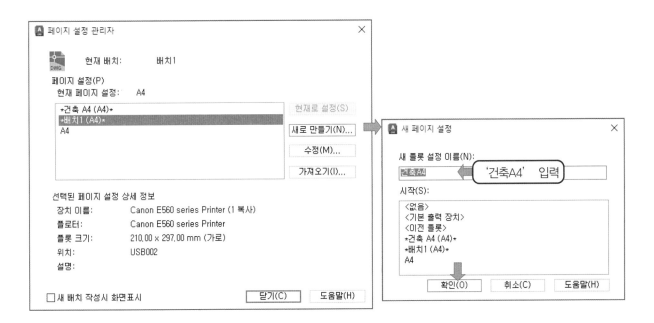

⑷ [색상 종속 플롯 테이블 추가 – 시작]

① [–시작] ▶ [처음부터 시작(S)] ▶ [다음(N)＞]

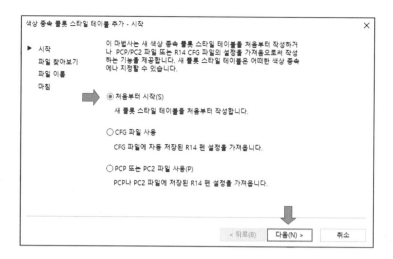

② [– 파일이름] ▶ [파일이름(F):]‘건축CAD’입력 ▶ [다음(N)＞]

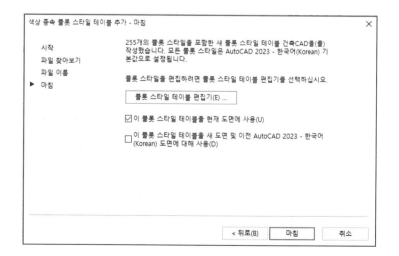

③ [– 마침] ▶ [플롯 스타일 테이블 편집기(E)...] ▶ [플롯 스타일 테이블 편집기]

(5) [플롯 스타일 테이블 편집기 – 건축CAD.ctb]

객체의 색상별 선의 출력용 색상, 두께 등을 지정한다. 출력용지와 축척 등을 고려해서 정한다.

① [플롯 스타일(P):] ➔ 작도에 사용했던 선의 색상을 전체 선택 ▶ [색상(C):] ➔ 검은색 선택 ▶ [선가중치(W):] ➔ 0.1 mm 선택(대부분의 선은 가는 선이 많으므로 우선 지정)

② 다시 [플롯 스타일(P):] ➔ 굵은 선 처리할 색상 선택[여기서는 3번(▶선가중치 0.2mm/벽돌벽), 6번(▶0.25mm/철근콘크리트)

③ [다른 이름으로 저장(S)...] 버튼 클릭

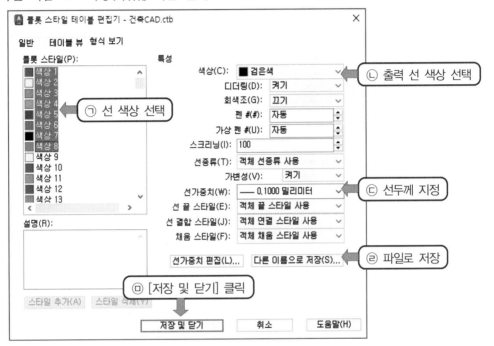

(6) [다른 이름으로 저장]

저장 경로 확인, [파일 이름(N):] ➔ '건축CAD.ctb' 확인 ▶ [저장(S)] ▶ 다시 ⑤ [플롯 스타일 테이블 편집기]

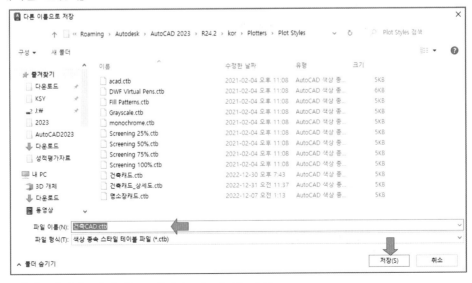

(7) [플롯 스타일 테이블 편집기] ▶ [저장 및 닫기] 버튼

(8) [색상 종속 플롯 테이블 추가 – 마침] ▶ [마침] 버튼

(9) [페이지 설정] ▶ [확인] 버튼

(10) [페이지 설정 관리자] ▶ [현재로 설정(S)] ▶ [닫기] 버튼

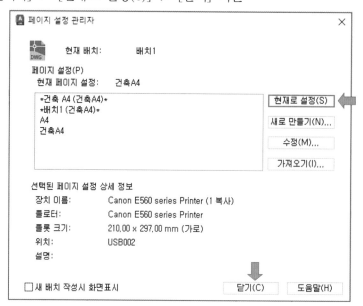

다수의 배치 탭 만들기

앞서 작업한 공동주택평면도.dwg 파일의 모형공간에 단면도.dwg 파일을 붙여넣기한 후 배치 탭
을 만들어서 두 개의 도면공간을 만들어 본다.

(1) **앞서 작업한 공동주택평면도.dwg 모형 공간에 단면도.dwg 파일 붙여넣기**

① 단면도 파일의 모형공간에서 도면을 선택하고, 복사[Ctrl+C]를 한다.

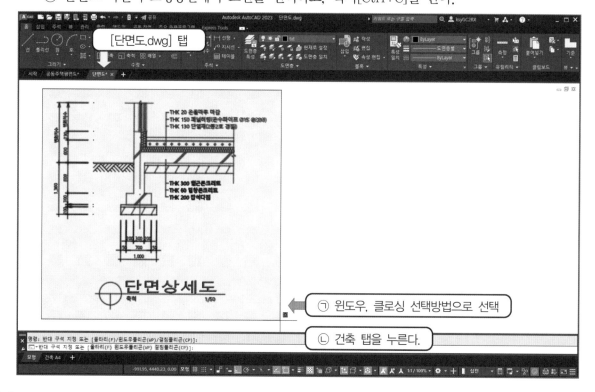

② 공동주택평면도.dwg 파일의 모형공간에서 [Ctrl+V]를 하면 복사된 도면이 십자선(마우스 포인터의 크로스헤어)에 도면이 같이 움직인다. 작업 영역의 임의 점을 클릭(삽입점으로 지정)하면 붙여넣기 된다.

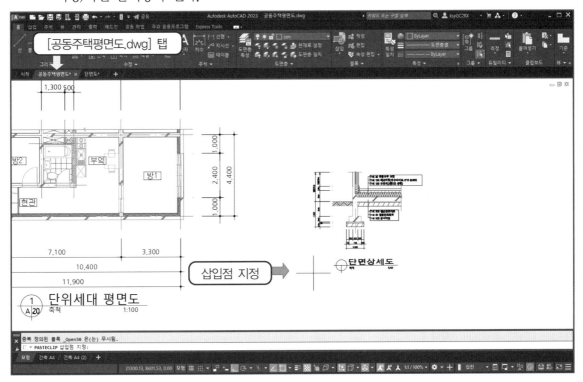

(2) 배치 탭 복사하기

① 기존의 배치탭의 설정내용과 양식등을 활용하기 위해 복사를 하여 사용한다.

물론, 새 배치를 열어 다시 환경을 만들어도 되며, 기존 템플릿 파일이 있는 경우 해당 항목을 클릭하여 사용하면 된다.

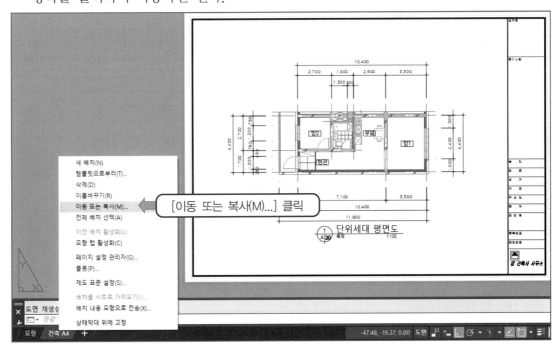

② [이동 또는 복사] ▶ [배치 이전(L):] ➔ (끝으로 이동)을 선택, ➔ 사본 작성 ✓(체크) ▶
　　[확인]

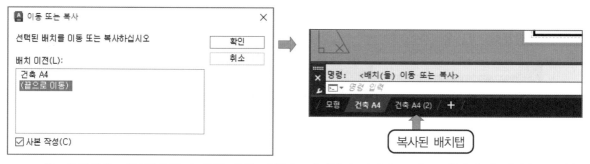

③ 배치탭을 더블클릭하여 배치 탭의 이름을 변경한다. [건축 A4] ➔ [평면도], [건축 A4(2)]
　　➔ [단면도]

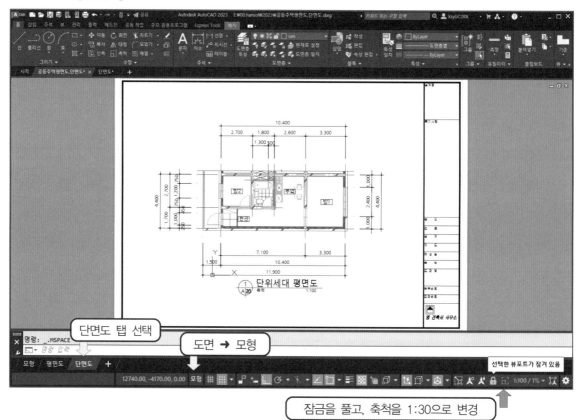

④ 단면도의 위치를 찾기 위해 Zoom/All 또는 실시간 뷰이동(Pan) 등 명령으로 양식에 단면
　　도 위치를 잡는다.

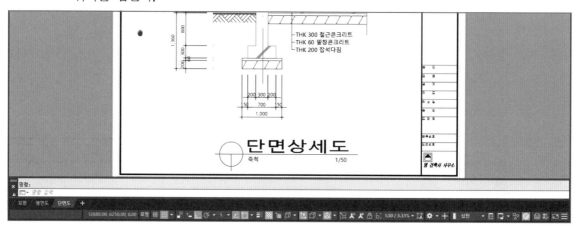

1-5 다수의 뷰포트 만들기

앞서 작업한 모형 공간은 하나를 사용하고, 배치 탭은 2개를 만들어 각각 평면도와 단면도를 배치하였다.

여기서는 하나의 배치 탭에 뷰포트를 다수 만들어 모형 공간의 도면을 각각 다른 축척으로 배치되도록 한다. A4 크기의 한계상 다수는 3개의 뷰포트를 하나의 양식에 넣고자 한다.

(1) 배치 탭 하나를 더 만든다.

① 새로운 배치를 만든다. 이번엔 템플릿 파일을 불러들여 만들어 본다.

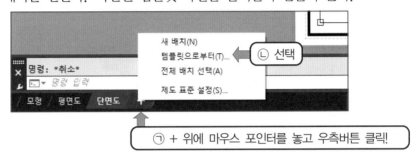

② 양식파일을 선택 및 확인하고 [열기(O)]를 누른다.

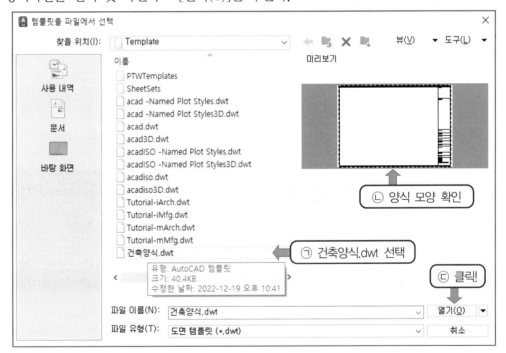

③ 배치 이름을 선택하고 [확인]을 누른다.

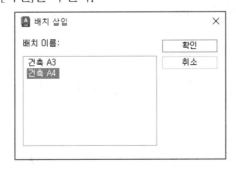

④ 보여지는 화면은 다음과 같다. [건축 A4]에 도면이 두 개가 다 보인다.

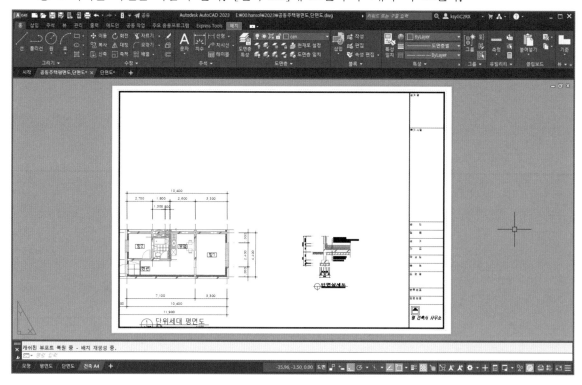

(2) 기존 뷰포트를 제거하고 3개의 뷰포트를 만든다.

① 뷰포트 경계 사각형을 클릭하여 선택하고, Erase 명령 실행 또는 [delete] 키를 누른다.

② Mview(단축키 MV)명령을 실행하고 옵션을 선택한다. 여기서는 [3] 선택

또는 [배치] 탭 ▶ [직사각형] ▶ 명령행 옵션 중 [3]을 선택한다.　　　Mview / MV

[3] 클릭

[오른쪽(R)] 클릭

양식 사각형의 대각선 끝점 지정

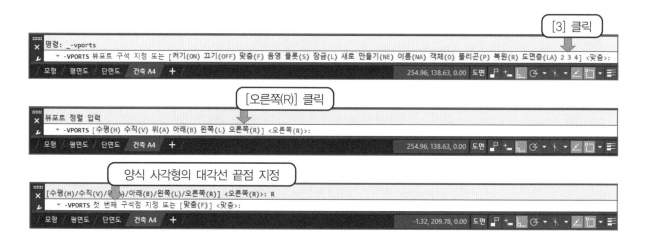

③ 3개의 뷰포트가 아래와 같이 만들어 졌다.

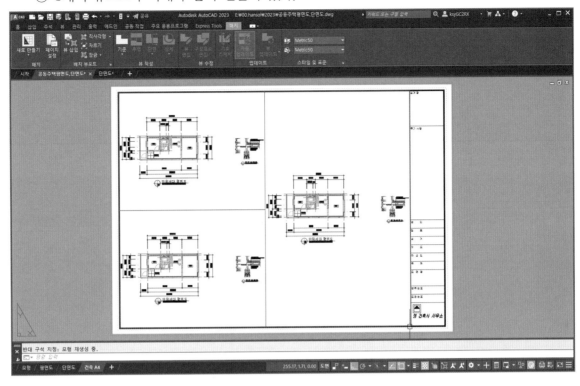

(3) **도면의 배치와 도면의 축척**
① 각각의 뷰포트마다 더블클릭하여 도면의 배치를 가운데 오도록 하고, 축척을 별도로 지정해 본다.
  ㉠ 왼쪽 위   : 평면도(축척 1:200)
  ㉡ 왼쪽 아래 : 단면도(축척 1:60)
  ㉢ 오른 쪽   : 평면도(축척 1:50)

② 축척 지정은 개별 뷰포트를 클릭하고 상태표시줄에서 기존 등록되어 있는 것을 사용하면 된다. 그러나, 축척 1:200, 1:60은 없으므로 사용자 설정을 하여 축척변경을 한다.

③ 사용자 축척 추가 및 적용 방법
  ㉠ 상태 표시줄에서 [선택한 뷰포트 축척] 클릭
  ㉡ [도면 축척 편집] ▶ [추가(A)...] 버튼

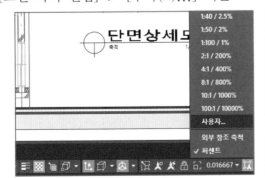

  ㉢ [축척 추가] ▶ [축척 리스트에 표시되는 이름(N):] ➜ '1:200' 입력 ▶ [축척 특성] ➜ (용지단위: 1), (도면단위: 200) ▶ [확인]

ⓔ [도면 축척 편집] ▶ [축척 리스트] ➔ [1:200] 선택 ▶ [확인] 버튼

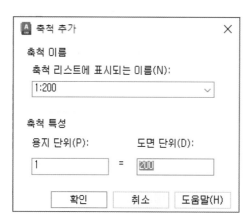
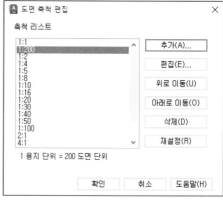

ⓜ 상태 표시줄에서 [선택한 뷰포트 축척] 클릭 ➔ [1:200] 선택.

ⓗ 같은 방법으로 왼쪽 아래 평면도의 축척 1:60으로 한다. 완성된 화면은 아래와
같다.

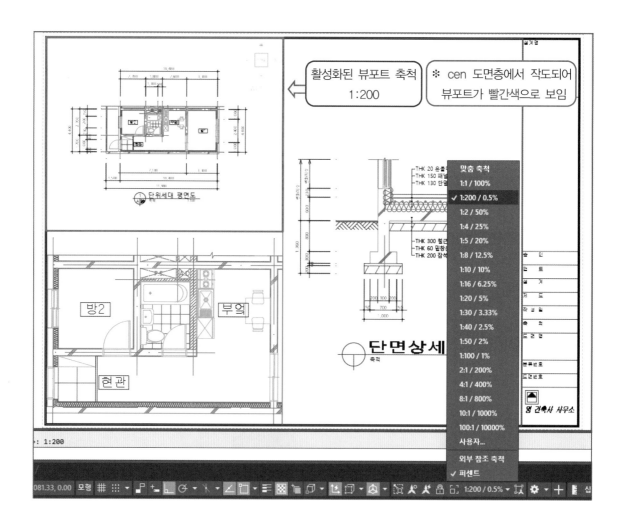

1-6 다수 뷰포트의 출력을 위한 설정 변경

(1) 모형 공간과 도면공간의 선 유형의 일치

① 도면 공간에서 출력시 모형 공간에서 선종류별 형태가 나타나도록 제도된 것이 도면 공간에서는 보이지 않거나 왜곡되어 나타나는 경우가 있다. 예를 들어 일점쇄선, 파선, 단열재선 등이 도면공간에서는 실선이나 많이 왜곡된 형태로 보인다.

■ 중심선이 실선으로 단열재(Batting)선이 크게 왜곡된 도면의 예

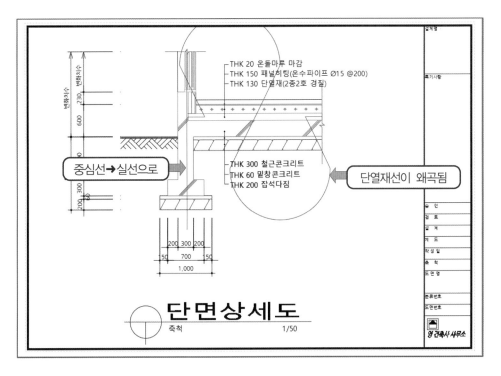

② 시스템변수 값의 설정

명령행에서 MsLtscale = 0 또는 1,　PsLtscale = 0으로 입력한다.

③ 배치 탭을 눌러 도면 공간 뷰포트를 열고(모형) Regen 명령을 실행한다. 이 때 도면의 축척이 잠겨있으면 풀고 해야 한다.

(2) 뷰포트 도면층의 관리

뷰포트별 축척이 다른 경우 마감선, 재표시, 문자 등 도면층을 나타나지 않게 해야 하는 경우가 있다.

도면층을 뷰포트 별로 다르게 제어하는 방법에 대해 설명한다.

① 상세도의 경우는 거의 모든 도면층(Layer)을 동결해제(Thaw) 하고, 축척이 작은 도면의 경우는 도면층 동결이 불가피하다.

② 여기서는 앞서 작업했던 도면 중 1/200의 평면도에서 hat, ins, sym, txt를 동결해 본다.

㉠ Z/W로 1/200 도면을 확대하고, 뷰포트 내부를 더블클릭한다.

㉡ 도면층 관리 창에서 뷰포트 해당 도면층 VP동결을 클릭한다.

㉢ 동결아이콘을 누를 때마다 도면의 해당 객체가 사라지는 것을 확인할 수 있다. 다른 뷰포트의 도면은 변화 없다.

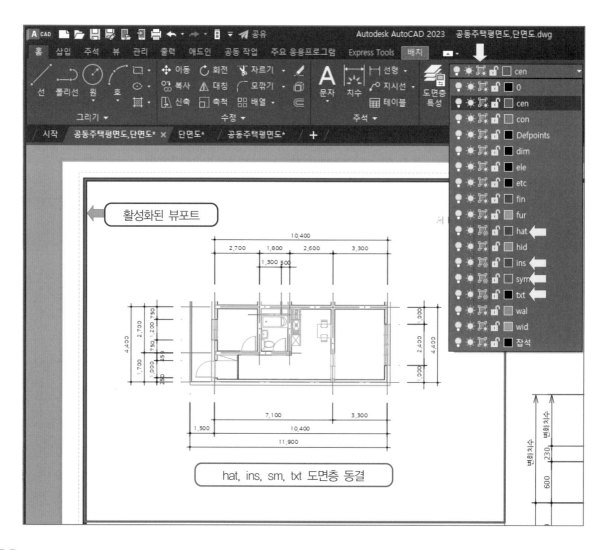

③ 위 ②의 내용을 [도면층 특성 관리자]에서 VP 동결하도록 할 수 있다. 또한 [도면층 특성 관리자] 팔레트에서는 VP 색상도 모형공간이나 다른 뷰포트와 다르게 지정할 수 있다.

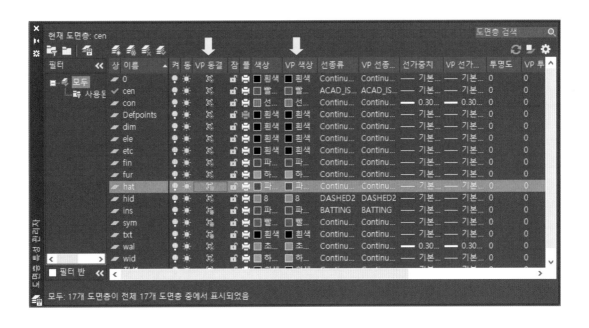

(3) 위 내용을 정리한 결과는 다음과 같다.

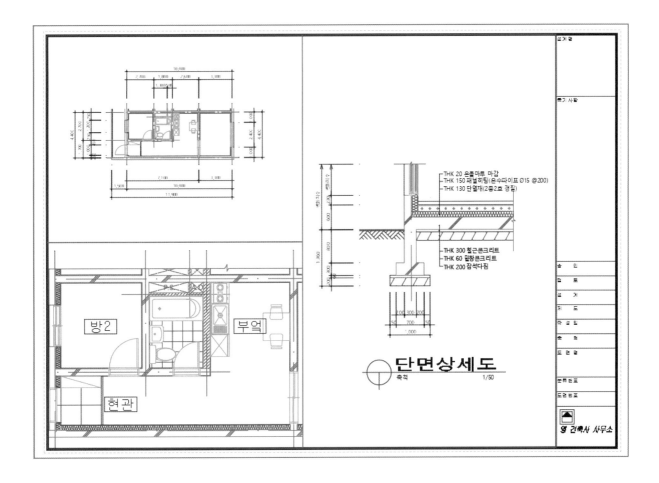

모델공간에서 인쇄하기

2-1 도면에 양식 배치하기

(1) 공동주택평면도.dwg 파일을 불러와서 zoom명령으로 보기 좋게 배치한다. **Zoom / Z /**

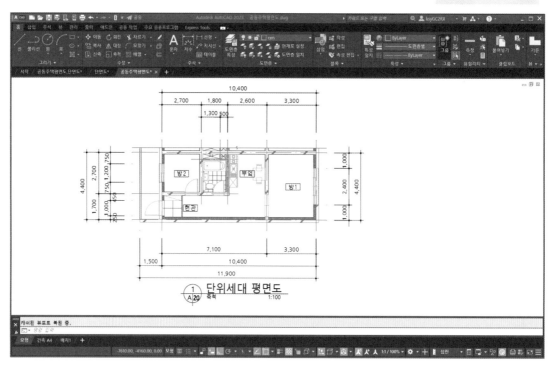

(2) 화면 하단의 배치 탭 중 [건축 A4]를 눌러 양식이 그려진 도면 공간을 연다.

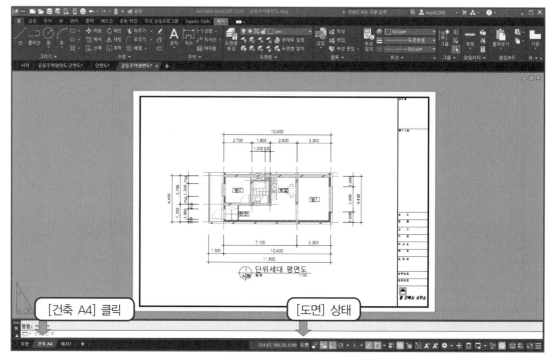

⑶ A4양식을 복사해서 모형공간에 붙여 넣고, 확대해서 사용하기 위해 양식을 모두 선택한 뒤 마우스 오른쪽 버튼 ➔ 클립보드 ▶ [기준점을 사용하여 복사(B)]를 클릭한다.

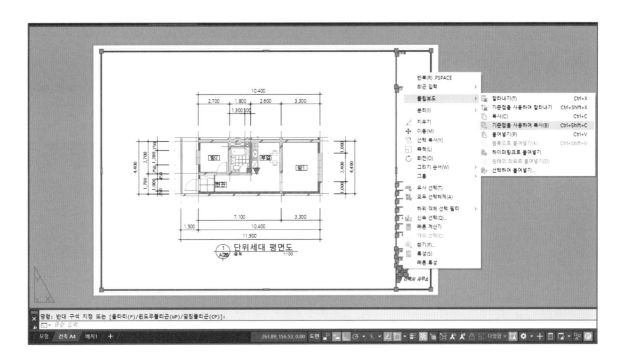

⑷ 기준점 0,0을 입력하고 [엔터] 키를 친다.

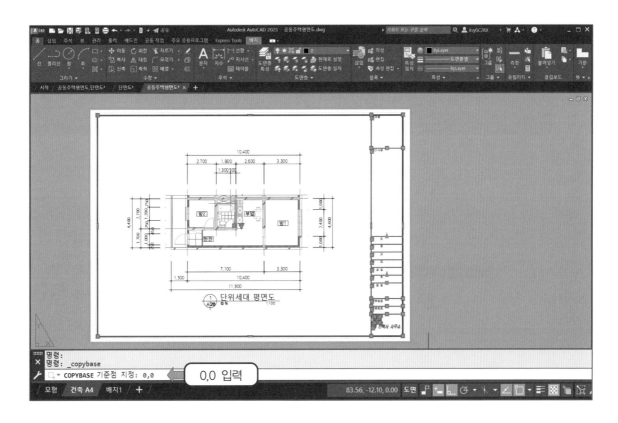

(5) [모형] 탭을 눌러 모델 공간으로 변경한 후, 마우스 오른쪽 버튼 눌러 [붙여넣기(P)]를 클릭한다.

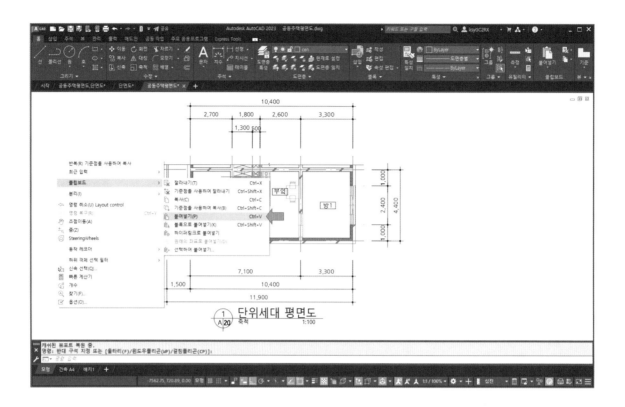

(6) 도면의 좌측 하단 임의 점을 클릭하여 도면양식을 삽입한다.

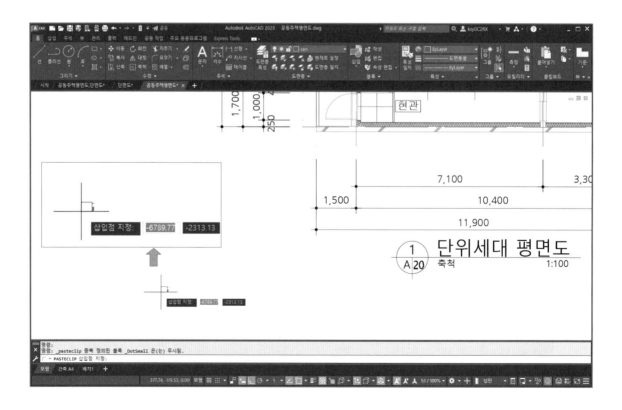

(7) 도면양식을 확대하기 위해 축척(scale) 명령을 실행한다.

Scale / SC / ▱

① Scale(단축키 SC) 명령을 입력한 후 [엔터] 키를 친다.

② 확대 대상을 window에 의한 선택방법으로 위에 삽입된 도면양식을 선택한다.

③ 양식 왼쪽 아래 구석점을 삽입기준점으로 한다. 화면에는 마우스의 움직임에 따라 양식의 테두리선의 크기가 확대되면서 크기는 계속 변화한다.

(8) 명령행의 축척비율 지정은 출력도면 축척의 역수인 100을 입력한다. 작업화면이 아래와 같이 변경되었다.

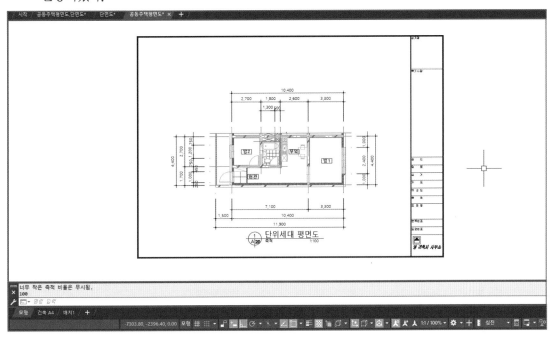

(9) 평면도 도면을 이동하거나(경우에 따라 양식을 이동하여도 됨) pan, zoom명령을 이용하여 도면을 보기 좋게 배치한다. 아래는 도면배치가 완료된 상태이다.

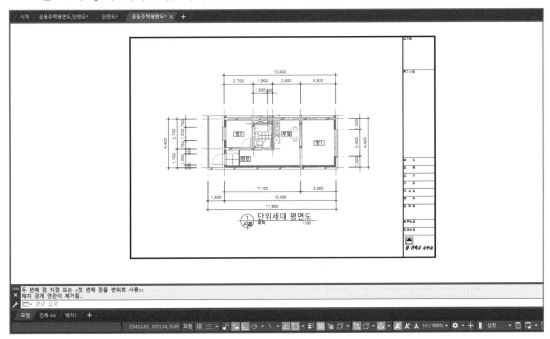

(1) Plot(인쇄)명령을 실행한다. Plot 대화상자가 나타나면 다음과 같이 확인한다.

① [플롯-모형] 대화상자가 뜨면, [프린터/플로터] ➔ [이름(M):]에서 프린터 기종을 확인하고,

② [플롯 스타일 테이블(펜 지정)(G)]에서 인쇄스타일 파일을 확인한다.

(여기서는 건축도면.ctb)

③ 인쇄스타일 변경시에 클릭한다.

④ 용지 크기(Z)를 A4로 선택한다.

⑤ [플롯의 중심(C)]에 ✓를 한다.

⑥ [축척(S)]은 모형공간에서 하는 것이므로 1:100으로 한다.

⑦ [도면 방향] ➔ (가로) 선택

⑧ [윈도우(O)<] 버튼을 누르고 모형공간에서의 출력 영역을 지정한다. 테두리선의 모퉁이 두 점을 선택한다.(p1 → 드래그 → p2)

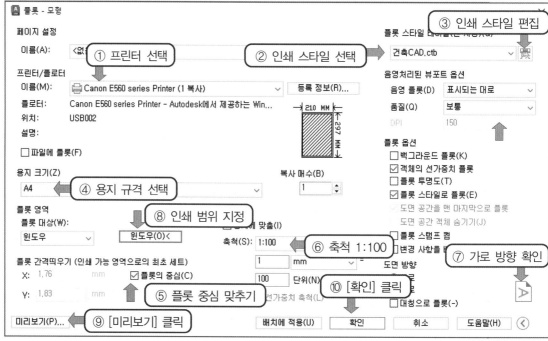

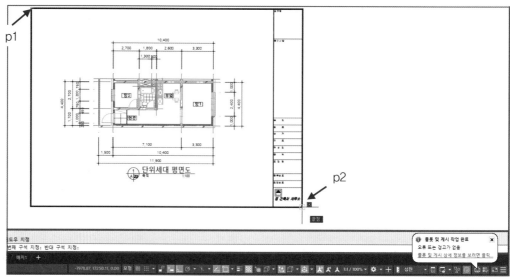

(2) [미리보기(P)...] 버튼을 클릭하여 모형공간에서 인쇄영역을 확인한다.

다음은 인쇄출력물의 미리보기 상태이다.

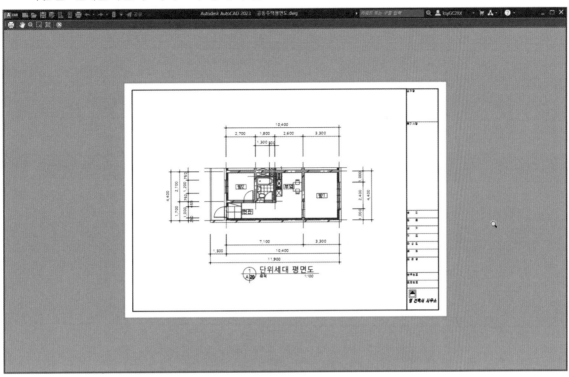

(3) 앞 ①의 [플롯] 대화상자에서 [확인] 버튼을 누르면 인쇄가 시작된다.

인쇄진행 중에는 상태표시줄의 오른쪽 아래 [프린터] 모양이 작동 중임과 작업 완료 상황을 알려준다.

아래 파란색 글씨를 누르면 플롯 및 게시 상세 정보를 알 수 있다. ▶ 아래 [플롯 및 게시 상세 정보]

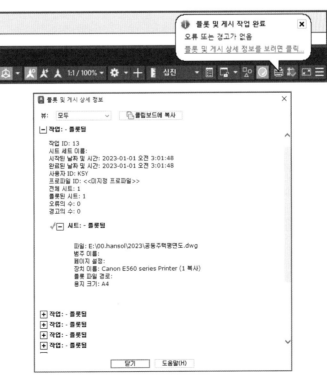

06 부록(도면)

제도순서에 따른 평면도 그리기　01

블록 자료 모음(문·창·주방기구·위생기구 등)　02

주택 평면도 단계별 그리기의 예 A　03

주택 평면도 단계별 그리기의 예 B　04

주택 참고 도면(평면도, 단면도, 입면도)　05

건축설비 도면　06

근린생활시설 도면　07

기능버튼 및 단축키　08

01 제도순서에 따른 평면도 그리기

① 양식 그리기

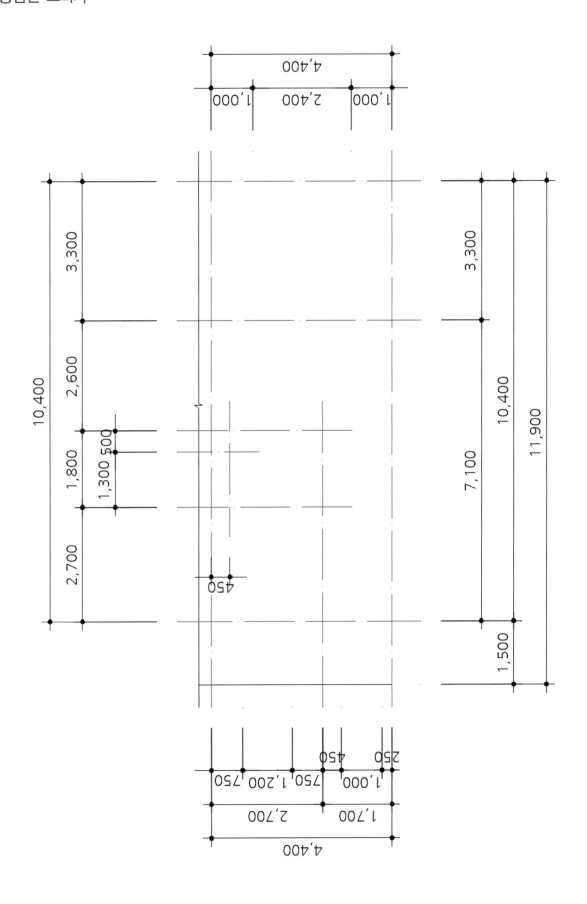

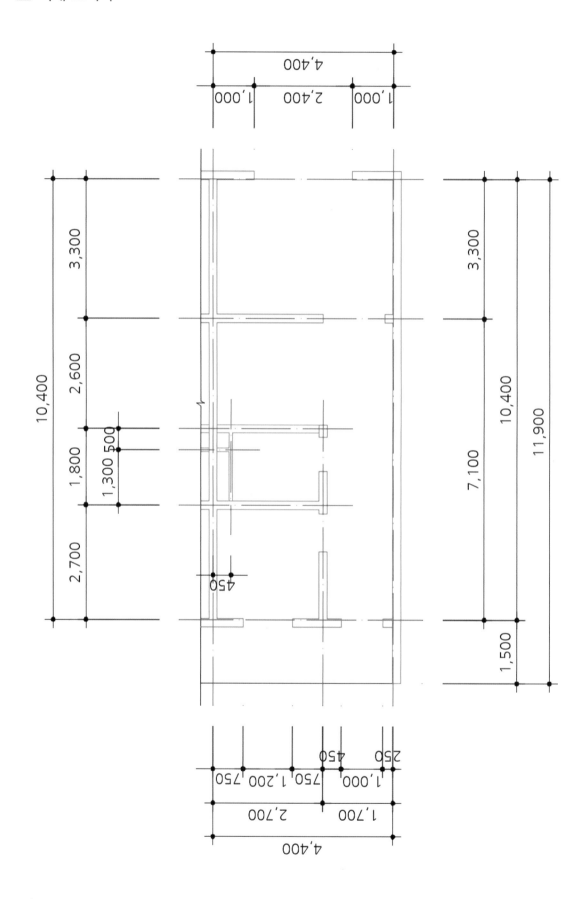

④ 문 그리기

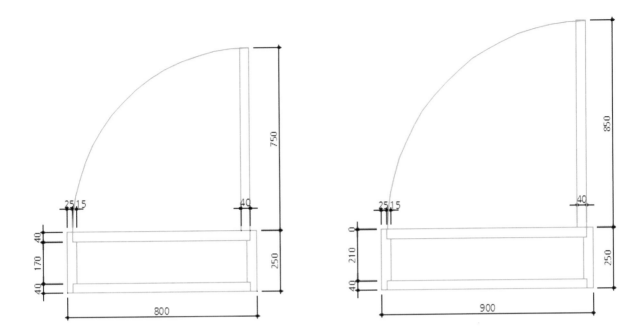

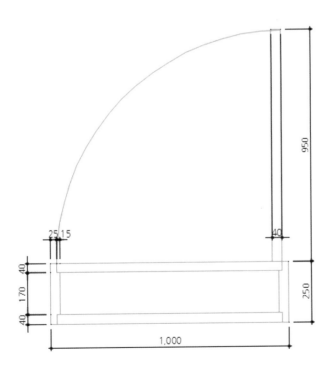

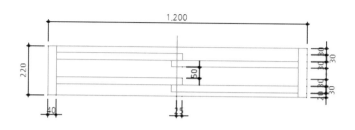

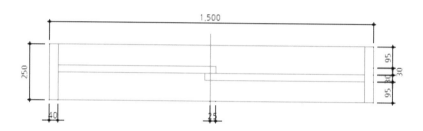

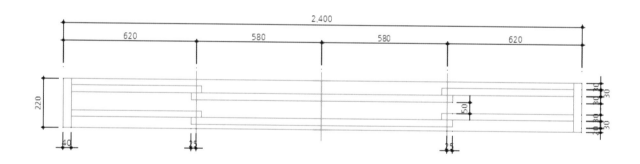

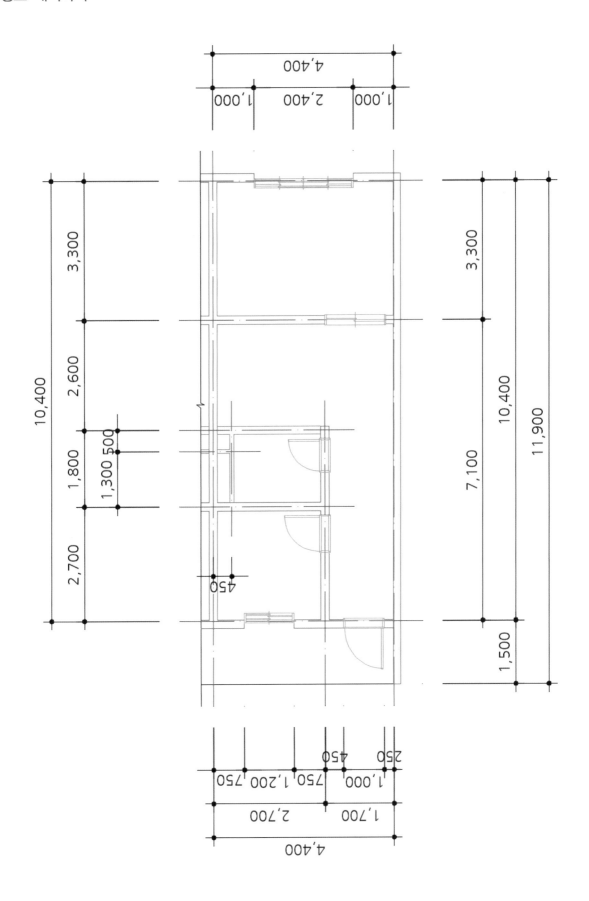

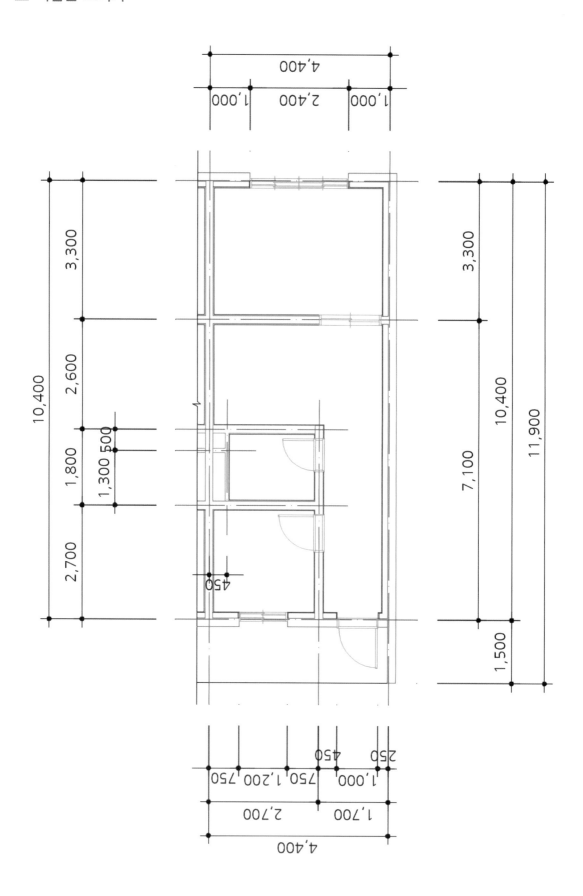

⑧ 위생기구 그리기 1 (세면기, 욕조)

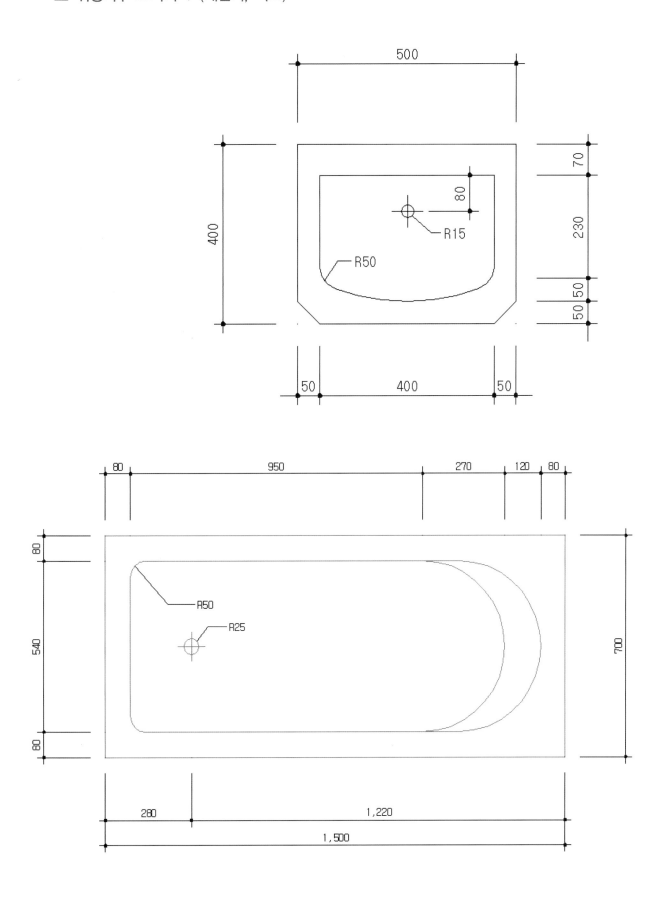

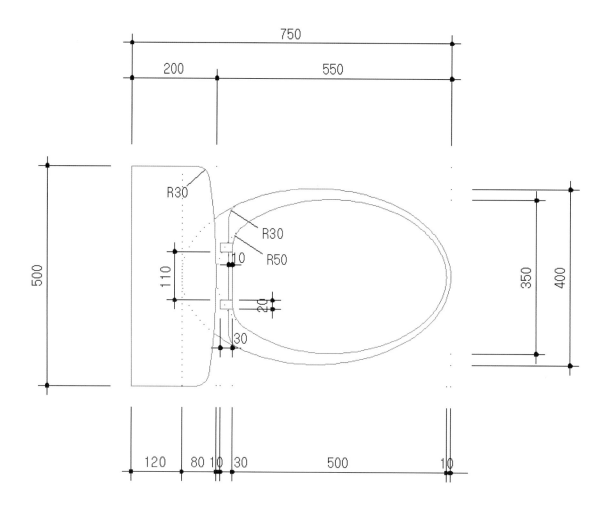

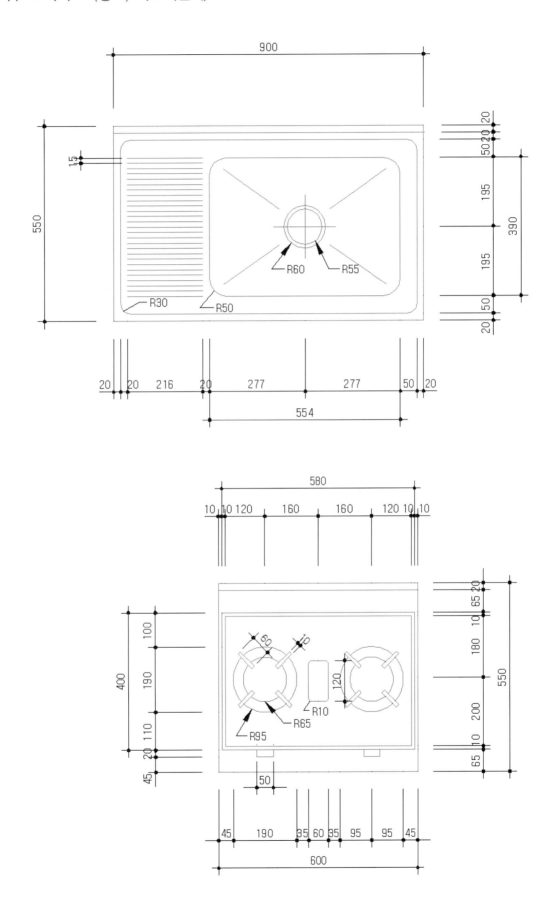

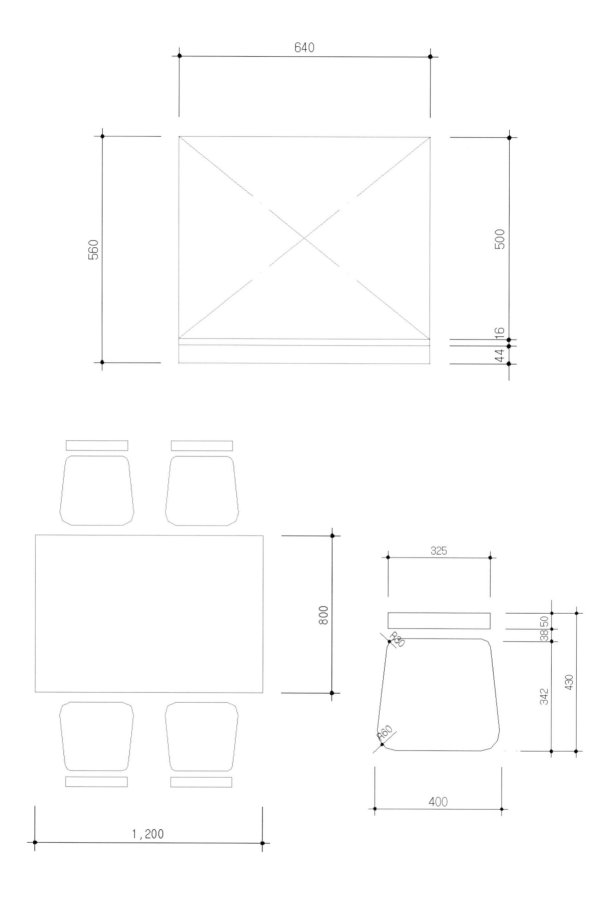

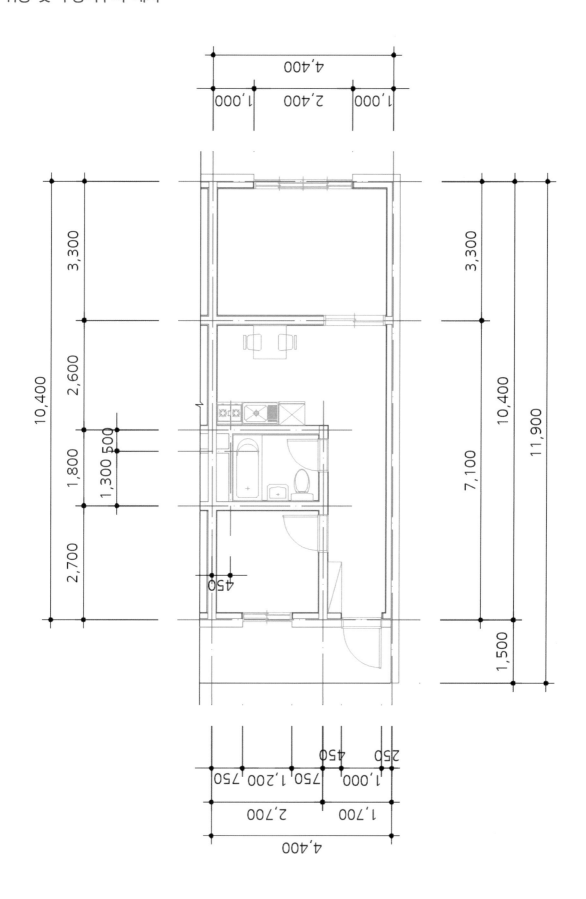

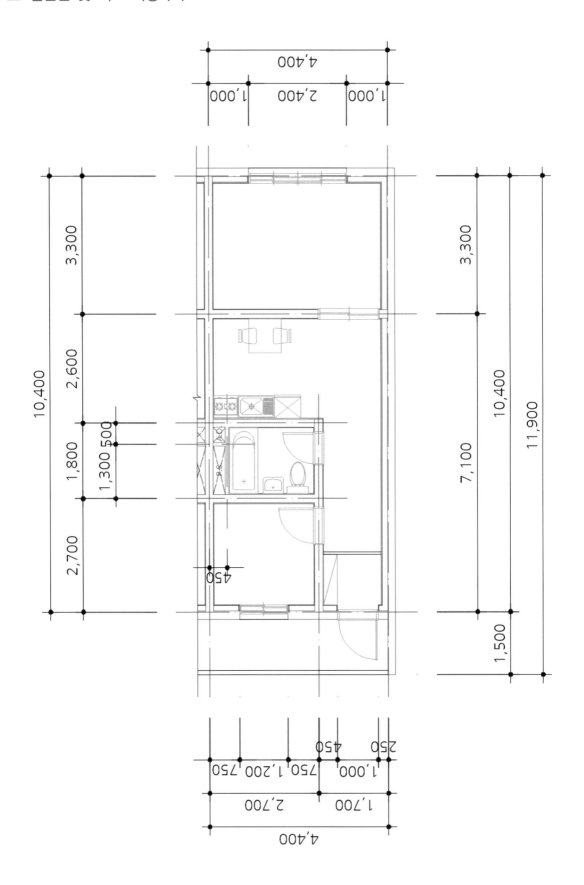

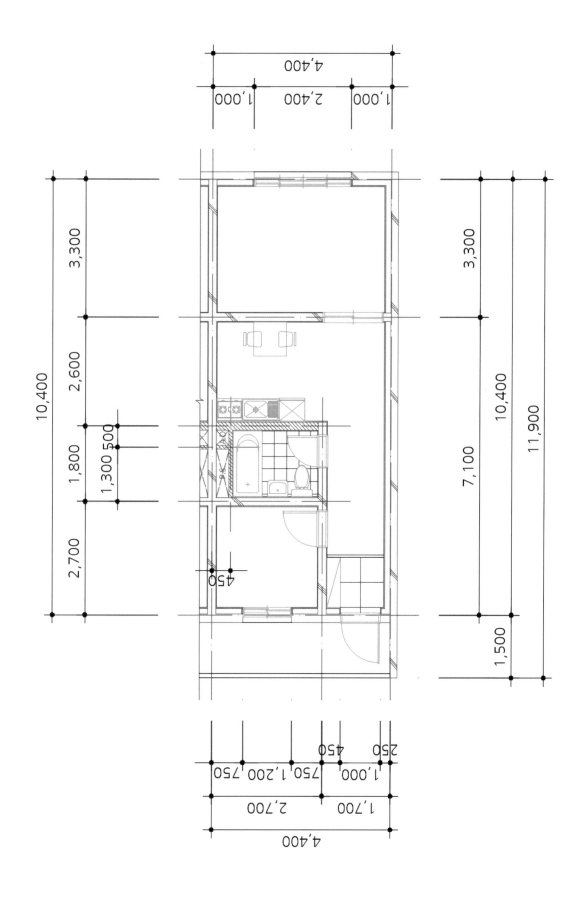

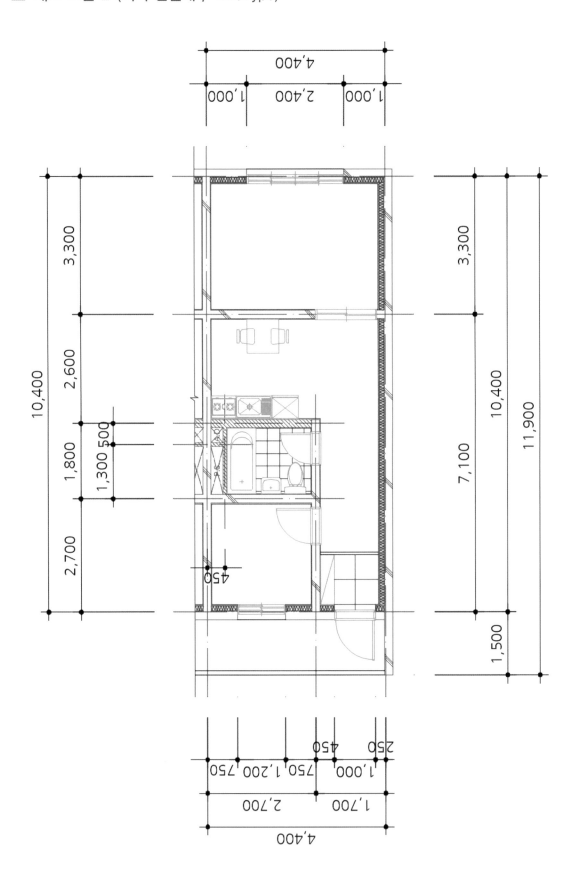

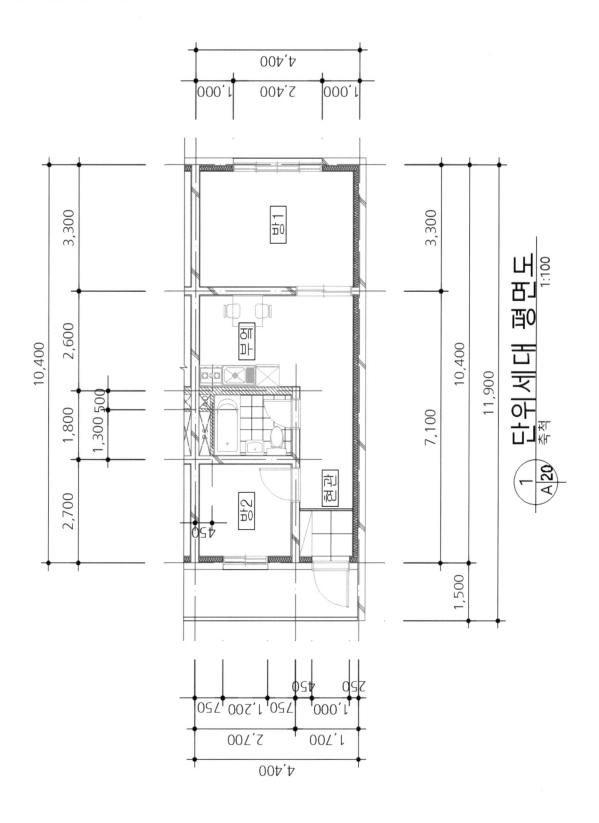

단위세대 평면도

축척 1:100

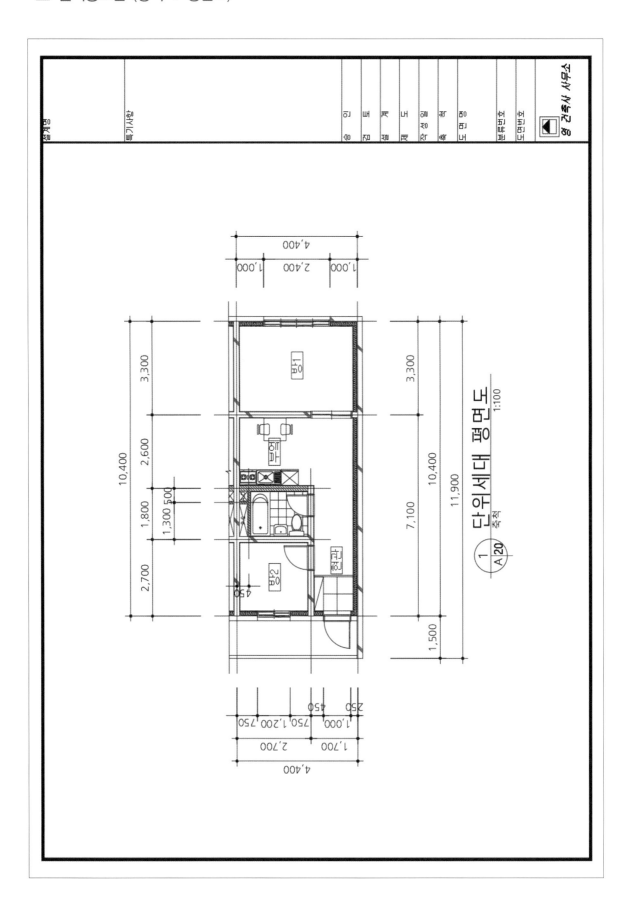

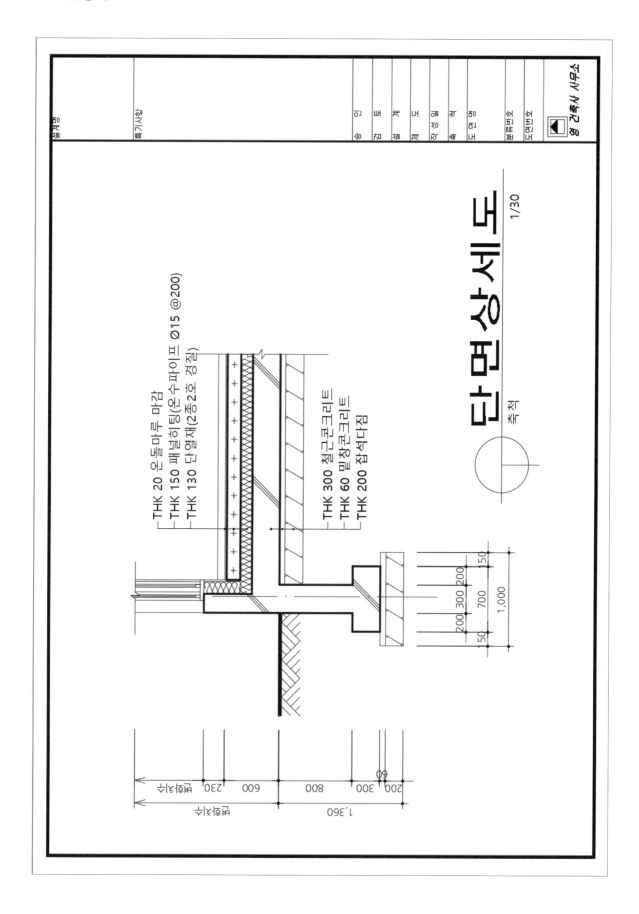

단면상세도

축척 1/30

THK 20 온돌마루 마감
THK 150 패널히팅(온수파이프 Ø15 @200)
THK 130 단열재(2종2호 경질)

THK 300 철근콘크리트
THK 60 밑창콘크리트
THK 200 잡석다짐

1 문

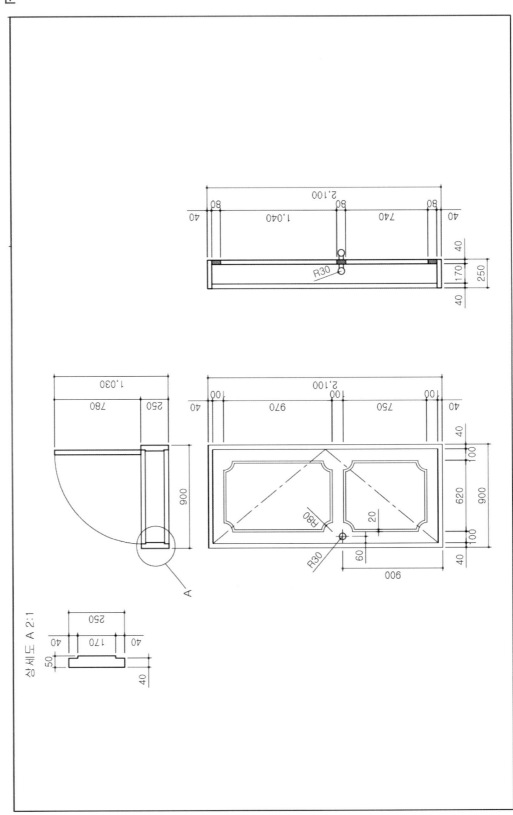

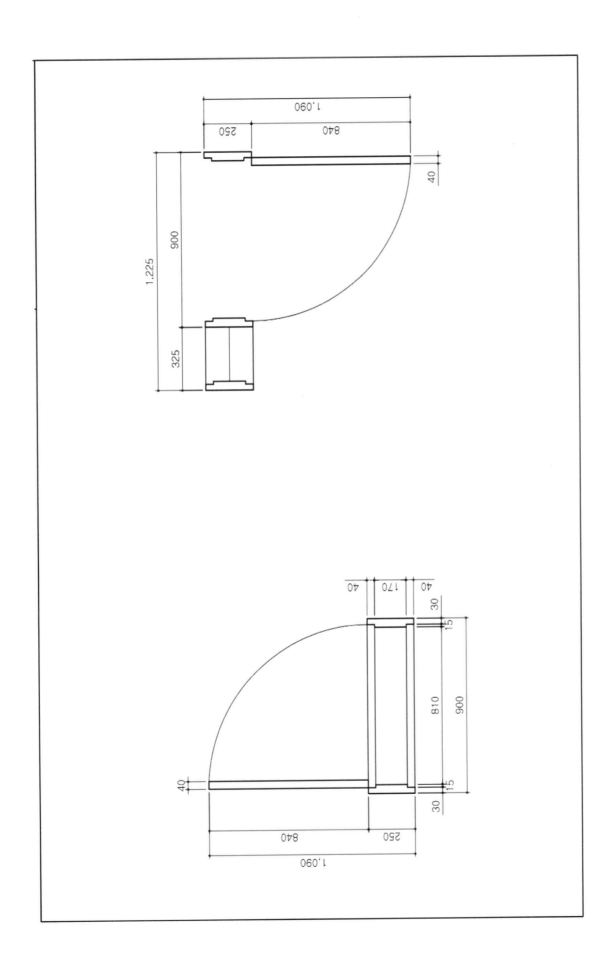

② 창

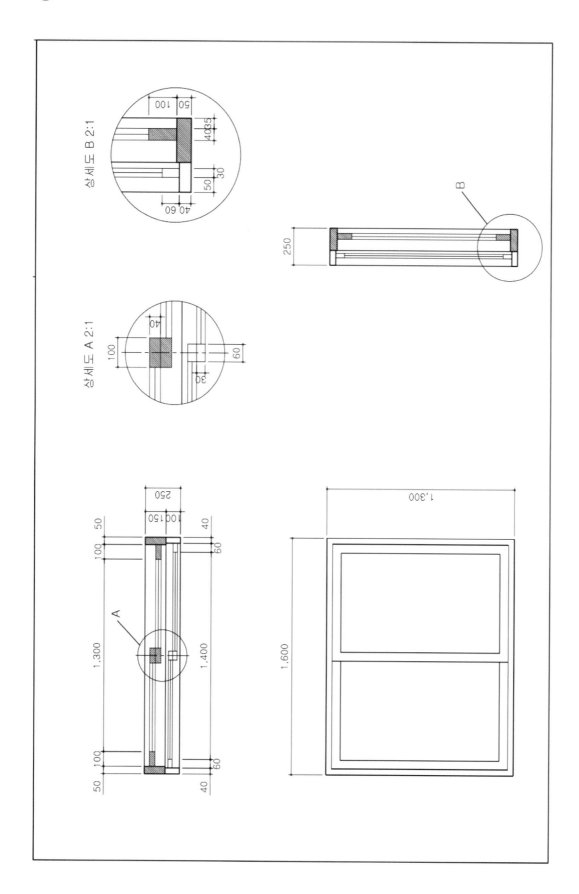

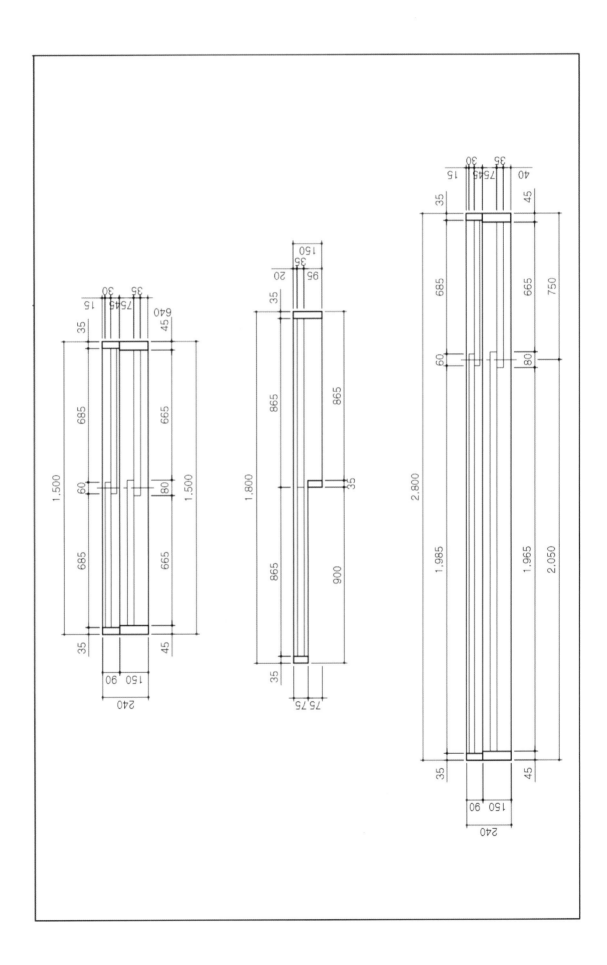

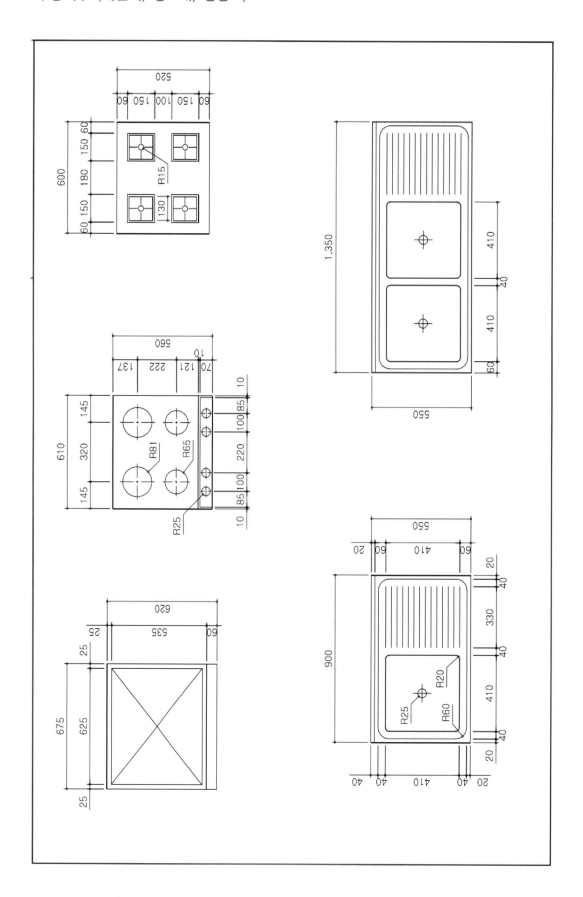

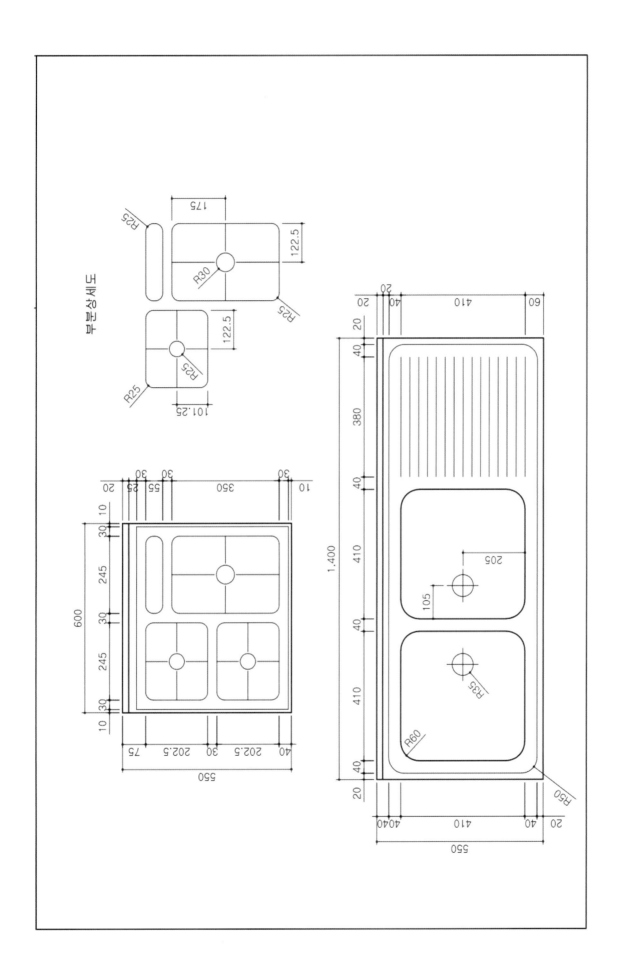

부분상세도

4 위생기구

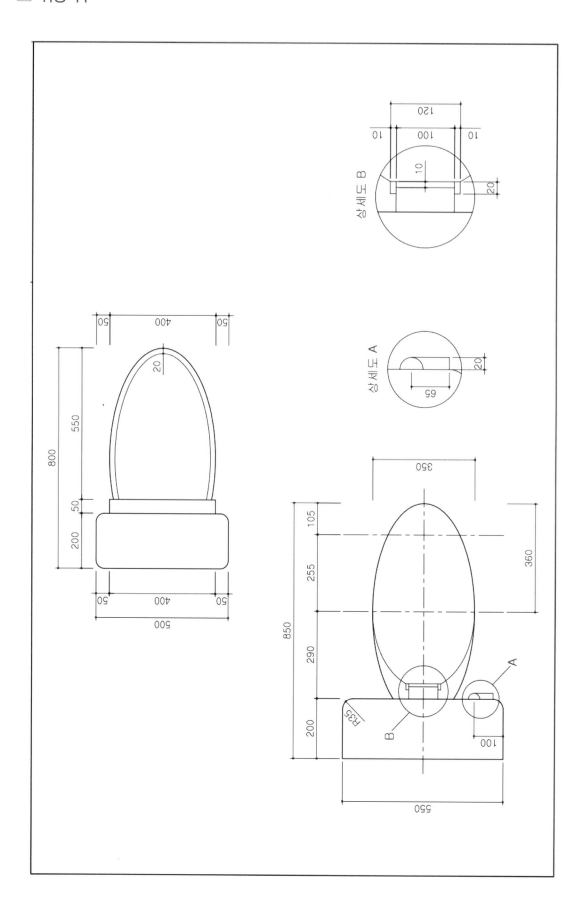

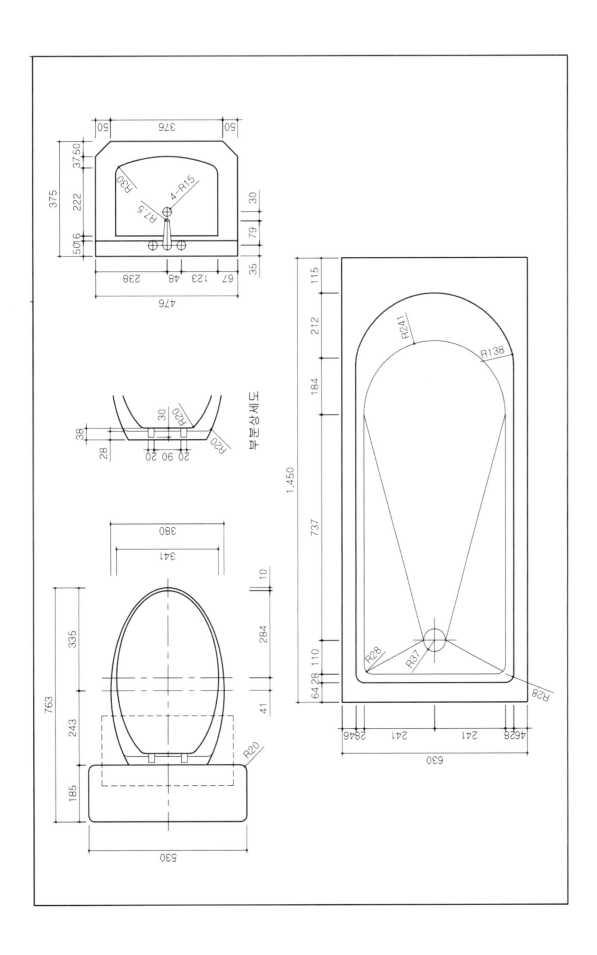

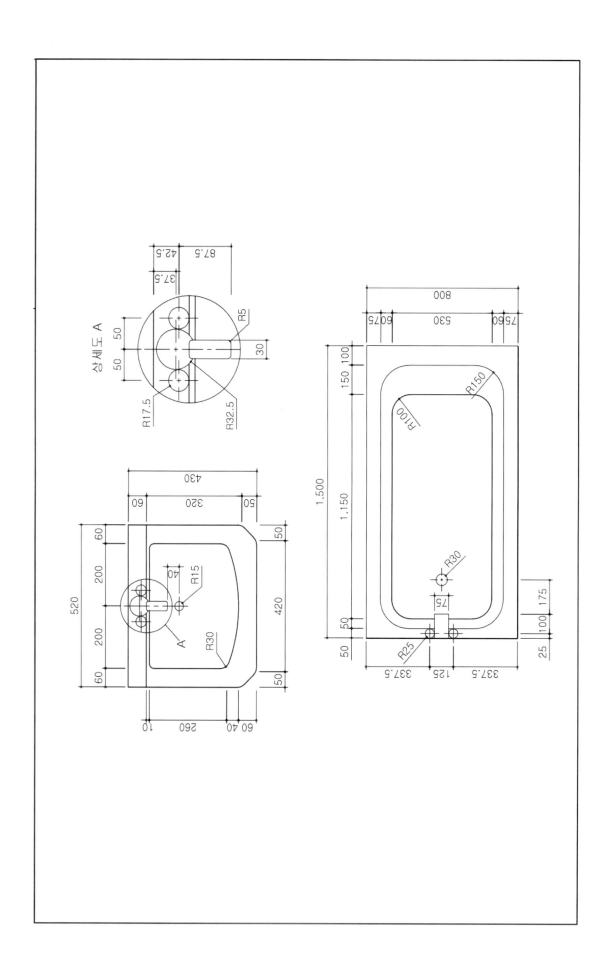

상세도 A

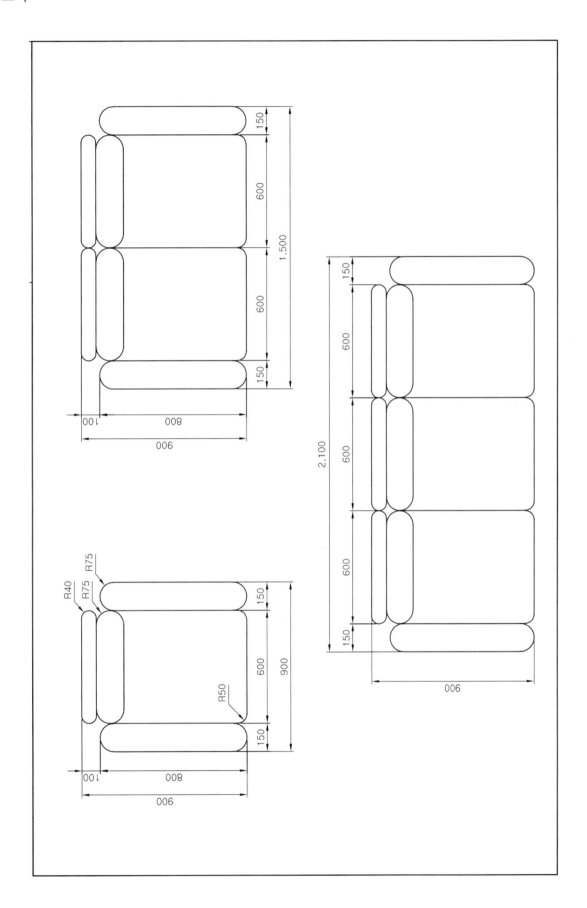

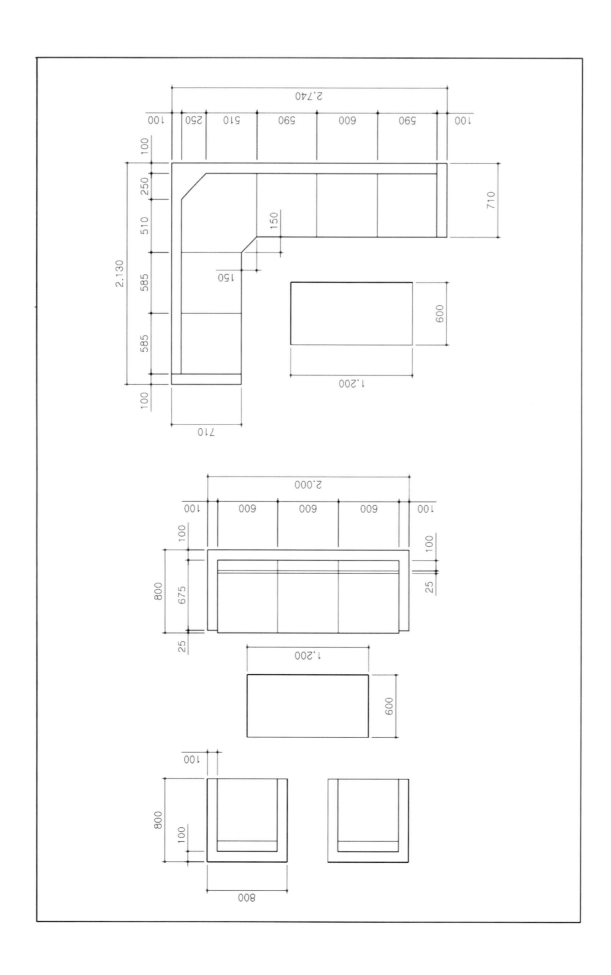

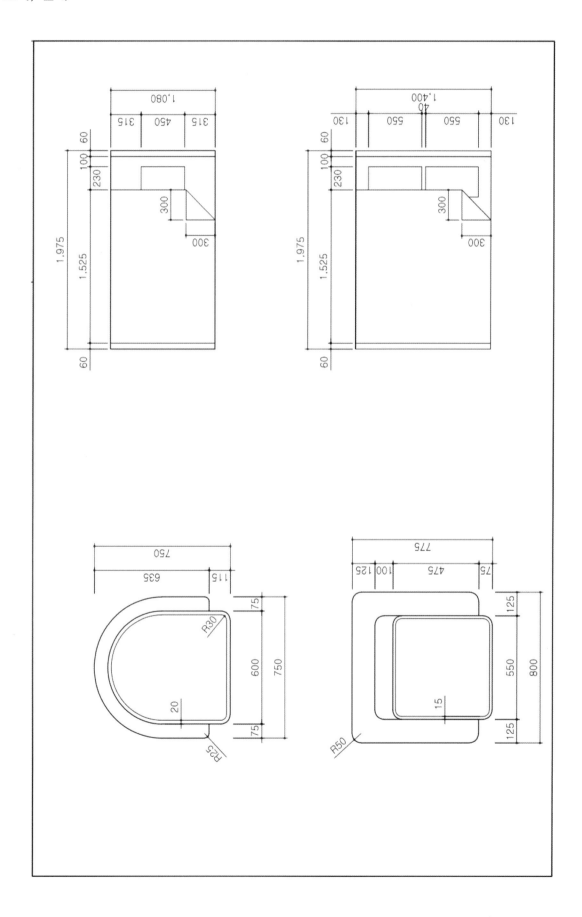

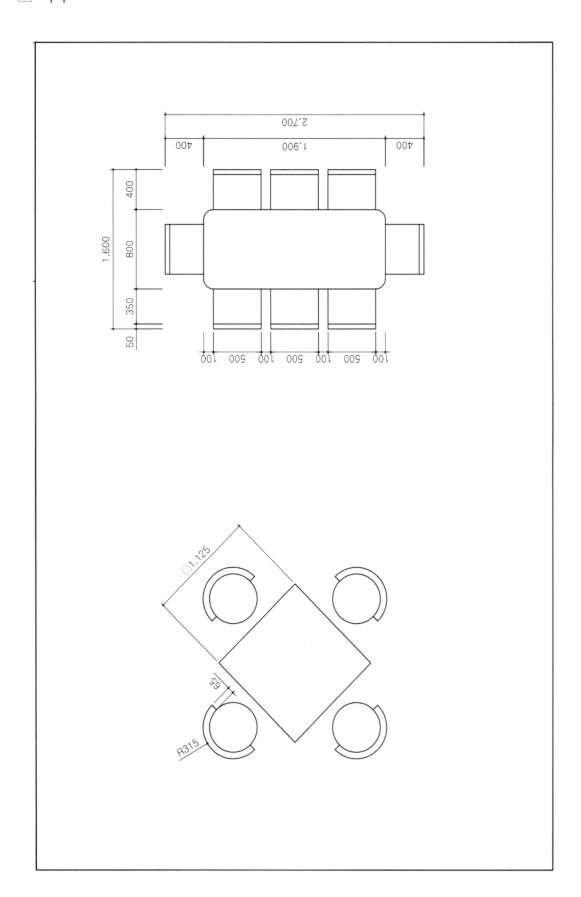

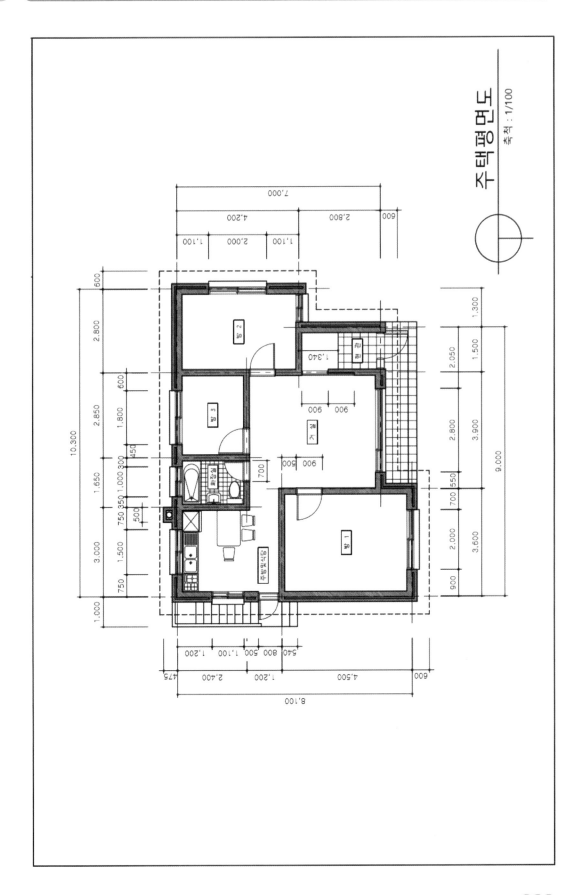

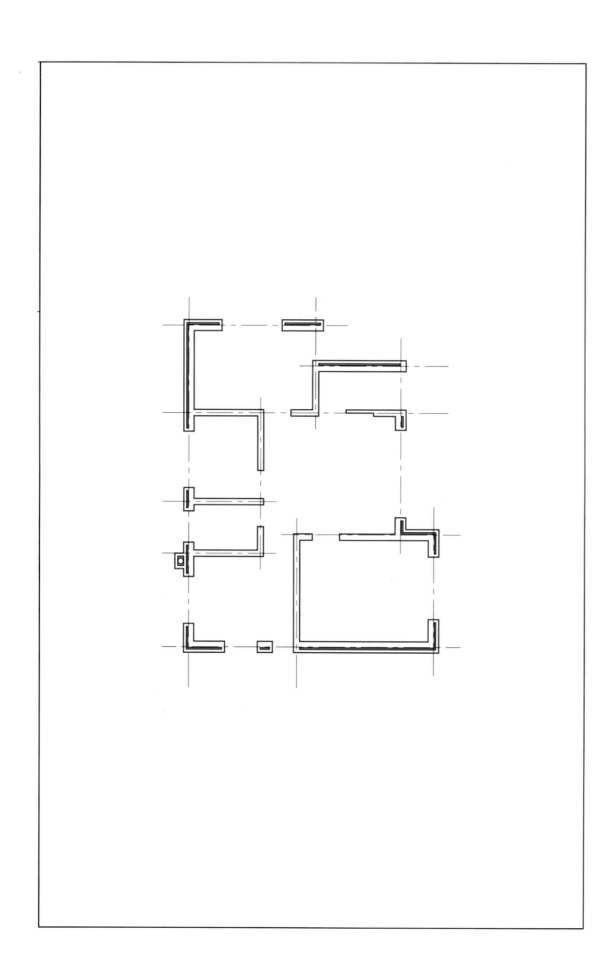

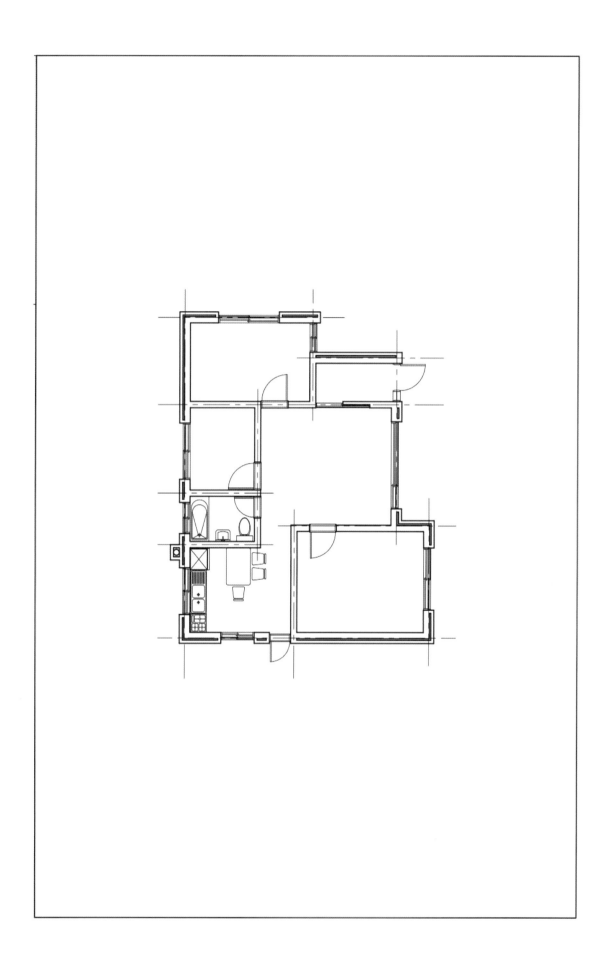

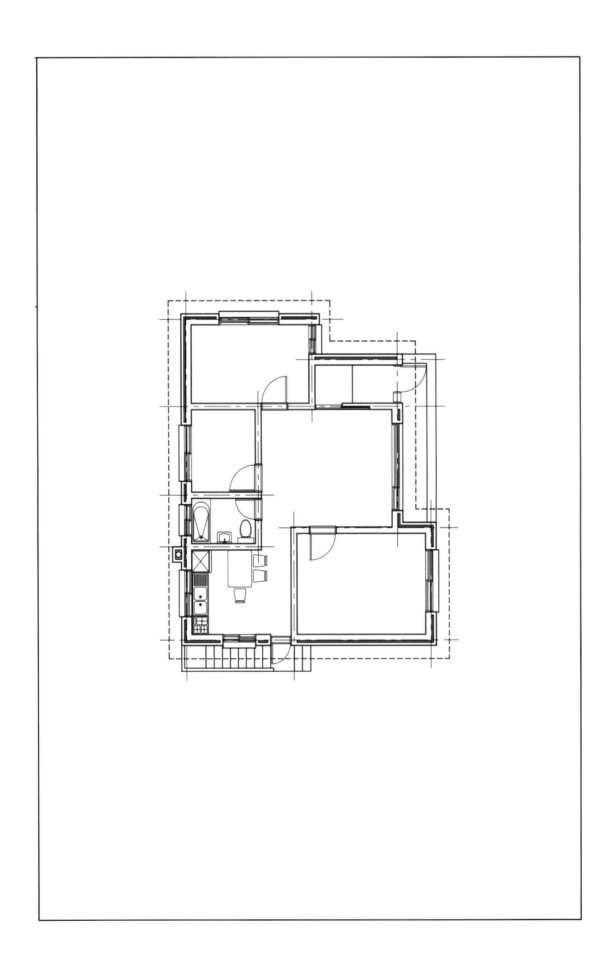

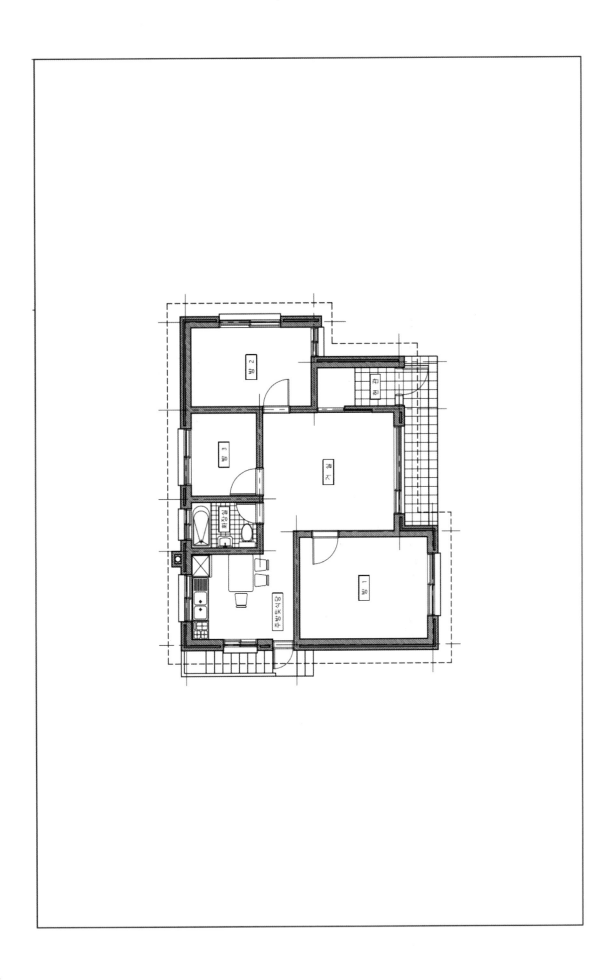

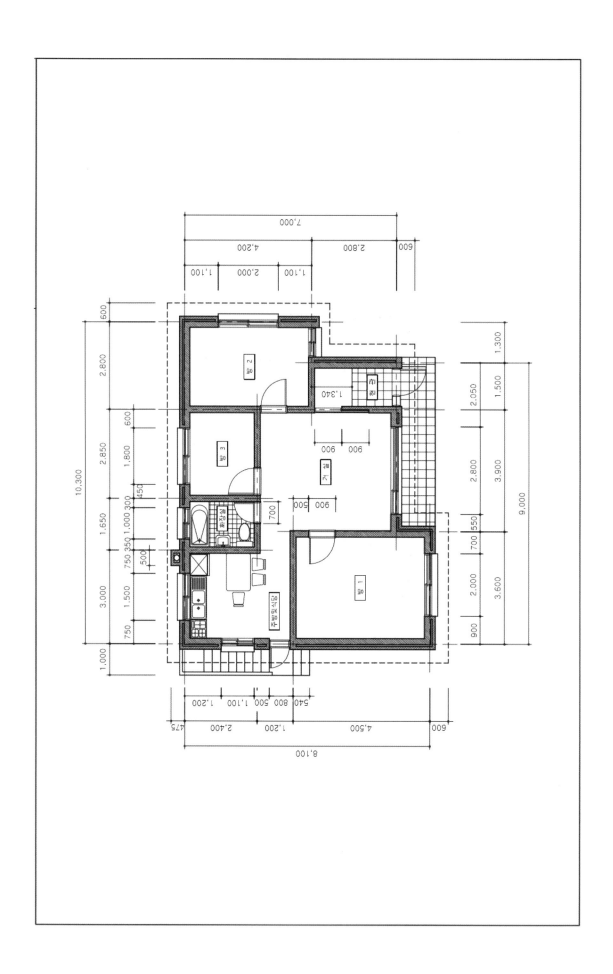

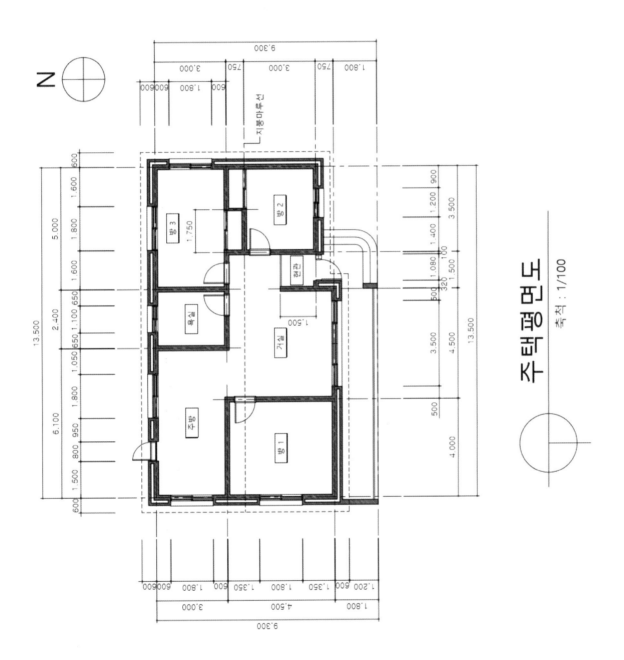

주택평면도
축척 : 1/100

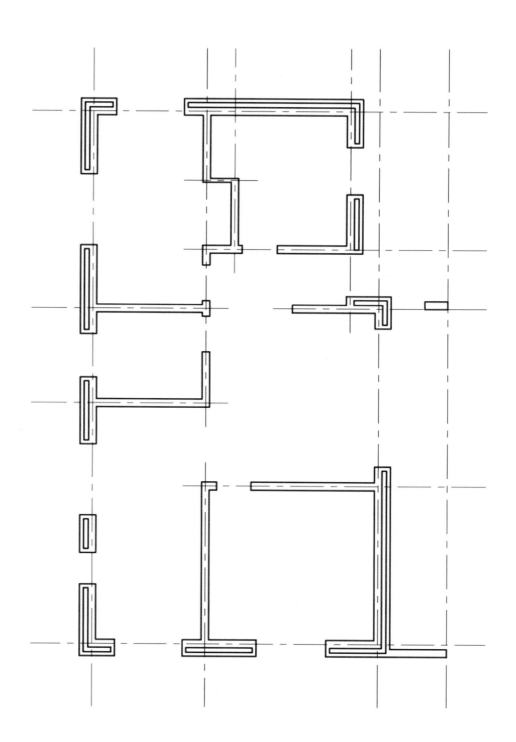

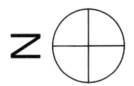

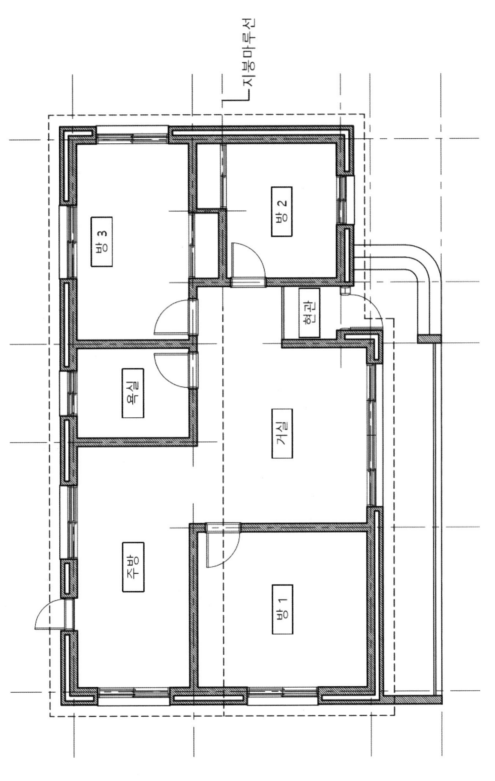

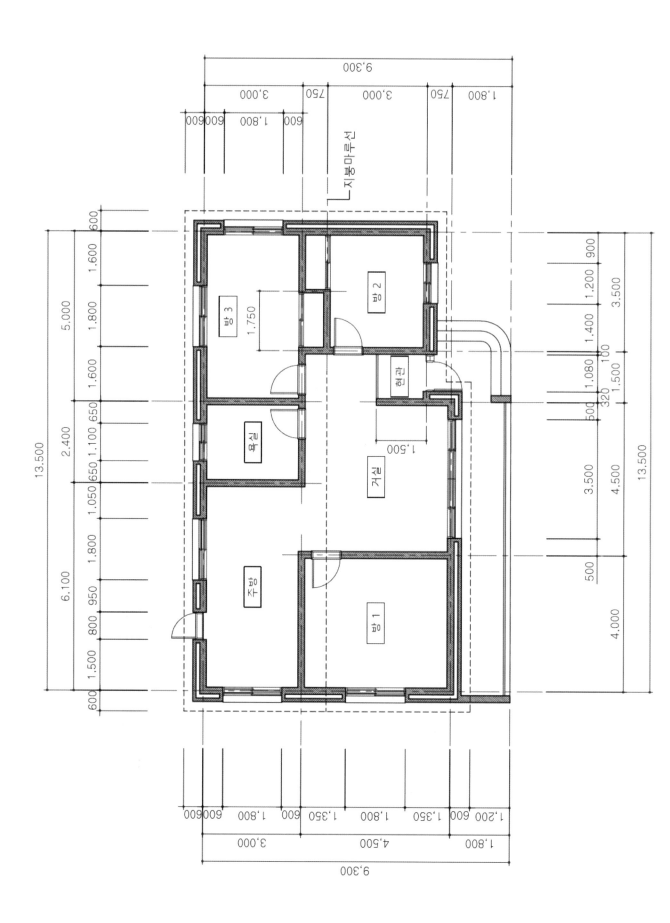

1 단독주택 A

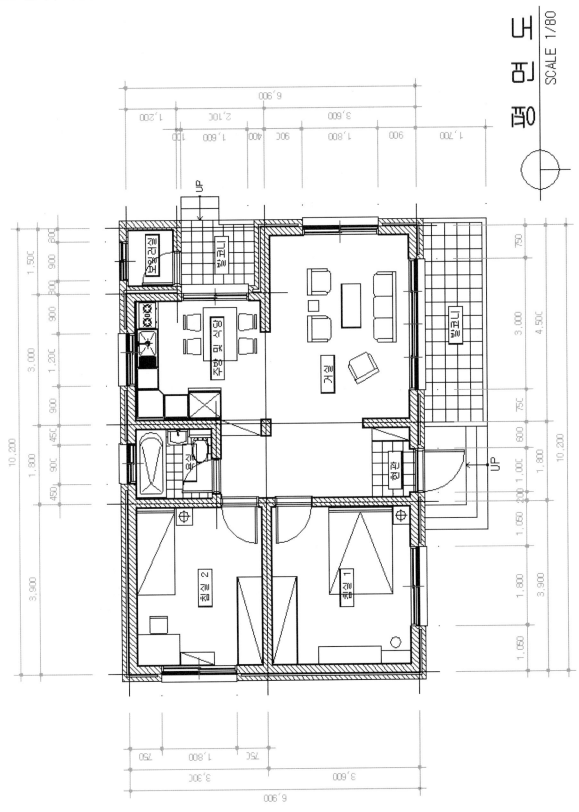

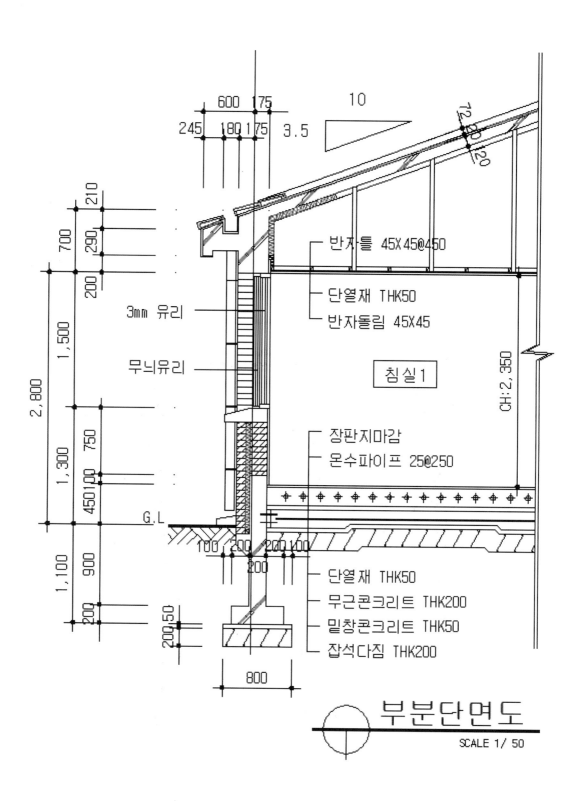

반자틀 45X45@450

단열재 THK50
반자돌림 45X45

침실1

3mm 유리

무늬유리

CH:2,350

장판지마감
온수파이프 25@250

G.L

단열재 THK50
무근콘크리트 THK200
밑창콘크리트 THK50
잡석다짐 THK200

부분단면도

SCALE 1/ 50

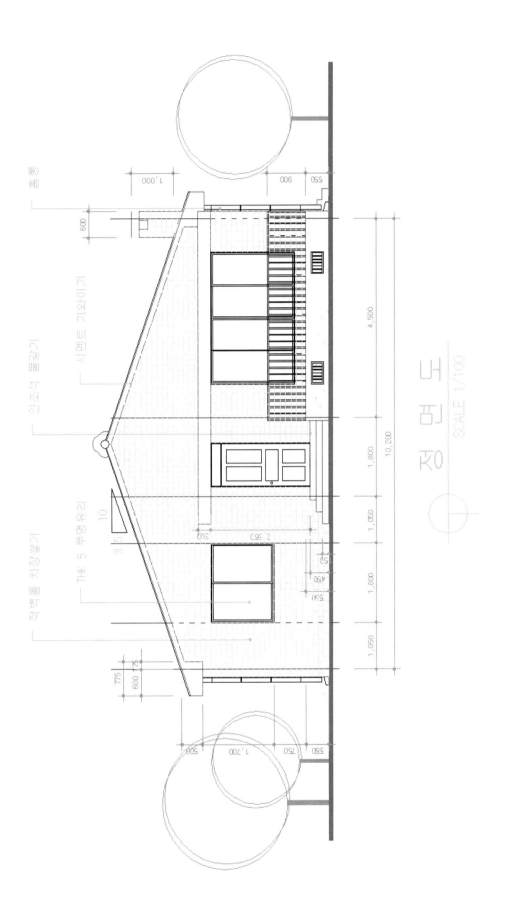

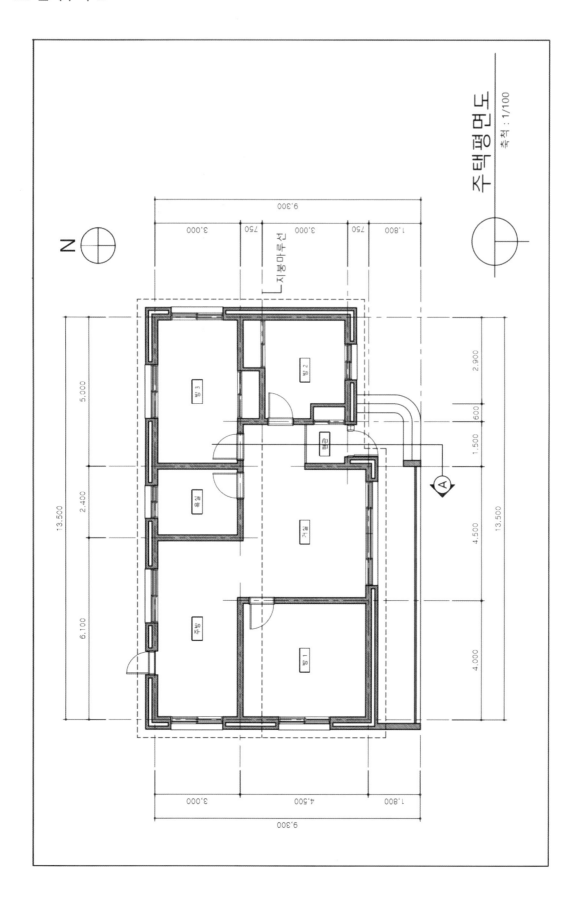

주택평면도
축척 : 1/100

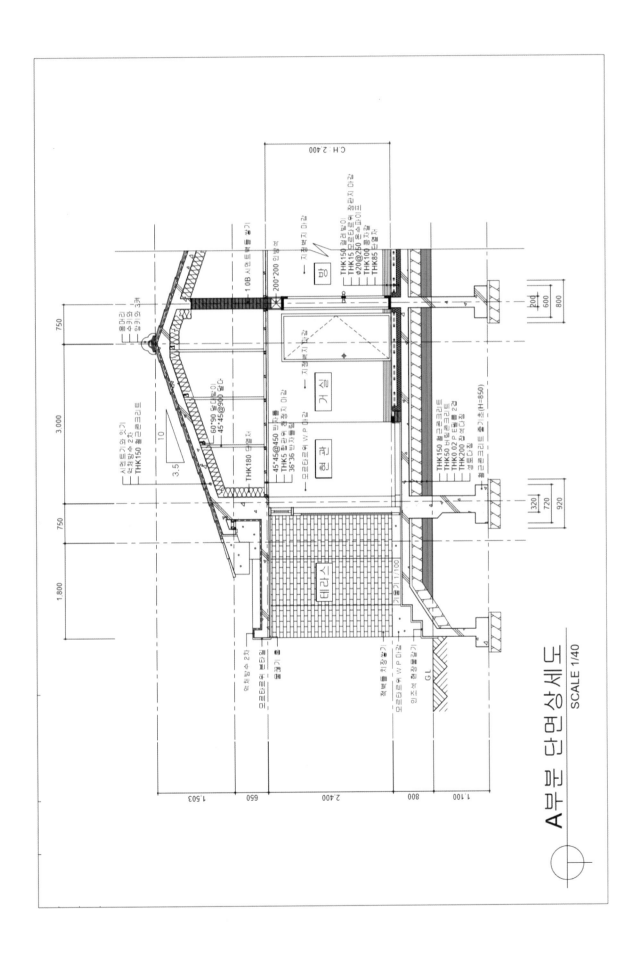

A부분 단면상세도
SCALE 1/40

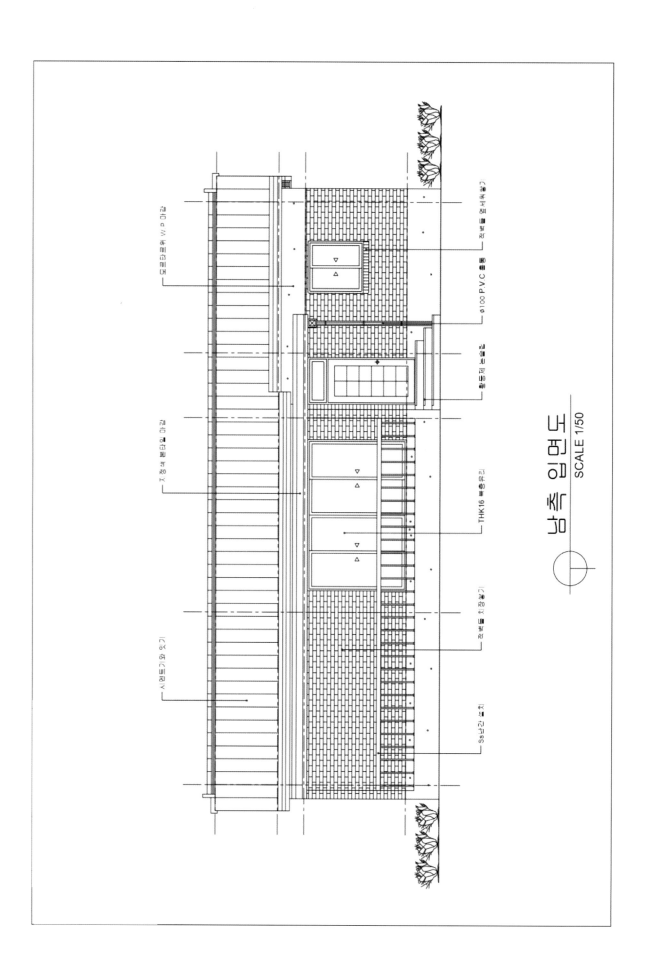

남측 입면도
SCALE 1/50

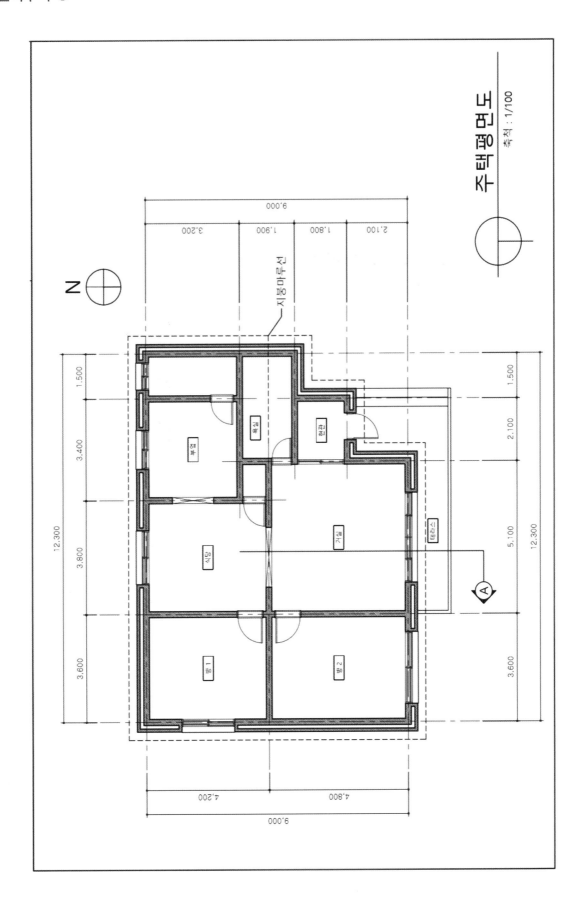

주택평면도
축척 : 1/100

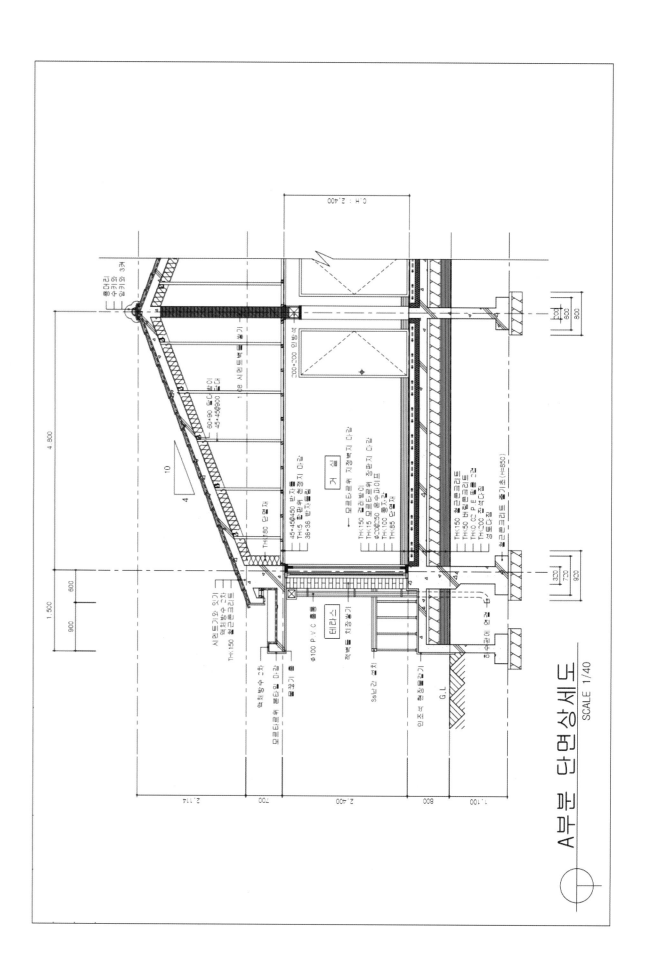

A부분 단면상세도

SCALE 1/40

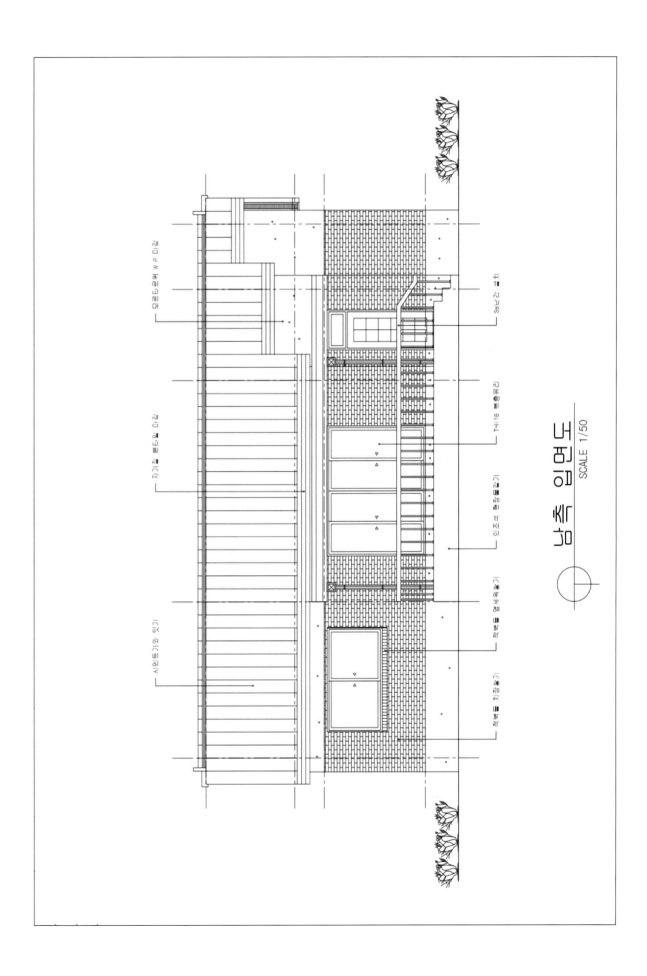

남측 입면도

SCALE 1/50

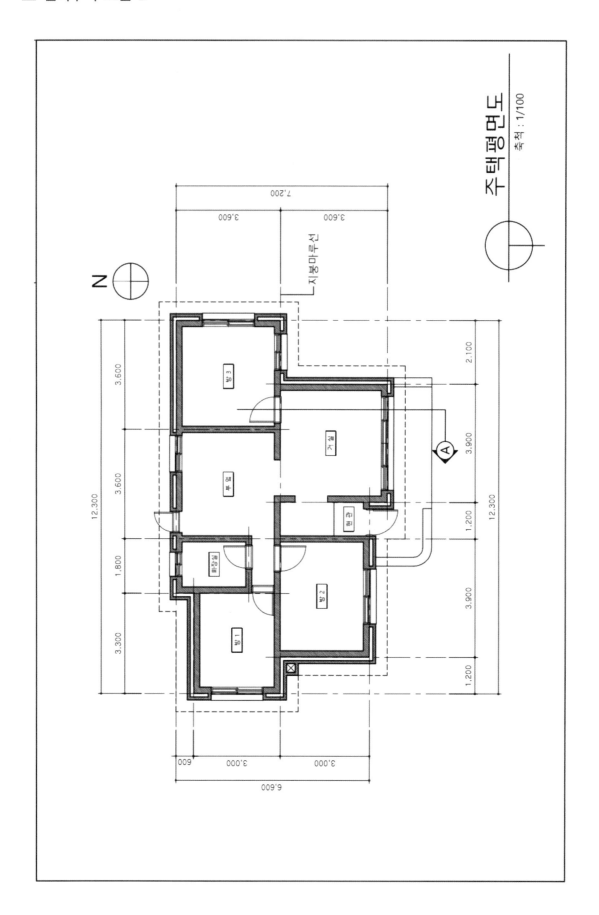

주택평면도
축척 : 1/100

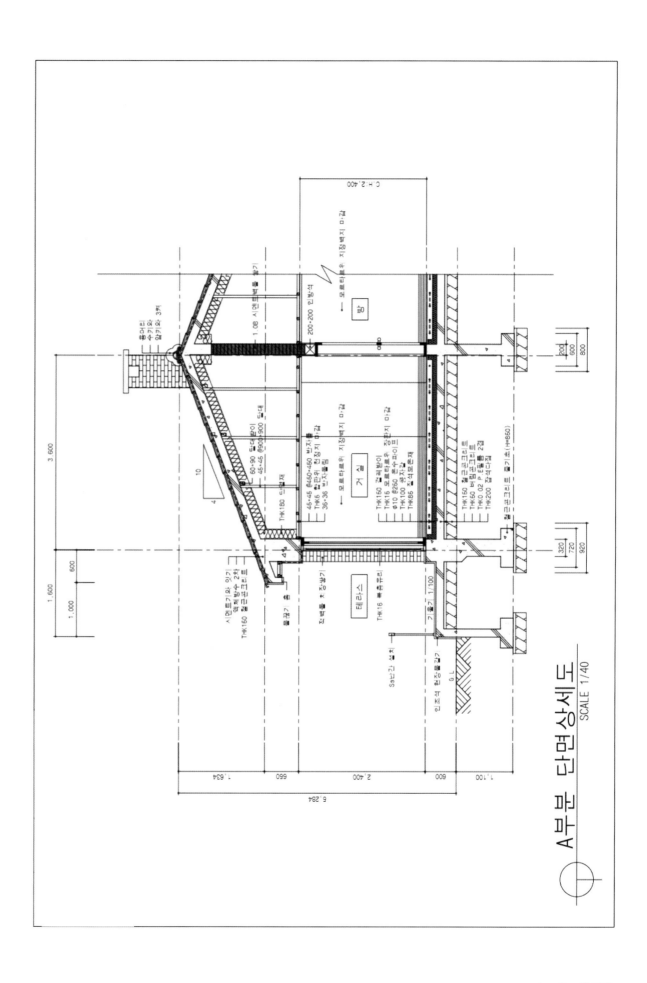

A부분 단면상세도
SCALE 1/40

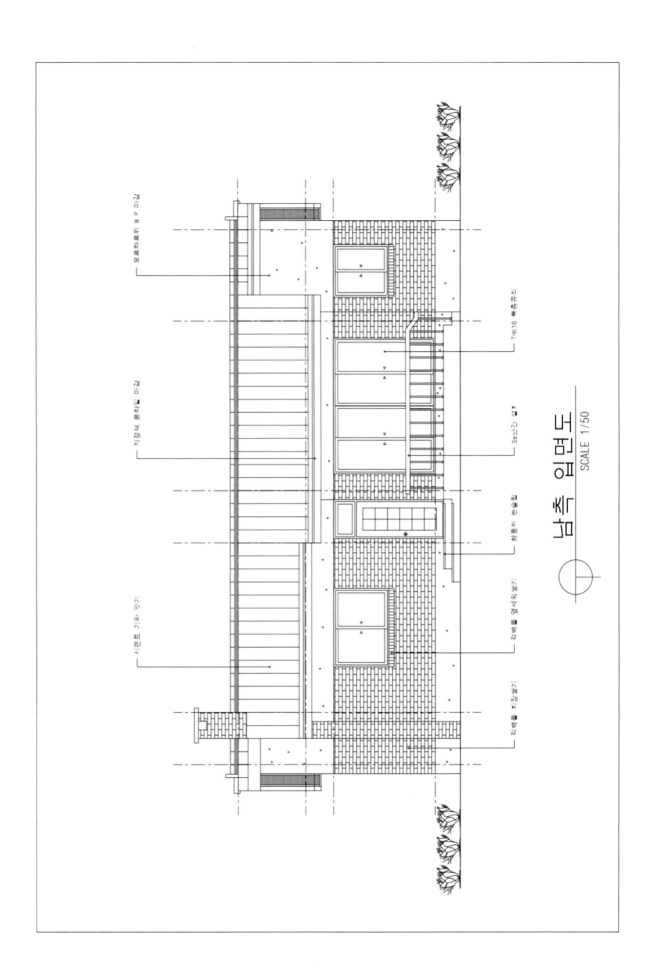

남측 입면도
SCALE 1/50

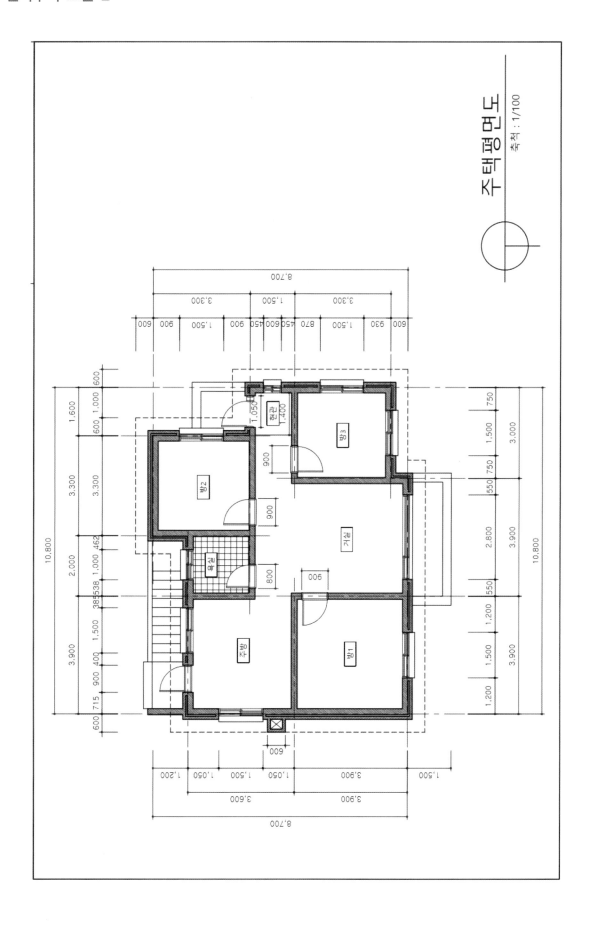

☐ 위생배관 평면도

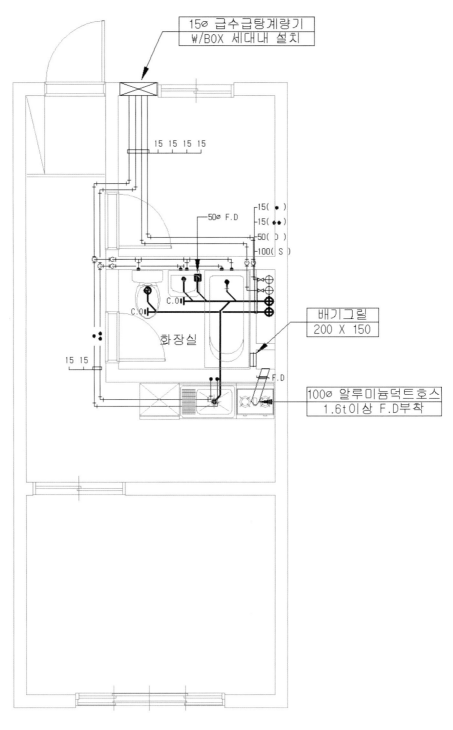

15∅ 급수급탕계량기
W/BOX 세대내 설치

15 15 15 15

─50∅ F.D

15(•)
15(••)
50(D)
100(S)

C.O

C.O

화장실

배기그릴
200 X 150

15 15

F.D

100∅ 알루미늄덕트호스
1.6t이상 F.D부착

단위세대 위생배관 평면도

scale : 1/50

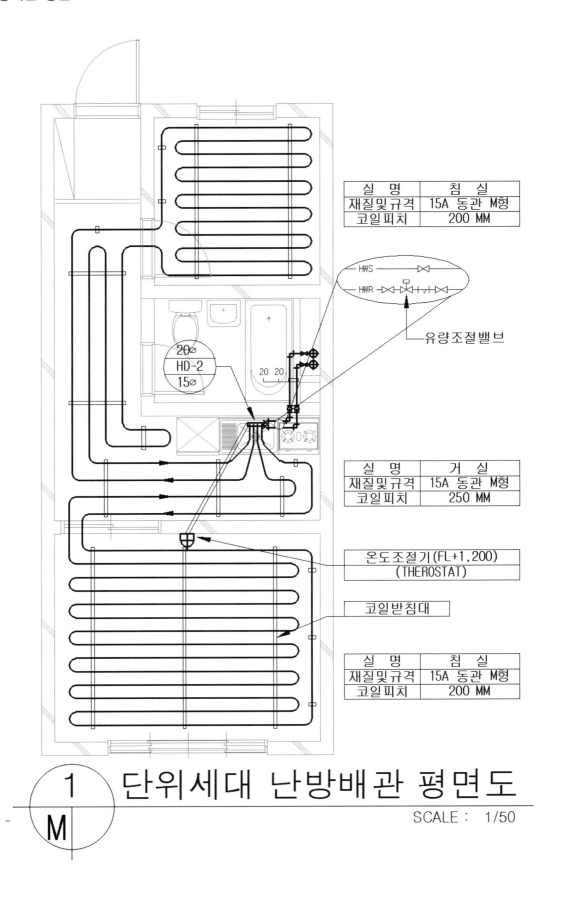

실 명	침 실
재질및규격	15A 동관 M형
코일피치	200 MM

유량조절밸브

실 명	거 실
재질및규격	15A 동관 M형
코일피치	250 MM

온도조절기(FL+1,200)
(THEROSTAT)

코일받침대

실 명	침 실
재질및규격	15A 동관 M형
코일피치	200 MM

HD-2
20∅
15∅
20 20

① / M 단위세대 난방배관 평면도

SCALE : 1/50

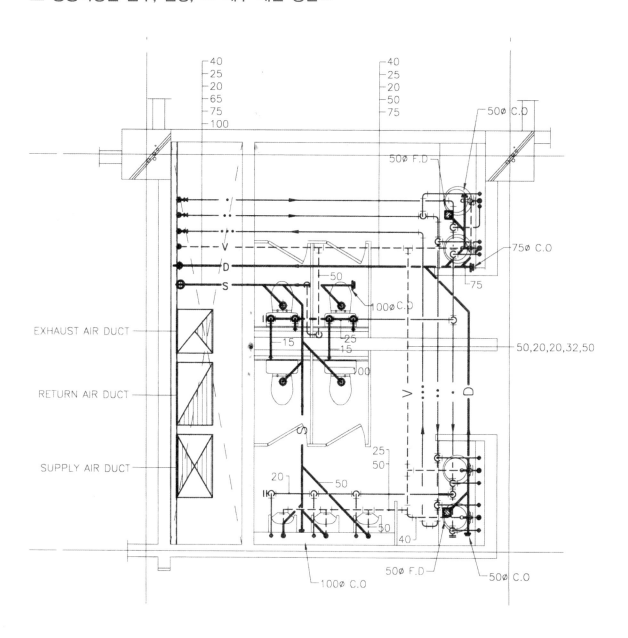

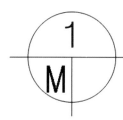

급수, 급탕, 오수, 배수 배관 평면도

SCALE : 1/50

① 근린생활시설 평면도 (지하3층, 1층, 5층)

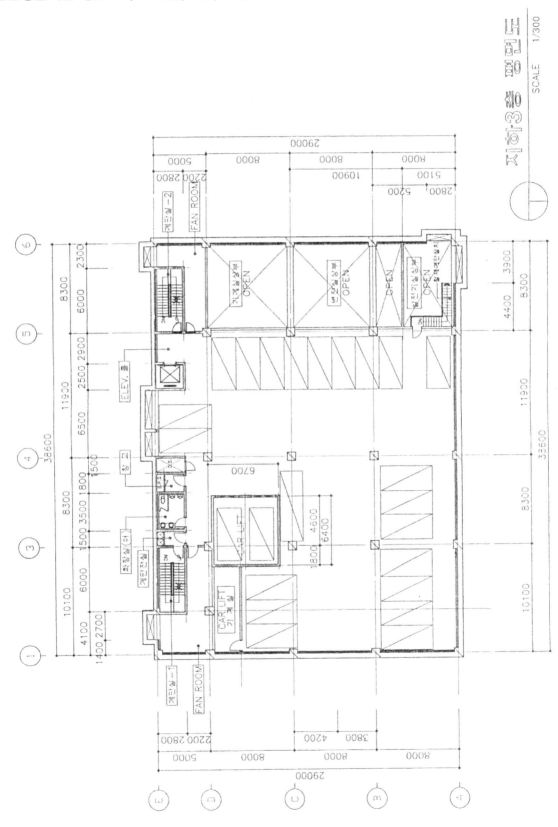

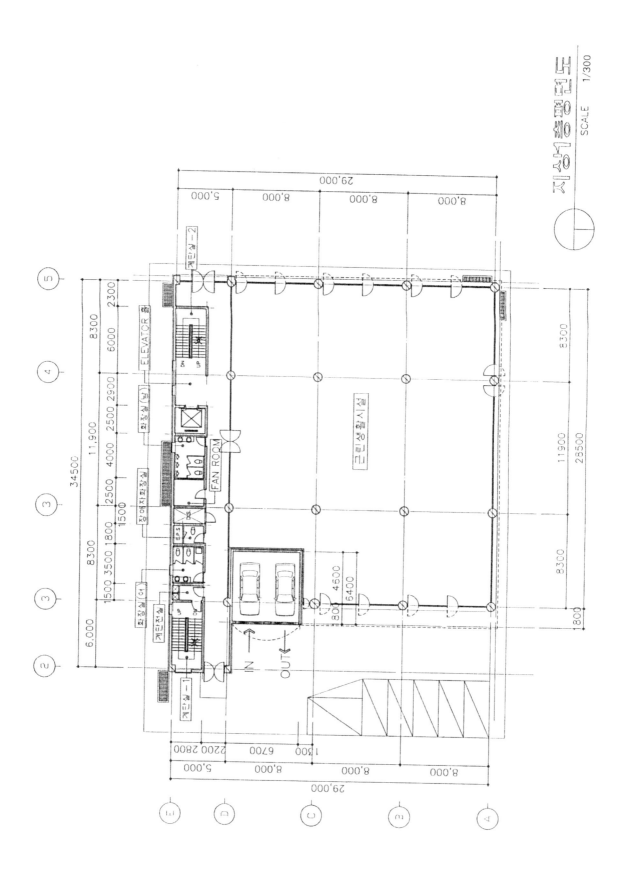

지하1층평면도 SCALE 1/300

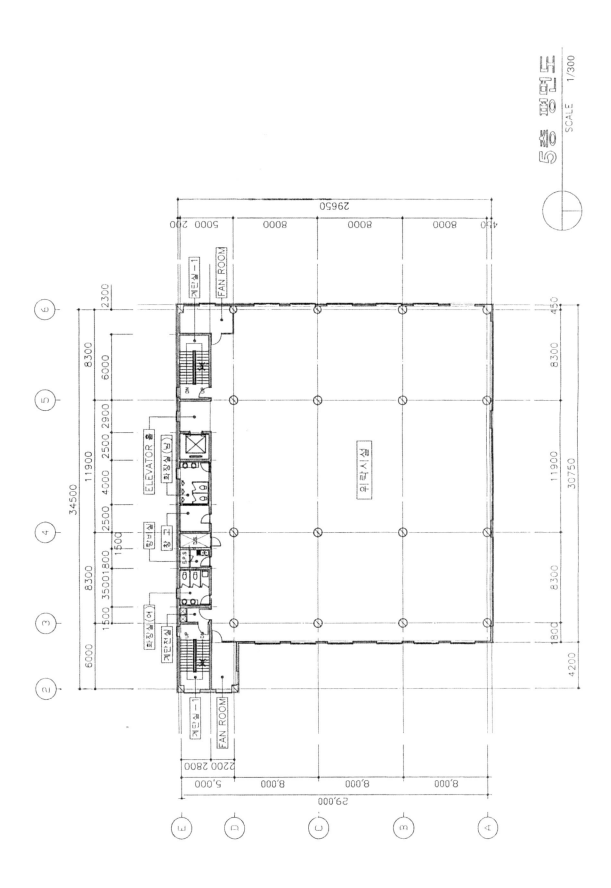

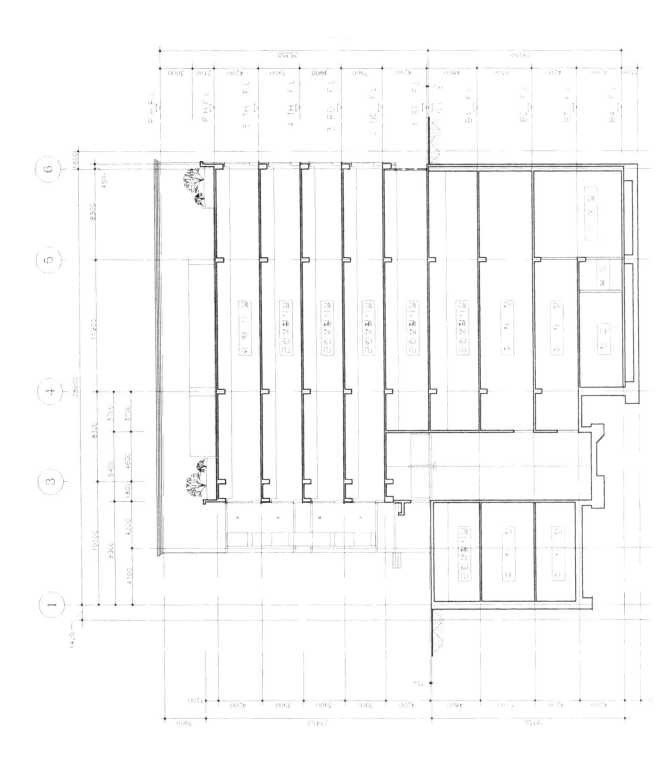

기능버튼 및 단축키

① 기능버튼 등

1. ENTER, SPACE KEY : 명령 실행, 종료
2. ESC KEY : 명령 강제 종료
3. WINDOW 선택 : 마우스 Pointer를 좌측에서 우측으로 선택하면 영역 내부에 완전히 포함된 객체만 선택
4. CROSSING 선택 : Pointer를 우측에서 좌측으로 선택하면 영역 내부에 완전히 포함된 객체와 걸쳐진 객체 선택
5. GRID   [F7] = (ON/OFF 토글) 모눈 격자 표시
6. ORTHO [F8] = (ON/OFF 토글) 직각 모드
7. OSNAP [F3] = (ON/OFF 토글) 객체 스냅의 위치 지정점 설정
8. SNAP   [F9] = (ON/OFF 토글) 스냅 커서 일정 간격 유지
9. [Ctrl+ 1] = (ON/OFF) 특성 팔레트
10. [Ctrl+ 9] = (ON/OFF) 명령행

② 단축키

1. ADCENTER (Ctrl+2) : 디자인 센터
2. ARC (A) : 호 그리기
3. AREA (AA) : 면적 계산
4. ARRAY (AR) : 배열 복사(R:직사각형, PO: 원형)
5. BHATCH (BH, H) : 해치
6. BLOCK (B) : 블록 만들기
7. BREAK (BR) : 끊기
8. CHAMFER (CHA) : 모 따기
9. CIRCLE (C) : 원 그리기
10. COPY (CO, CP) : 복사하기
11. DDEDIT, TEXTEDIT (ED) : 문자 편집
12. DIMSTYLE (D) : 치수 스타일 관리자
13. DIST (DI) : 치수 측정
14. DIVIDE (DIV) : 등분(일정 간격으로 나누기)
15. DONUT (DO) : 도넛
16. DTEXT(DT) : 문자 쓰기(단일 행 문자)
17. ELLIPSE (EL) : 타원 그리기
18. ERASE (E) : 지우기
19. EXPLODE (X) : 연결 요소 분해

20. EXTEND(EX) : 선 연장하기

21. FILLET (F) : 모 깎기

22. HATCH (H) : 해치

23. HATCHEDIT (HE) : 해칭 편집

24. INSERT (I) : 삽입(블록 또는 도면 끼워 넣기)

25. JOIN (J) : 분해 요소 결합

26. LAYER (LA) : 도면층 특성 관리자

27. NEW (Ctrl+N) : 새로 만들기

28. LIMITS (LIM) : 도면의 작업영역(도면의 크기)을 설정

29. LINE (L) : 선 그리기

30. LINETYPE (LT) : 선 종류 관리자

31. LTSCALE (LTS) : 선 종류 축척

32. MATCHPROP (MA) : 객체 속성 복사

33. MIRROR (MI) : 대칭 복사

34. MLINE (ML) : 다중선 그리기

35. MOVE (M) : 이동하기

36. MTEXT (MT, T) : 문자 쓰기(여러 줄 문자)

37. MVIEW (MV) : 뷰포트 만들기

38. OFFSET (O) : 간격띄우기

39. OPEN (Ctrl+O) : 도면 열기

40. PAN (P) : 화면 이동

41. PEDIT (PE) : 폴리선 편집

42. PLINE (PL) : 폴리선 그리기

43. PROPERTIES (PR, CH) : 특성 팔레트

44. QUIT, EXIT (Ctrl+Q) : 종료하기

45. RECTANG (REC) : 사각형 그리기

46. REDO (REDO) : 되살리기

47. REGEN (RE) : 원 모양이 각질 때 도면 재생성

48. ROTATE (RO) : 회전

49. SAVEAS (Ctrl+S) : 다른 이름으로 저장

50. SCALE (SC) : 축척

51. STRETCH (S) : 신축(선 늘리기, 줄이기)

52. STYLE (ST) : 문자 스타일 정의(글씨체의 종류 설정)

53. TEXT = DTEXT (DT) : 동적 문자 쓰기

54. TOOLPALETTES (Ctrl+3) : 도구 팔레트

55. TRIM (TR) : 자르기(교차된 선으로부터 잘라내기)

56. UNDO (U) : 취소 명령 (되돌리기)

57. WBLOCK (W) : 쓰기 블록(블록을 파일로 저장)

58. ZOOM (Z) : 화면 확대 축소 +A 도면 전체 +E 내용만 +P 이전 도면 +W 영역 지정

건축기사시리즈
①건축계획

이종석, 이병억 공저
536쪽 | 25,000원

건축기사시리즈
②건축시공

김형중, 한규대, 이명철, 홍태화
공저
678쪽 | 25,000원

건축기사시리즈
③건축구조

안광호, 홍태화, 고길용 공저
796쪽 | 26,000원

건축기사시리즈
④건축설비

오병칠, 권영철, 오호영 공저
564쪽 | 25,000원

건축기사시리즈
⑤건축법규

현정기, 조영호, 김광수, 한웅규
공저
622쪽 | 26,000원

건축기사 필기 10개년
핵심 과년도문제해설

안광호, 백종엽, 이병억 공저
1,030쪽 | 43,000원

건축기사 4주완성

남재호, 송우용 공저
1,412쪽 | 45,000원

건축산업기사 4주완성

남재호, 송우용 공저
1,136쪽 | 42,000원

7개년 기출문제
건축산업기사 필기

한솔아카데미 수험연구회
868쪽 | 35,000원

실내건축기사 4주완성

남재호 저
1,284쪽 | 38,000원

실내건축산업기사
4주완성

남재호 저
1,020쪽 | 30,000원

건축설비기사 4주완성

남재호 저
1,144쪽 | 42,000원

건축설비산업기사
4주완성

남재호 저
770쪽 | 36,000원

10개년 핵심
건축설비기사 과년도

남재호 저
1,086쪽 | 38,000원

건축기사 실기

한규대, 김형중, 안광호, 이병억
공저
1,672쪽 | 49,000원

건축기사 실기
(The Bible)

안광호, 백종엽, 이병억 공저
818쪽 | 35,000원

건축산업기사 실기

한규대, 김형중, 안광호, 이병억
공저
696쪽 | 32,000원

건축산업기사 실기
(The Bible)

안광호, 백종엽, 이병억 공저
300쪽 | 26,000원

시공실무
실내건축(산업)기사 실기

안동훈, 이병억 공저
422쪽 | 30,000원

건축사 과년도출제문제
1교시 대지계획

한솔아카데미 건축사수험연구회
346쪽 | 30,000원

Hansol Academy

**건축사 과년도출제문제
2교시 건축설계1**
한솔아카데미 건축사수험연구회
192쪽 | 30,000원

**건축사 과년도출제문제
3교시 건축설계2**
한솔아카데미 건축사수험연구회
436쪽 | 30,000원

**건축물에너지평가사
①건물 에너지 관계법규**
건축물에너지평가사 수험연구회
818쪽 | 27,000원

**건축물에너지평가사
②건축환경계획**
건축물에너지평가사 수험연구회
456쪽 | 23,000원

**건축물에너지평가사
③건축설비시스템**
건축물에너지평가사 수험연구회
682쪽 | 26,000원

**건축물에너지평가사
④건물 에너지효율설계 · 평가**
건축물에너지평가사 수험연구회
756쪽 | 27,000원

**건축물에너지평가사
2차실기(상)**
건축물에너지평가사 수험연구회
940쪽 | 40,000원

**건축물에너지평가사
2차실기(하)**
건축물에너지평가사 수험연구회
905쪽 | 40,000원

**토목기사시리즈
①응용역학**
염창열, 김창원, 안광호, 정용욱,
이지훈 공저
804쪽 | 24,000원

**토목기사시리즈
②측량학**
남수영, 정경동, 고길용 공저
452쪽 | 24,000원

**토목기사시리즈
③수리학 및 수문학**
심기오, 노재식, 한웅규 공저
450쪽 | 24,000원

**토목기사시리즈
④철근콘크리트 및 강구조**
정경동, 정용욱, 고길용, 김지우
공저
464쪽 | 24,000원

**토목기사시리즈
⑤토질 및 기초**
안성중, 박광진, 김창원, 홍성협
공저
640쪽 | 24,000원

**토목기사시리즈
⑥상하수도공학**
노재식, 이상도, 한웅규, 정용욱
공저
544쪽 | 24,000원

**10개년 핵심 토목기사
과년도문제해설**
김창원 외 5인 공저
1,076쪽 | 45,000원

**토목기사 4주완성
핵심 및 과년도문제해설**
이상도, 고길용, 안광호, 한웅규,
홍성협, 김지우 공저
1,054쪽 | 39,000원

**토목산업기사 4주완성
7개년 과년도문제해설**
이상도, 정경동, 고길용, 안광호,
한웅규, 홍성협 공저
752쪽 | 37,000원

토목기사 실기
김태선, 박광진, 홍성협, 김창원,
김상욱, 이상도 공저
1,496쪽 | 48,000원

**토목기사 실기
12개년 과년도문제해설**
김태선, 이상도, 한웅규, 홍성협,
김상욱, 김지우 공저
708쪽 | 33,000원

**콘크리트기사 · 산업기사
4주완성(필기)**
정용욱, 고길용, 전지현, 김지우
공저
976쪽 | 36,000원

콘크리트기사
12개년 과년도(필기)

정용욱, 고길용, 김지우 공저
576쪽 | 27,000원

콘크리트기사 · 산업기사
3주완성(실기)

정용욱, 김태형, 이승철 공저
748쪽 | 29,000원

건설재료시험기사
4주완성(필기)

고길용, 정용욱, 홍성협, 전지현
공저
742쪽 | 36,000원

건설재료시험기사
13개년 과년도(필기)

고길용, 정용욱, 홍성협, 전지현
공저
656쪽 | 29,000원

건설재료시험기사
3주완성(실기)

고길용, 홍성협, 전지현, 김지우
공저
728쪽 | 28,000원

콘크리트기능사
3주완성(필기+실기)

정용욱, 고길용, 전지현 공저
524쪽 | 23,000원

지적기능사(필기+실기)
3주완성

염창열, 정병노 공저
640쪽 | 28,000원

측량기능사 3주완성

염창열, 정병노 공저
562쪽 | 25,000원

건설안전기사 4주완성
필기

지준석, 조태연 공저
1,394쪽 | 35,000원

산업안전기사 4주완성
필기

지준석, 조태연 공저
1,560쪽 | 35,000원

공조냉동기계기사 필기
5주완성

조성안, 이승원, 한영동 공저
1,502쪽 | 38,000원

공조냉동기계산업기사
필기 5주완성

조성안, 이승원, 한영동 공저
1,250쪽 | 32,000원

공조냉동기계기사 실기
5주완성

조성안, 한영동 공저
950쪽 | 36,000원

조경기사 · 산업기사
필기

이윤진 저
1,836쪽 | 49,000원

조경기사 · 산업기사
실기

이윤진 저
1,050쪽 | 45,000원

조경기능사 필기

이윤진 지
682쪽 | 28,000원

조경기능사 실기

이윤진 저
340쪽 | 26,000원

조경기능사 필기

한상엽 저
712쪽 | 27,000원

조경기능사 실기

한상엽 저
738쪽 | 28,000원

전산응용토목제도기능사
필기 3주완성

김지우, 최진호, 전지현 공저
438쪽 | 25,000원

전기기사시리즈(전6권)

대산전기수험연구회
2,240쪽 | 107,000원

전기기사 5주완성

전기기사수험연구회
1,680쪽 | 40,000원

전기산업기사 5주완성

전기산업기사수험연구회
1,556쪽 | 40,000원

전기공사기사 5주완성

전기공사기사수험연구회
1,608쪽 | 39,000원

**전기공사산업기사
5주완성**

전기공사산업기사수험연구회
1,606쪽 | 39,000원

전기(산업)기사 실기

대산전기수험연구회
766쪽 | 40,000원

**전기기사 실기 15개년
과년도문제해설**

대산전기수험연구회
808쪽 | 35,000원

전기기사시리즈(전6권)

김대호 저
3,230쪽 | 119,000원

**전기기사 실기 17개년
과년도문제해설**

김대호 저
1,446쪽 | 34,000원

**전기(산업)기사
실기 모의고사 100선**

김대호 저
296쪽 | 24,000원

전기기능사 필기

이승원. 김승철. 홍성민 공저
598쪽 | 24,000원

공무원 건축구조

안광호 저
582쪽 | 40,000원

공무원 건축계획

이병억 저
816쪽 | 35,000원

**7 · 9급 토목직
응용역학**

정경동 저
1,192쪽 | 42,000원

9급 토목직 토목설계

정경동 저
1,114쪽 | 42,000원

응용역학개론 기출문제

정경동 저
686쪽 | 40,000원

**측량학(9급 기술직/
서울시 · 지방직)**

정병노. 염창열. 정경동 공저
722쪽 | 25,000원

**응용역학(9급 기술직/
서울시 · 지방직)**

이국형 저
628쪽 | 23,000원

**스마트 9급 물리
(서울시 · 지방직)**

신용찬 저
422쪽 | 23,000원

**7급 공무원
스마트 물리학개론**

신용찬 저
614쪽 | 38,000원

1종 운전면허
도로교통공단 저
110쪽 | 12,000원

2종 운전면허
도로교통공단 저
110쪽 | 12,000원

1·2종 운전면허
도로교통공단 저
110쪽 | 12,000원

지게차 운전기능사
건설기계수험연구회 편
216쪽 | 14,000원

굴삭기 운전기능사
건설기계수험연구회 편
224쪽 | 14,000원

지게차 운전기능사 3주완성
건설기계수험연구회 편
338쪽 | 11,000원

굴삭기 운전기능사 3주완성
건설기계수험연구회 편
356쪽 | 11,000원

BIM 주택설계편
(주)알피종합건축사사무소
박기백, 서창석, 함남혁, 유기찬
공저
514쪽 | 32,000원

토목 BIM 설계활용서
김영휘, 박형순, 송윤상, 신현준,
안서현, 박진훈, 노기태 공저
388쪽 | 30,000원

BIM 구조편
(주)알피종합건축사사무소
(주)동양구조안전기술 공저
536쪽 | 32,000원

초경량 비행장치 무인멀티콥터
권희춘, 김병구 공저
258쪽 | 22,000원

시각디자인 산업기사 4주완성
김영애, 서정술, 이원범 공저
1,102쪽 | 35,000원

시각디자인 기사·산업기사 실기
김영애, 이원범 공저
508쪽 | 34,000원

BIM 기본편
(주)알피종합건축사사무소
402쪽 | 30,000원

BIM 건축계획설계 Revit 실무지침서
BIMFACTORY
607쪽 | 35,000원

전통가옥에서 BIM을 보며
김요한, 함남혁, 유기찬 공저
548쪽 | 32,000원

BIM 주택설계편
(주)알피종합건축사사무소
박기백, 서창석, 함남혁, 유기찬
공저
514쪽 | 32,000원

BIM 활용편 2탄
(주)알피종합건축사사무소
380쪽 | 30,000원

BIM 기본편 2탄
(주)알피종합건축사사무소
380쪽 | 28,000원

BIM 토목편
송현혜, 김동욱, 임성순, 유자영,
심창수 공저
278쪽 | 25,000원

디지털모델링 방법론
이나래, 박기백, 함남혁, 유기찬
공저
380쪽 | 28,000원

**건축디자인을 위한
BIM 실무 지침서**
(주)알피종합건축사사무소
박기백, 오정우, 함남혁, 유기찬 공저
516쪽 | 30,000원

**BIM건축운용전문가
2급자격**
모델링스토어, 함남혁 공저
826쪽 | 32,000원

**BIM토목운용전문가
2급자격**
채재현, 김영휘, 박준오, 소광영,
김소희, 이기수, 조수연
614쪽 | 35,000원

BE Architect
유기찬, 김재준, 차성민, 신수진,
홍유찬 공저
282쪽 | 20,000원

**BE Architect
라이노&그래스호퍼**
유기찬, 김재준, 조준상, 오주연
공저
288쪽 | 22,000원

**BE Architect
AUTO CAD**
유기찬, 김재준 공저
400쪽 | 25,000원

건축관계법규(전3권)
최한석, 김수영 공저
3,544쪽 | 110,000원

건축법령집
최한석, 김수영 공저
1,490쪽 | 55,000원

건축법해설
김수영, 이종석, 김동화, 김용환,
조영호, 오호영 공저
918쪽 | 32,000원

건축설비관계법규
김수영, 이종석, 박호준, 조영호,
오호영 공저
790쪽 | 34,000원

건축계획
이순희, 오호영 공저
422쪽 | 23,000원

건축시공학
이찬식, 김선국, 김예상, 고성석,
손보식, 유정호, 김태완 공저
776쪽 | 30,000원

**현장실무를 위한
토목시공학**
남기천,김상환,유광호,강보순,
김종민,최준성 공저
1,212쪽 | 45,000원

알기쉬운 토목시공
남기천, 유광호, 류명찬, 윤영철,
최준성, 고준영, 김연덕 공저
818쪽 | 28,000원

Auto CAD 건축 CAD
김수영, 정기범 공저
348쪽 | 20,000원

친환경 업무매뉴얼
정보현, 장동원 공저
352쪽 | 30,000원

**건축시공기술사
기출문제**
배용환, 서갑성 공저
1,146쪽 | 68,000원

**합격의 정석
건축시공기술사**
조민수 저
904쪽 | 65,000원

**건축전기설비기술사
(상권)**
서학범 저
784쪽 | 65,000원

**건축전기설비기술사
(하권)**

서학범 저
748쪽 | 65,000원

**마법기본서 PE
건축시공기술사**

백종엽 저
730쪽 | 60,000원

**스크린 PE
건축시공기술사**

백종엽 저
376쪽 | 30,000원

**토목시공기술사
기출문제**

배용환, 서갑성 공저
1,186쪽 | 65,000원

**합격의 정석
토목시공기술사**

김무섭, 조민수 공저
804쪽 | 55,000원

건설안전기술사

이태엽 저
600쪽 | 50,000원

소방기술사 上

윤정득, 박견용 공저
656쪽 | 55,000원

소방기술사 下

윤정득, 박견용 공저
730쪽 | 55,000원

**산업위생관리기술사
기출문제**

서창호, 송영신, 김종삼, 연정택,
손석철, 김지호, 신광선, 류주영 공저
1,072쪽 | 70,000원

**상하수도기술사 6개년
기출문제 완벽해설**

조성안 저
1,116쪽 | 65,000원

**소방시설관리사 1차
(상,하)**

김흥준 저
1,630쪽 | 60,000원

문화재수리기술자(보수)

윤용진 저
728쪽 | 55,000원

건축에너지관계법해설

조영호 저
614쪽 | 27,000원

ENERGYPULS

이광호 저
236쪽 | 25,000원

수학의 마술(2권)

아서 벤저민 저, 이경희, 윤미선,
김은현, 성지현 옮김
206쪽 | 24,000원

**스트레스,
과학으로 풀다**

그리고리 L. 프리키온, 애너이브
코비치, 앨버트 S.용 저
176쪽 | 20,000원

숫자의 비밀

마리안 프라이베르거, 레이첼
토머스 지음, 이경희, 김영은,
윤미선, 김은현 옮김
376쪽 | 16,000원

지치지 않는 뇌 휴식법

이시카와 요시키 저
188쪽 | 12,800원

행복충전 50Lists

에드워드 호프만 저
272쪽 | 16,000원

**4차 산업혁명
건설산업의 변화와 미래**

김선근 저
280쪽 | 18,500원

**e-Test 엑셀
ver.2016**

임창인, 조은경, 성대근, 강현권
공저
268쪽 | 15,000원

**e-Test 파워포인트
ver.2016**

임창인, 권영희, 성대근, 강현권
공저
206쪽 | 15,000원

**e-Test 한글
ver.2016**

임창인, 이권일, 성대근, 강현권
공저
198쪽 | 13,000원

**e-Test 엑셀
2010(영문판)**

Daegeun-Seong
188쪽 | 25,000원

**e-Test
한글+엑셀+파워포인트**

성대근, 유재휘, 강현권 공저
412쪽 | 28,000원

**재미있고 쉽게 배우는
포토샵 CC2020**

이영주 저
320쪽 | 23,000원

**소방설비기사
기계분야 필기**

김흥준, 한영동, 박래철, 윤중오
공저
1,130쪽 | 39,000원

**소방설비기사
전기분야 필기**

김흥준, 홍성민, 박래철 공저
990쪽 | 37,000원

Auto CAD 건축 CAD

김수영, 정기범 공저
348쪽 | 20,000원

BE Architect AUTO CAD

유기찬, 김재준 공저
400쪽 | 25,000원

※ 구입처는 **전국대형서점**에서 구매하실 수 있습니다.